Günter D. Roth

Sterne und Planeten

Mit dem 2-Stufen-Wegweiser leicht und sicher erkennen

Übersichtliche Himmelskarten • Aktuelle Beobachtungsdaten
Neue Ergebnisse der Weltraumforschung

Foto Seite 1:
Las Campanas, das Bergobservatorium des
Carnegie-Instituts in den chilenischen Anden
auf 2280 m Höhe, ein idealer Standort zur
Erforschung des Südhimmels.

Foto Seite 2/3:
Der leuchtende Gasnebel M 17, auch Omega-
oder Schwanen-Nebel genannt. Im Bild das
Randgebiet mit Dunkelwolke. Hier werden Sterne
geboren.

Foto rechts:
Der Helix-Nebel, ein planetarischer Nebel im
Sternbild Wassermann (Aquarius). Planetarische
Nebel zeigen einen bestimmten Zustand in der
Sternentwicklung an. Über 50 000 dieser Nebel
soll es in unserer Milchstraße geben.

Foto Seite 6/7:
Leuchtende Gaswolken am Sonnenrand, die Protuberanzen, erheben sich 50 000 und mehr Kilometer über die Fotosphäre.

Vorwort

Die Astronomen sind dem ständigen Wandel im Weltall auf der Spur. Im Mittelpunkt der Forschung stehen heute Werden und Vergehen im Universum. Der Sternenhimmel vermittelt die Botschaft von unserer Vorgeschichte. Das Licht der Sterne ist Millionen und Milliarden Jahre unterwegs. Mit unseren Beobachtungen machen wir eine kosmische Rückschau. Wir nähern uns den Anfängen des Weltraums.

Schon durch einfaches Beobachten am Himmel mit bloßen Augen, einem Feldstecher oder kleinen Fernrohr sammeln wir Grunderfahrungen bei der Spurensuche in der Geschichte des Kosmos. Sie beschäftigt Menschen, seit sich diese Gedanken machen über die Welt der Gestirne und den Ursprung ihres eigenen Daseins auf der Erde. Seit der 1. Auflage 1972 ist dieser himmelskundliche Wegweiser für Tausende von Menschen zum Ratgeber beim Einstieg in die Erlebniswelt Sternenhimmel geworden – ein Klassiker unter den Himmelsführern.

Auf jeweils einer Doppelseite findet der Benutzer einen Himmelsausschnitt und zwei besonders ausgewählte Einzelobjekte für Feldstecher und Fernrohr (»2-Stufen-Wegweiser«). Auf 27 Himmelsausschnitten ist der gesamte mit bloßen Augen sichtbare Sternenhimmel abgebildet. Jeder kann die Sterne bis zur 5. Größenklasse erkennen und die vielfältigen Himmelserscheinungen entdecken und visuell oder fotografisch beobachten. Das beginnt bei den Sonnenflecken und Mondkratern und reicht bis zu pulsierenden Sternen und bizarren Gasnebeln in fernen Sternsystemen.

Hilfreich sind auch Übersichten über Himmelsereignisse in kommenden Jahren, z. B. Planetenkonstellationen und Finsternisse, sowie ein Glossar, das wichtige Fachausdrücke erklärt.

Zur Vertiefung der eigenen Beobachtungen und zur Beantwortung von Fragen, die sich stellen, bietet das Buch im zweiten Teil Brennpunkte der astronomischen Forschung. In einem eigenen Abschnitt werden die modernen astrophysikalischen Beobachtungsmethoden vorgestellt und Forschungsziele beschrieben. In den letzten Jahrzehnten hat neben der erdgebundenen astronomischen Beobachtung der Einsatz von Satelliten und Raumsonden immer stärker an Bedeutung gewonnen.

Dieser »Himmelsführer« geht auf eine Anregung von Dr. Georg Walterspiel zurück. Die Grafikerin Barbara von Damnitz und der international bekannte und anerkannte Astrofotograf Dr. Hans Vehrenberg haben viel Anteil an der Form, die dieses Buch bekommen hat. Ich danke ihnen und anderen Astronomen und Sternfreunden für ihre ideenreiche Mitarbeit.

Besonders nennen darf ich K. Dennerl (Max-Planck-Institut für Extraterrestrische Physik, Garching), K. Löchel, Jena (Finsternisse), J. Meeus, Erps-Kwerps (Ephemeriden), O. Montenbruck (Deutsches Zentrum für Luft- und Raumfahrt e. V., Weßling), Th. Neckel (Redaktion Sterne und Weltraum, Heidelberg), M. Neumann (Redaktion Sterne und Weltraum, Heidelberg), A. M. Quetz (Redaktion Sterne und Weltraum, Heidelberg), M. Rosa und R. M. West (Europäische Südsternwarte, Garching), L. D. Schmadel (Astronomisches Recheninstitut, Heidelberg), H. J. Staude (Redaktion Sterne und Weltraum, Heidelberg) und J. Trümper (Max-Planck-Institut für Extraterrestrische Physik, Garching).

Günter D. Roth

Inhalt

Das Urerlebnis Sternenhimmel

Jeder Mensch hat früher oder später sein Erlebnis mit den geheimnisvoll glitzernden Sternen am nächtlichen Himmel. Wenn keine Straßenbeleuchtung blendet oder Stadtdunst die Sterne verdunkelt – draußen auf dem Land, im Urlaub, auf den Bergen oder am Meer –, gibt es sie noch, die wirklich dunklen Nächte und den sternübersäten Himmel. Dann werden Gedanken wach über das menschliche Sein und das Weltall. Es keimt der Wunsch, mehr über das Universum zu erfahren und die außerirdischen Landschaften, die sich vielfältig präsentieren. Bereits am Tag erinnert die Sonne an das Außerirdische. Und das weiße Licht des Vollmonds kann kein Flutlicht der Großstadt ganz verdrängen. Das Interesse ist geweckt, der Weg für erste Beobachtungen geebnet.

Schon die Menschen, die vor Jahrtausenden als Jäger und Sammler auf der Erde unterwegs waren, verfolgten das Geschehen am Himmel und versuchten, aus Gesetzmäßigkeiten Nutzen für den Alltag zu ziehen: Der ewige Wechsel von Tag und Nacht. Der tägliche Aufgang und Untergang der Sonne. Ihr unterschiedlich hoher Stand am Himmel im Verlauf eines Jahres. Schließlich die Erscheinungen des zunehmenden und abnehmenden Mondes. Diese Abläufe am Himmel bewirkten zweierlei: Sie erschienen den Menschen einmal als Zeichen einer großen Weltordnung, zum anderen waren sie Zeitmarken für die Menschen: der Tag, der Monat, das Jahr.

Je sesshafter die Menschen wurden, ihre Staatsformen strukturierter und ihre Handelsbeziehungen vernetzter, desto wichtiger wurde ein geordnetes Kalender- und Zeitwesen. In späteren Jahrhunderten setzte die Entdeckung der Welt mit dem Schiff navigatorische Kenntnisse voraus. Auch dabei war die Präzision der Gestirne unentbehrlich.

Warum ist es in der Nacht dunkel?

Wir erleben den Sternenhimmel mit bloßen Augen, ohne optische Hilfsmittel. Der sternübersäte nächtliche Himmel spricht nicht nur das Gemüt an, er führt auch zu einem bemerkenswerten Naturphänomen: Warum ist es in der Nacht dunkel? Antwort auf diese Frage haben in der Neuzeit immer wieder Astronomen gesucht. Was sie dabei bewegt hat, war die Überlegung, dass diese einfache Beobachtung verknüpft zu sein scheint mit dem Aufbau des Weltalls. Einer der Ersten, der die Frage stellte, war Johannes Kepler im Jahre 1610. Nach ihm der Kometenentdecker Edmond Halley 1720 und rund 100 Jahre später, 1826, Wilhelm Olbers.

Olbers brachte es in seinem Paradox (»Widerspruch«) auf einen Punkt: Wenn das Universum gleichmäßig mit Sternen ausgefüllt und räumlich und zeitlich unendlich wäre, dann müsste der Nachthimmel bei fehlender Absorption (z. B. verursacht durch kosmische Gase und Stäube) hell strahlen. Es müsste eine Helligkeit sein, die ungefähr der mittleren Oberflächenhelligkeit der Sterne gleichkommen würde. Und das würde der Helligkeit unserer Sonne entsprechen.

Das Gegenteil sehen wir. Noch im 19. Jahrhundert machte der berühmte Schriftsteller Edgar Allen Poe einen Erklärungsversuch, der der Lösung nahe war. Im Weltraum beobachtet man Sterne nur bis zu einer bestimmten Distanz. Danach schauen wir ins Dunkle, in dem noch keine Sterne existieren. Also ist es in der Nacht dunkel. Dabei ging Edgar Allen Poe von der Annahme aus, dass es Sterne erst von einem bestimmten Zeitpunkt an gibt. Die Astrophysiker des 20. Jahrhunderts stellten diese Annahme auf festen Boden. Das Weltall, das wir gegenwärtig beobachten, hat ein, endliches Alter und dehnt sich aus. Das bedeutet weniger Energie für die fernen Lichtquellen (Sterne) und Abnahme ihrer Flächenhelligkeit.

Die Entstehung der Sternbilder

Der erste Versuch einer Orientierung am nächtlichen Sternenhimmel missglückt nicht selten. Zu verwirrend ist die Vielzahl der hellen und weniger hellen Sterne, die der Beobachter bereits mit bloßen Augen wahrnimmt. Je länger man in die Dunkelheit starrt, sodass sich die Augen anpassen und empfindlicher für schwächere Lichteindrücke werden, umso schwieriger erscheint dem Ungeübten die Zuordnung von Sternen zu fest umrissenen Sternbildern.

Anblick des eindrucksvollen Sternbilds Orion mit dem berühmten Nebel. Jahr für Jahr ein faszinierendes Erlebnis für jeden Sternfreund – auch ohne Teleskop. Einzigartig die unverkennbare Sternlinie aus 3 Sternen der 2. Größenklasse nahe dem Himmelsäquator, die den Gürtel des Orion markiert und auch Jakobsstab heißt.

Das Sternbild Wassermann aus dem Atlas
»Vorstellung der Gestirne« von dem Berliner Astronomen Johann Elert Bode, erschienen 1782.
Auf 30 Karten wird der ganze Himmel einschließlich der südlichen Hemisphäre dargestellt.
Auch ein Verzeichnis von mehr als 5000 Fixsternen
mit Angabe der Koordinaten und Helligkeiten
gehört dazu.

Und doch sind Sternbilder von dem Zeitpunkt an, seit Menschen sich mit dem gestirnten Himmel beschäftigen, eine feste Einrichtung. Sicher dienten sie von Anfang an der Orientierung. Der Aufgang oder der Untergang einer bestimmten Konstellation wurde als Zeitmarke benützt, als Zeichen für den Beginn einer neuen Jahreszeit. Da gab es ganz praktische Überlegungen, astronomisches Wissen für den Alltag nützlich zu machen. Ein Beispiel: Das Erscheinen des hellen Sterns Sirius im Sternbild Großer Hund (Canis maior) in der Morgendämmerung signalisierte den alten Ägyptern den Beginn der Nilüberschwemmungen, die für die Landwirtschaft so überaus wichtig waren und es heute noch sind. (Warum viele Sternbilder nur zu bestimmten Jahreszeiten sichtbar sind, wird im nächsten Hauptkapitel, ab S. 17, erklärt.)

Die in früheren Zeiten stark ausgeprägte Wechselbeziehung zwischen Mensch und Kosmos kommt in den religiösen Überzeugungen zum Ausdruck, die Sterne und Sternbilder Göttern zugeordnet haben. So ist z. B. die altägyptische Göttin Sopdet (griechisch »Sothis«) die Verkörperung des Sterns Sirius. In ihr sahen die alten Ägypter die Göttin der Fruchtbarkeit und der unentbehrlichen Nässe (Nilüberschwemmungen!). Mit dem Stern Sirius wurde im alten Persien der Sterngott Tishtrya in Beziehung gesetzt. Auch dieser Gott war für Feuchtigkeit und Regen zuständig.

Mit zu den ältesten Sternbildern gehören diejenigen des Tierkreises. 20 000 Jahre bereits soll das Sternbild Wassermann bekannt sein. Sein Erscheinen am Morgenhimmel kündete den Assyrern die Regenzeit an. Die 12 Sternbilder des Tierkreises sind erst nach und nach figürlich und namentlich geprägt worden. Entsprechend der Zahlenmystik der Sumerer, die Ureinwohner Assyriens, mit einer großen Bedeutung der Zahl 7, könnte der Tierkreis aus 7 Sternbildern bestanden haben. Später rückte die heilige Zahl 12 in den Mittelpunkt, ein Argument für die Erweiterung der Tierkreissternbilder auf 12. Die Tierkreisbilder bestehen nicht aus den hellsten Sternen am Himmel. Aber man schenkt ihnen besondere Aufmerksamkeit, weil der scheinbare Jahreslauf der Sonne am Himmel, verursacht durch die Bewegung der Erde um die Sonne, durch diese Sternbilder führt. Es ist das auch die Linie der Finsternisse oder Ekliptik (vgl. S. 20). Sonnen- und Mondfinsternisse können nur stattfinden, wenn sich der Mond als Neu- oder Vollmond auf der Ekliptik befindet. Diese Beziehungen waren den Menschen bereits im Altertum bekannt, einschließlich der Bewegung der 5 hellen Planeten Merkur, Venus, Mars, Jupiter und Saturn im Bereich der Ekliptik. Die Tierkreissternbilder hatten die wichtige Funktion von Positionsmarkierungen. Und mit ihnen war der Anfang gemacht, den Himmel in Sternbilder zu gliedern.

Als Kreisel um die Sonne

Der große Beobachter des Altertums Hipparch entdeckte im Jahre 150 v. Chr. eine interessante Positionsveränderung der Sterne für den Betrachter auf der Erde. Die Sterne wandern scheinbar parallel zur Ekliptik gegenüber dem »Widderpunkt« vorwärts. Vor rund 2000 Jahren befand sich der Schnittpunkt von Ekliptik und Himmelsäquator (vgl. S. 20) im Tierkreisbild des Widders. Dieser Schnittpunkt wird auch Frühlingspunkt genannt, weil sich dort zur Frühlings-Tagundnachtgleiche der nördlichen Erdhemisphäre die Sonne befindet. Heute ist der Frühlingspunkt im Tierkreisbild der Fische. Er verweilt im Mittel 2150 Jahre in jedem Tierkreisbild. Das nächste wird das Sternbild Wassermann sein, und in 25 800 Jahren rückt der Frühlingspunkt wieder vom Sternbild Widder in das Sternbild Fische. Hipparch hat das Phänomen entdeckt. Aber erst der große englische Physiker Isaak Newton lieferte im 17. Jahrhundert dafür die Erklärung. Auf ihrer Bahn um die Sonne vollführt die Erde eine Kreiselbewegung mit einer Periode von rund 25 800 Jahren. Im Glossar auf Seite 182 wird diese Erscheinung, die den Namen Präzession bekommen hat, näher erläutert.

Zu den scheinbaren Sternbewegungen zählen zwei weitere, die durch die Bewegung der Erde ausgelöst werden: die tägliche Drehung der Erde um ihre Achse und die Bahn der Erde um die Sonne. Mehr darüber auf den Seiten 18 und 20.

Sternbilder sind nichts für die Ewigkeit, auch wenn die Sterne für die Beobachter in scheinbar fest gefügten Sternbildern am nächtlichen Himmel auf- und untergehen. Die Sternbilder sind Produkte menschlicher Einbildungskraft. Es ist meist nicht einfach, in der Gruppierung von Sternen eine bestimmte Götter- oder Sagengestalt oder ein Tier figürlich zu erkennen. Manchmal gelingt es leichter, etwa bei den Sternbildern Adler und Schwan, die zu den Leitsternbildern des »Sommerdreiecks« gehören, oder beim Sternbild Skorpion, das in südlichen Breiten sehr eindrucksvoll die Gestalt des Skorpions am Himmel bildet.

Trotzdem: Alle Sternbilder sind Menschenwerk, und was als mehr oder minder zusammengehörige Konstellation erscheint, besteht in Wirklichkeit aus Sternen, die im Weltall meist weit voneinander entfernt ihre Bahn ziehen und physikalisch nichts miteinander zu tun haben. Ausnahmen bilden »Sternfamilien«, zum Beispiel Sternhaufen, die eine gemeinsame Entwicklung durchmachen. Aber darüber wird auf Seite 142 in diesem Buch mehr berichtet. Und weil sie nicht zusammengehören, wird sich das Aussehen der meisten Sternbilder im Verlauf der Zeit wieder ändern.

Leitsternbilder

Irgendwann hat wohl jeder Mensch einmal etwas vom Sternbild Großer Wagen (= Großer Bär) gehört oder gelesen. Viele haben das unverwechselbare Sternbild im Frühjahr hoch am Himmel gesehen. Es verschwindet in keiner Jahreszeit in unseren Breiten ganz vom Himmel. In jeder klaren Nacht ist es bereit, dem Beobachter den Polarstern und damit den Himmelsnordpol zu weisen (siehe S. 21). Der Große Wagen zählt zu den Leitsternbildern, die es dem Betrachter erleichtern, sich unter den Sternen zurechtzufinden. Wegen seiner ganzjährigen Sichtbarkeit in Mitteleuropa wird das Sternbild auch als zirkumpolar bezeichnet.

Jede Jahreszeit hat ihre Leitsternbilder. Ausgezeichnet sind sie durch eine einprägsame Konstellation, die von hellen bis sehr hellen Sternen gebildet wird. Die wichtigsten Leitsternbilder werden auf den folgenden Seiten, zusammen mit den Sternbildern des Tierkreises, vorgestellt. Ausführlich erscheinen diese Sternbilder zusammen mit den anderen des nördlichen und südlichen Himmels auf den Karten und in den Beschreibungen von Seite 34 bis Seite 87. Dort gibt es die Anregung für den Beobachter, der mit einem Feldstecher oder mit einem kleinen Fernrohr auf Entdeckung gehen will. Eine tabellarische Übersicht aller 88 Sternbilder befindet sich auf Seite 14.

Leitsternbilder können auch Wegweiser in der Nacht auf der Erde sein – vorausgesetzt, es ist klar. Neben dem Großen Bären als Richtungsweiser nach Norden dienten die Sternbilder Orion und Jungfrau zur Erkennung der Ost-West-Richtung.

Leitsternbilder

Besonders wichtig für das Zurechtfinden am Himmel sind Sternbilder, die die Orientierung nach den beiden Himmelspolen und nach dem Himmelsäquator ermöglichen. Die Leitsternbilder sind dabei behilflich.

Großer und Kleiner Bär (Ursa maior, Ursa minor): Der Große Bär (auch Großer Wagen genannt) ist das markanteste Sternbild des nördlichen Himmels. Die verlängerte Hinterachse des Großen Wagens weist zum Polarstern im Sternbild Kleiner Bär (siehe auch S. 40 und S. 42). Das große W des Sternbilds Cassiopeia (siehe S. 34) kann auch zum Auffinden des Polarsterns benützt werden. Das Sternbild ist zirkumpolar.

Bootes (Bärenhüter): Sehr heller Hauptstern Arcturus in der Mitte auf einem gedachten Bogen von der Deichsel des Großen Wagens zum Hauptstern Spica in der Jungfrau. Auffällig gelblich rote Färbung des Arcturus (siehe auch S. 62). Im Mai und Juni steht Arcturus in mittleren nördlichen Breiten hoch über dem südlichen Horizont.

Sommerdreieck: Es wird gebildet von den Sternen Wega (Sternbild Leier, Lyra), Deneb (Sternbild Schwan, Cygnus) und Atair (Sternbild Adler, Aquila). Ein fast gleichschenkliges Dreieck am nördlichen Sommerhimmel (siehe auch S. 48). Die nach Osten verlängerte Gerade Wega–Deneb weist auf die Sternbilder Pegasus und Andromeda, Letzteres mit dem berühmten Andromeda-Nebel.

Wintersechseck: Die äquatornahen hellen Sterne Sirius (Sternbild Canis Maior) Rigel (Sternbild Orion) und Procyon (Sternbild Canis Minor) bilden mit den hellen Sternen Pollux (Sternbild Gemini), Capella (Sternbild Auriga) und Aldebaran (Sternbild Taurus) das großflächige »Wintersechseck«, das als Orientierungshilfe am nördlichen Sternhimmel herangezogen werden kann.

Sternbild Orion: Ein auffälliges Sternbild mit 3 hellen »Gürtelsternen« nahe dem Himmelsäquator. Unterhalb der Gürtelsterne der Orion-Nebel. Östlich vom Orion das Sternbild Großer Hund mit Sirius (siehe auch S. 56). Das Sternbild des Orion befindet sich etwa in der Mitte des Kreisbogens, der die hellen Sterne Capella im Sternbild Fuhrmann (siehe S. 38) im Norden und Canopus im Sternbild Carina im Süden verbindet.

Kreuz des Südens und Kentaur (Crux und Centaurus). Das Kreuz ist das kleinste Sternbild am ganzen Himmel. Zusammen mit den beiden Hauptsternen des Kentaur (Alpha ist ein herrlicher Doppelstern!) die Orientierungshilfe am Südhimmel (siehe S. 78). Mit fast gleichem Polabstand gegenüber dem Kreuz des Südens befindet sich der sehr helle Fixstern Achernar (siehe S. 72) im Sternbild Eridanus.

Tierkreissternbilder

Die Tierkreissternbilder haben dieselben Namen wie die Tierkreiszeichen. Sie dürfen aber nicht miteinander verwechselt werden, da die Sternbilder nicht mehr mit den Zeichen übereinstimmen. Wenn also z. B. in der Astrologie die Rede davon ist, dass sich ein Wandelstern (der Mond oder ein Planet) im Tierkreiszeichen Stier befindet, steht dieses Gestirn am Himmel tatsächlich im Sternbild Widder.

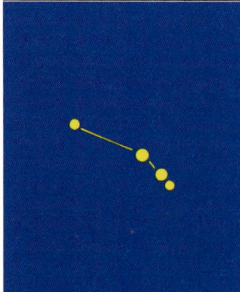

Sternbild Widder (Aries): Erstes der 12 Tierkreissternbilder. Der Widderpunkt bezeichnete den Sonnenstand am 21. März vor rund 2000 Jahren, war damals also identisch mit dem Sonnenstand zur Frühlings-Tagundnachtgleiche der Nordhalbkugel im Sternbild Widder (siehe auch S. 52). Länge in der Ekliptik 26°–50°. Für das Tierkreiszeichen Widder ist der Anfangspunkt in der Ekliptik 0°.

Sternbild Stier (Taurus): Hauptstern der rötliche Aldebaran. Im Sternbild das bekannte Siebengestirn (Plejaden), ein offener Sternhaufen und Gegenstand vieler Märchen und Sagen bei allen Völkern (siehe auch S. 54). Länge in der Ekliptik 50°–89°. Für das Tierkreiszeichen Stier ist der Anfangspunkt in der Ekliptik 30°.

Sternbild Zwillinge (Gemini): Tierkreissternbild mit den markanten Sternen Castor und Pollux. Im Sternbild Zwillinge erreicht die Sonne am 21. Juni ihre nördliche Extremstellung (siehe auch S. 56). Länge in der Ekliptik 89°–119°. Für das Tierkreiszeichen Zwillinge ist der Anfangspunkt in der Ekliptik 60°.

Sternbild Krebs (Cancer): Ein unscheinbares Sternbild zwischen Zwillingen und Löwe mit dem offenen Sternhaufen der Praesepe, in der Mitte auf der Verbindungslinie zwischen den Sternen Pollux und Regulus (siehe auch. S. 58). Länge in der Ekliptik 119°–139°. Für das Tierkreiszeichen Krebs ist der Anfangspunkt in der Ekliptik 90°.

Sternbild Löwe (Leo): Sternbild mit dem Stern 1. Größe Regulus, in der Sage das Herz des Löwen. Regulus ist der hellste Stern in unmittelbarer Nähe zur Ekliptik. Regulus-Bedeckungen durch Mond und Planeten (siehe auch S. 58). Länge in der Ekliptik 139°–174°. Für das Tierkreiszeichen Löwe ist der Anfangspunkt in der Ekliptik 120°.

Sternbild Jungfrau (Virgo): Mit dem Hauptstern Spica, 1. Größenklasse. Der Name bedeutet soviel wie »Kornähre« und war im Altertum für das ganze Sternbild bezeichnend. In diesem Sternbild steht die Sonne zum Zeitpunkt der Tagundnachtgleiche bei Herbstanfang (23. September, siehe auch S. 60). Länge in der Ekliptik 174°–214°. Für das Tierkreiszeichen Jungfrau ist der Anfangspunkt in der Ekliptik 150°.

Sternbild Waage (Libra): Dieses Sternbild zählten die Babylonier noch nicht selbstständig. Die Sterne wurden dem Sternbild Skorpion zugeordnet. Das unscheinbare Sternbild führte man ein, um die Zahl der Tierkreissternbilder auf 12 zu bringen (siehe auch S. 62). Länge in der Ekliptik 214°–239°. Für das Tierkreiszeichen Waage ist der Anfangspunkt in der Ekliptik 180°.

Sternbild Skorpion (Scorpio): Das Sternbild zeigt verblüffend deutlich die Gestalt des Skorpions. Das prächtigste Sternbild des äquatornahen Himmels! Auffällig der rote Hauptstern Antares (»dem Mars gleichend«, s. auch S. 65). Länge in der Ekliptik 239°–245°. Für das Tierkreiszeichen Skorpion ist der Anfangspunkt in der Ekliptik 210°.

Sternbild Schütze (Sagittarius): In diesem Sternbild erreicht die Sonne am 22. Dezember ihre südliche Extremstellung im Tierkreis. Reich an eindrucksvollen Milchstraßen-Partien (siehe auch S. 66). Länge in der Ekliptik 265°–301°. Zwischen 245° und 265° befindet sich das Sternbild Ophiuchus (Schlangenträger), das kein Tierkreissternbild ist! Für das Tierkreiszeichen Schütze ist der Anfangspunkt in der Ekliptik 240°.

Sternbild Steinbock (Capricornus): Einst hieß das Sternbild »Ziegenfisch«, Hinweis auf ein Tier halb Ziege und halb Fisch. Die Wandlung zum Steinbock ist schon etwas rätselhaft (siehe auch S. 66). Länge in der Ekliptik 301°–329°. Für das Tierkreiszeichen Steinbock ist der Anfangspunkt in der Ekliptik 270°.

Sternbild Wassermann (Aquarius): Gilt als eines der ältesten Sternbilder überhaupt. Das Alter des Namens dieses Sternbildes wird auf 20 000 Jahre geschätzt! Das der meisten anderen Tierkreissternbilder auf etwa 10 000 Jahre (siehe auch S. 68). Länge in der Ekliptik 329°–351°. Für das Tierkreiszeichen Wassermann ist der Anfangspunkt in der Ekliptik 300°.

Sternbild Fische (Pisces): Das letzte Sternbild des Tierkreises. Heute steht die Sonne zum Zeitpunkt der Tagundnachtgleiche – 21. März – in diesem Sternbild (Widderpunkt; siehe auch S. 52). Länge in der Ekliptik 351°–26°. Für das Tierkreiszeichen Skorpion ist der Anfangspunkt in der Ekliptik 330°.

Die 88 Sternbilder des nördlichen und südlichen Himmels

Form und Zahl der Sternbilder ist nicht immer gleich gewesen. Das Ergebnis einer langen geschichtlichen Entwicklung waren die Konstellationen des Sternenhimmels der griechischen Astronomen (Almagest des Ptolemaios um 150 n. Chr.). Seit Beginn der Neuzeit, insbesondere während des Zeitalters der Entdeckungen, wurden neue Sternbilder geschaffen.

Wissenschaftlich sind heute 88 Sternbilder anerkannt, die 1928 der Astronom E. Delporte im Auftrag der Internationalen Astronomischen Union abgesteckt hat. In wissenschaftlichen Veröffentlichungen werden die Namen der Sternbilder in der Regel abgekürzt mit 3 Buchstaben verwendet. Die Übersicht enthält in alphabetischer Ordnung die lateinischen Namen der Sternbilder mit ihren drei- und vierbuchstabigen Abkürzungen, die deutschen Namen und die Flächeninhalte in Quadratgrad nach den internationalen Sternbildgrenzen.

Lateinische Namen	Dreibuchstabige Abkürzungen	Vierbuchstabige Abkürzungen	Deutscher Name	Flächeninhalt in Quadratgrad
Andromeda	And	Andr	Andromeda	721
Antlia	Ant	Antl	Luftpumpe	239
Apus	Aps	Apus	Paradiesvogel	206
Aquarius	Aqr	Aqar	Wassermann	980
Aquila	Aql	Aqil	Adler	653
Ara	Ara	Arae	Altar	238
Aries	Ari	Arie	Widder	441
Auriga	Aur	Auri	Fuhrmann	657
Bootes	Boo	Boot	Bootes	905
Caelum	Cae	Cael	Stichel	125
Camelopardus	Cam	Caml	Giraffe	756
Cancer	Cnc	Canc	Krebs	506
Canes venatici	CVn	CVen	Jagdhunde	467
Canis maior	CMa	CMaj	Großer Hund	380
Canis minor	CMi	CMin	Kleiner Hund	183
Capricornus	Cap	Capr	Steinbock	414
Carina	Car	Cari	Schiffskiel	494
Cassiopeia	Cas	Cass	Cassiopeia	599
Centaurus	Cen	Cent	Kentaur	1060
Cepheus	Cep	Ceph	Kepheus	588
Cetus	Cet	Ceti	Walfisch	1231
Chamaeleon	Cha	Cham	Chamäleon	131
Circinus	Cir	Circ	Zirkel	93
Columba	Col	Colm	Taube	270
Coma (Berenices)	Com	Coma	Haar der Berenike	386
Corona australis	CrA	CorA	Südliche Krone	128
Corona borealis	CrB	CorB	Nördliche Krone	179
Corvus	Crv	Corv	Rabe	184
Crater	Crt	Crat	Becher	282
Crux	Cru	Cruc	Kreuz (des Südens)	68
Cygnus	Cyg	Cygn	Schwan	805
Delphinus	Del	Delf	Delfin	189
Dorado	Dor	Dora	Schwertfisch	179
Draco	Dra	Drac	Drache	1083
Equuleus	Equ	Equl	Füllen	72
Eridanus	Eri	Erid	(Fluss) Eridanus	1138
Fornax	For	Forn	Chemischer Ofen	397

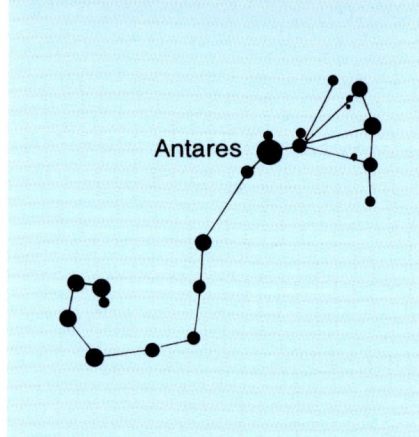

Dreimal Sternbild Skorpion:
Oben historische Darstellung, 18. Jahrhundert;
Mitte ein Foto, kurz belichtet;
unten das Sternbild gezeichnet.

Lateinische Namen	Dreibuchstabige Abkürzungen	Vierbuchstabige Abkürzungen	Deutscher Name	Flächeninhalt in Quadratgrad
Gemini	Gem	Gemi	Zwillinge	514
Grus	Gru	Grus	Kranich	365
Hercules	Her	Herc	Herkules	1225
Horologium	Hor	Horo	Uhr	249
Hydra	Hya	Hyda	Wasserschlange	1303
Hydrus	Hyi	Hydi	(Südl.) Wasserschlange	243
Indus	Ind	Indi	Indianer	294
Lacerta	Lac	Lacr	Eidechse	201
Leo (maior)	Leo	Leon	(Großer) Löwe	947
Leo minor	LMi	LMin	Kleiner Löwe	232
Lepus	Lep	Leps	Hase	290
Libra	Lib	Libr	Waage	538
Lupus	Lup	Lupi	Wolf	334
Lynx	Lyn	Lync	Luchs	545
Lyra	Lyr	Lyra	Leier	285
Mensa	Men	Mens	Tafelberg	153
Microsopium	Mic	Micr	Mikroskop	209
Monoceros	Mon	Mono	Einhorn	481
Musca	Mus	Musc	Fliege	138
Norma	Nor	Norm	Lineal	165
Octans	Oct	Octn	Oktant	292
Ophiuchus	Oph	Ophi	Schlangenträger	948
Orion	Ori	Orio	Orion	594
Pavo	Pav	Pavo	Pfau	377
Pegasus	Peg	Pegs	Pegasus	1136
Perseus	Per	Pers	Perseus	615
Phoenix	Phe	Phoe	Phönix	469
Pictor	Pic	Pict	Maler, Staffelei	247
Pisces	Psc	Pisc	Fische	890
Piscis austrinus	PsA	PscA	Südlicher Fisch	245
Puppis	Pup	Pupp	Achterschiff	673
Pyxis	Pyx	Pyxi	Kompass	221
Reticulum	Ret	Reti	Netz	114
Sagitta	Sge	Sgte	Pfeil	80
Sagittarius	Sgr	Sgtr	Schütze	867
Scorpius	Sco	Scor	Skorpion	497
Sculptor	Scl	Scul	Bildhauerwerkstatt	475
Scutum	Sct	Scut	Schild (des Sobieski)	109
Serpens	Ser	Serp	Schlange	637
Sextans	Sex	Sext	Sextant	313
Taurus	Tau	Taur	Stier	797
Telescopium	Tel	Tele	Fernrohr	251
Triangulum australe	TrA	TrAu	Südliches Dreieck	109
Triangulum (boreale)	Tri	Tria	(Nördliches) Dreieck	132
Tucana	Tuc	Tucn	Tukan	294
Ursa maior	UMa	UMaj	Großer Bär (Großer Wagen)	1279
Ursa minor	UMi	UMin	Kleiner Bär	256
Vela	Vel	Velr	Schiffssegel	500
Virgo	Vir	Virg	Jungfrau	1294
Volans	Vol	Voln	Fliegender Fisch	141
Vulpecula	Vul	Vulp	Fuchs	268

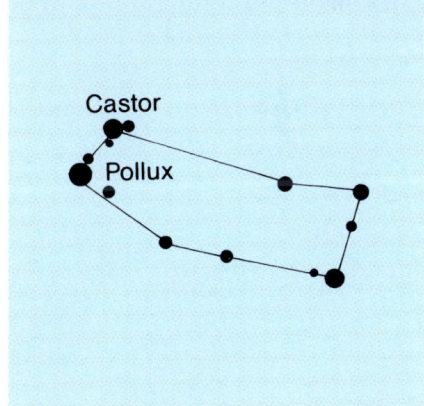

Dreimal Sternbild Zwillinge:
Oben historische Darstellung, 18. Jahrhundert;
Mitte ein Foto, kurz belichtet;
unten das Sternbild gezeichnet.

Von der Erddrehung und dem Jahreslauf der Sonne

Es gibt Dinge in unserem Leben, die nehmen wir selbstverständlich hin. Jeden Morgen wachen wir auf und stellen fest, dass es wieder Tag wird – besonders frühzeitig im Sommer, besonders spät im Winter. Mal scheint die Sonne, mal ist es wolkig oder es regnet oder schneit. Aber auf jeden Fall: Der Nacht folgt wieder der Tag. Das ist das einfachste Beispiel, dass kosmische Einflüsse unser Dasein nachhaltig und unabänderlich gestalten. Wir müssen uns deshalb mit ihnen beschäftigen.

Im Osten geht die Sonne morgens auf. Es wird Tag. Im Westen geht die Sonne abends unter. Es wird Nacht. Warum? Weil sich unsere Erde dreht. Nun ist freilich die Stelle des Horizontes, an der der Auf- und Untergang der Sonne erfolgt, nicht jeden Tag die gleiche. Sie bewegt sich innerhalb bestimmter Grenzen und ist von der geografischen Breite abhängig.

Die Jahreszeiten

Genau im Osten geht die Sonne nur auf

- am Tag des Frühlingsanfanges (also der 21. März auf der Nordhalbkugel und der 23. September auf der Südhalbkugel) und
- am Tag des Herbstanfanges (also der 23. September auf der Nordhalbkugel und der 21. März auf der Südhalbkugel der Erde).

Natürlich geht an diesen Tagen dann die Sonne auch genau im Westen unter! Sonst gibt es Abweichungen nördlich und südlich des Ost- bzw. Westpunktes. Die größte nördliche Abweichung findet statt

- am Tag der Sommersonnenwende auf der Nordhalbkugel (21. Juni) = der Tag der Wintersonnenwende auf der Südhalbkugel;

die größte südliche Abweichung

- am Tag der Wintersonnenwende auf der Nordhalbkugel (22. Dezember) = der Tag der Sommersonnenwende auf der Südhalbkugel.

Der Ablauf der Jahreszeiten wird verursacht durch den Lauf der Erde um die Sonne und die Neigung ihrer Polachse gegen die Erdbahnebene: Die Äquatorebene der Erde ist 23,5 Grad gegen die Bahnebene der Erde geneigt (vgl. Abb. S. 19).

Die Tageslänge

Die Abweichungen vom Ost- bzw. Westpunkt sind umso größer, je höher die geografische Breite eines Ortes ist. Und so ist auch die Dauer von Tag und Nacht mit der geografischen Breite verschieden:

- am Äquator (= 0 Grad geografische Breite) beträgt die Tageslänge des längsten und kürzesten Tages des Jahres je 12 Stunden, d. h. die Tage sind immer gleich lang;
- in 45 Grad geografischer Breite beträgt der längste Tag 15 Stunden und 26 Minuten, der kürzeste Tag 8 Stunden und 34 Minuten – also ein Unterschied von schon fast 7 Stunden;
- an den Polen (= 90 Grad geografische Breite) schließlich dauert ein Polartag 186 Tage (Nordpol) und 179 Tage (Südpol), entsprechend die Polarnacht 179 Tage (Nordpol) und 186 Tage (Südpol).

Tag und Nacht sind die Auswirkungen der täglichen Umdrehung der Erde (1 Tag = 24 Stunden). Die jährliche Bewegung der Erde um die Sonne wiederum führt zu den Jahreszeiten Frühjahr, Sommer, Herbst und Winter. Sie verlaufen für die Nordhalbkugel und Südhalbkugel unserer Erde entgegengesetzt (siehe oben!).

Es wird dunkel: die Dämmerung

Aus Erfahrung weiß jeder, dass es nicht plötzlich Tag und nicht plötzlich Nacht wird. Dazwischen liegt die noch mehr oder minder lange Dämmerung. Für sie verantwortlich ist ebenfalls die Erdatmosphäre, der wir auch die Zerstreuung des Sonnenlichtes am Tageshimmel und damit »blauen Himmel«, mit Wolken »grauen Himmel« – auf

Seit Nikolaus Kopernikus (1473–1543) hat das heliozentrische Weltbild mit der Sonne im Mittelpunkt das geozentrische mit der Erde als Mittelpunkt abgelöst. Die groß dargestellten Planeten sind – von links nach rechts – Neptun, Jupiter, Saturn und Uranus. Diese Planeten sind von mehr oder minder ausgeprägten Ringsystemen umgeben.

jeden Fall »helle Tage« verdanken. Und steht die Sonne bereits oder noch unter dem Horizont, so werden bis zu einer Sonnentiefe von 18 Grad die oberen Luftschichten noch vom Sonnenlicht erfasst. Diese Luftschichten zerstreuen es und erzeugen jene Himmelsaufhellung, die als Dämmerung bezeichnet wird.

In jeder Sekunde herrschen

- auf rund der Hälfte der Erdoberfläche heller Tag,
- auf 15% der Erdoberfläche Dämmerung,
- auf 35% der Erdoberfläche Nacht.

Die kurze Dämmerung in den Tropen geht zurück auf die Sonnenbahn, die dort besonders steil auf dem Horizont steht. Die »weißen Nächte« in den gemäßigten Breiten im Hochsommer werden verursacht vom geringen Stand der Sonne unter dem Horizont. Praktisch ist für ein paar Wochen die ganze Nacht über Dämmerung!

Die Sichtbarkeit der Sterne setzt dunkle Nacht voraus. Sowohl Mondschein wie Dämmerung stören den Anblick des gestirnten Himmels. Zwar sind hellere Sterne auch unter diesen Begleitumständen sichtbar, ja mit einigem Geschick findet man sogar am Tageshimmel zum Beispiel den Planeten Venus oder den außerordentlich hellen Fixstern Sirius und ein paar andere helle Gestirne. Aber für den Sternenhimmel in seiner Gesamtheit ist die dunkle Nacht notwendig. Und selbstverständlich ein klarer, wolkenloser Himmel.

Die tägliche Himmelsdrehung

Die sprichwörtliche astronomische Präzision verblüfft immer wieder aufs Neue. Nimmt es da wunder, dass die Genauigkeit der Himmelserscheinungen Menschen veranlasst hat, Gestirne anzubeten und sie zu den Beherrschern des menschlichen Schicksals zu erklären? Aller astrologischer Aberglaube nimmt hier seinen Anfang.

Das überwältigende Erlebnis, das jeder von uns überall auf der Erde immer wieder machen kann: Der Beobachter des gestirnten Himmels hat bei längerer Betrachtung den Eindruck, dass sich eine mit Sternen gespickte Hohlkugel beständig um eine feste Achse dreht, die durch den Standort des Beobachters auf der still stehenden Erde geht. Ja, sein Standort erscheint dem Beobachter schlicht als Zentrum der sich drehenden Himmelskugel. Diese tägliche Himmelsdrehung ist in der Tat für den Beobachter auf der Erde die eindrucksvollste und rascheste aller Bewegungen am Himmel. Alle Gestirne: Sonne, Mond, Planeten und Fixsterne sind ihr unterworfen.

Nun, es ist bekannt, dass die Rotation der Erde um ihre Achse von West nach Ost dem Himmel jenen täglichen Umschwung von Ost nach West verleiht.

Der Scheitelpunkt über dem Beobachter (senkrecht!) ist der Zenit. Schaut man vom Zenit um einen rechten Winkel senkrecht nach unten, sieht man den Horizont, genau genommen die Punkte des mathematischen Horizonts, die alle die Höhe 0 Grad haben. In der Beobachtungspraxis ist es der Landschaftshorizont, der über dem mathematischen Horizont liegt.

Die Visierlinie Südpunkt im Horizont – Zenit – Himmelsnordpol – Nordpunkt bildet den Großkreis des Meridians (Mittagslinie) am Himmel. Die Sterne bewegen sich (scheinbar!) in unseren Breiten zwischen Südpunkt und Himmelsnordpol durch den Meridian und erreichen dort ihre größte Höhe (Obere Kulmination). Zwischen Himmelsnordpol und Nordpunkt kreuzen sie den Meridian in geringster Höhe (Untere Kulmination).

Die Drehung unseres Planeten zeigt sich an den Sternstrichspuren um die Himmelspole. Aufnahme mit Mittelformatkamera, 90-mm-Objektiv, 30 Minuten Belichtungszeit, Richtung nördlicher Himmelspol.

Die Erddrehung im Bild

Mit Hilfe eines Fotoapparates lässt sich die Himmelsdrehung besonders schön dokumentieren: Kamera mit höher empfindlichem Schwarzweißfilm laden, Blende voll aufmachen, auf unendlich einstellen, Belichtung auf B (Drahtauslöser mit Klemmschraube) und ein paar Stunden belichten. Die Kamera steht dabei am besten auf einem Stativ und ist für die Aufnahme auf den Himmelsnord- oder Himmelssüdpol ausgerichtet. Während der Belichtungszeit dreht sich der Himmel scheinbar weiter (in Wirklichkeit dreht sich ja die Erde!), und auf dem Film bilden sich die Sterne in mehr oder minder langen und zum Pol hin gebogenen Lichtspuren ab (vgl. Foto). Wie bei allen Aufnahmen des Sternenhimmels empfiehlt sich eine mondlose, klare Nacht für dieses kleine und doch so aussagekräftige Experiment. Dass die Sterne bei der täglichen scheinbaren Drehung des Himmelsgewölbes parallele Kreise ziehen, macht die Aufnahme anschaulich klar.

Himmelsnordpol und Himmelssüdpol sind die Lager, in denen die Achse der scheinbar drehenden Himmelskugel läuft. Der Beobachter sieht von seinem Standpunkt immer nur auf einen Himmelspol, den nördlichen oder den südlichen. Und es wird diejenige Hälfte der Erde, von der aus der Himmelsnordpol zu sehen ist, als die Nordhalbkugel, die andere Hälfte mit Blick auf den Himmelssüdpol als Südhalbkugel bezeichnet. Der Erdäquator trennt im geografischen Koordinatensystem beide Erdhalbkugeln voneinander. Entsprechend gibt es auch den Himmelsäquator, der in allen seinen Punkten genau 90 Grad von den beiden Himmelspolen entfernt ist.

Äquatorialkoordinaten

Der Weg ist nicht weit, um sich ein einfaches Erd- und Himmelsgradnetz auszudenken. Das Fundament ist die Äquatorebene der Erde, die ja gleichzeitig auch die Rotationsebene der gedachten Himmelskugel ist. Die sich drehende Achse steht zum Erd- bzw. Himmelsäquator senkrecht. Ein Stern wird in dieses System wie folgt eingepasst:
1. Angabe des Winkelabstandes vom Äquator. Sterne, die den gleichen Abstand vom Äquator haben, liegen auf einem so genannten Parallelkreis.
2. Angabe, von welchem Ort über oder unter dem Äquator sich der Stern auf einem Parallelkreis befindet. Sterne, die den gleichen Basispunkt auf dem Äquator besitzen, liegen auf einem Meridian.

Sternspuren zu beiden Seiten des Himmelsäquators bei längerer Belichtungszeit. Nur Sterne auf dem Himmelsäquator bilden eine geradlinige Spur. Die nördlich oder südlich vom Himmelsäquator gelegenen Sternspuren weisen deutlich eine zum Himmelsnordpol bzw. Himmelssüdpol hohle Krümmung auf.

Der Zeitraum zwischen einer Tagundnachtgleiche (Äquinoktium) und einer Sonnenwende (Solstitium) kennzeichnet die astronomischen Jahreszeiten. Die meteorologischen Jahreszeiten mit ihren klimatischen Unterschieden beruhen auf der Neigung der Äquatorebene der Erde gegen die Erdbahnebene (23,3 Grad). Die astronomischen Jahreszeiten können sich um einen Tag verschieben, da das Kalenderjahr nicht gleich dem tropischen Jahr ist (siehe S. 186). Die Jahreszeiten sind auf der Nordhalbkugel entgegengesetzt zur Südhalbkugel.

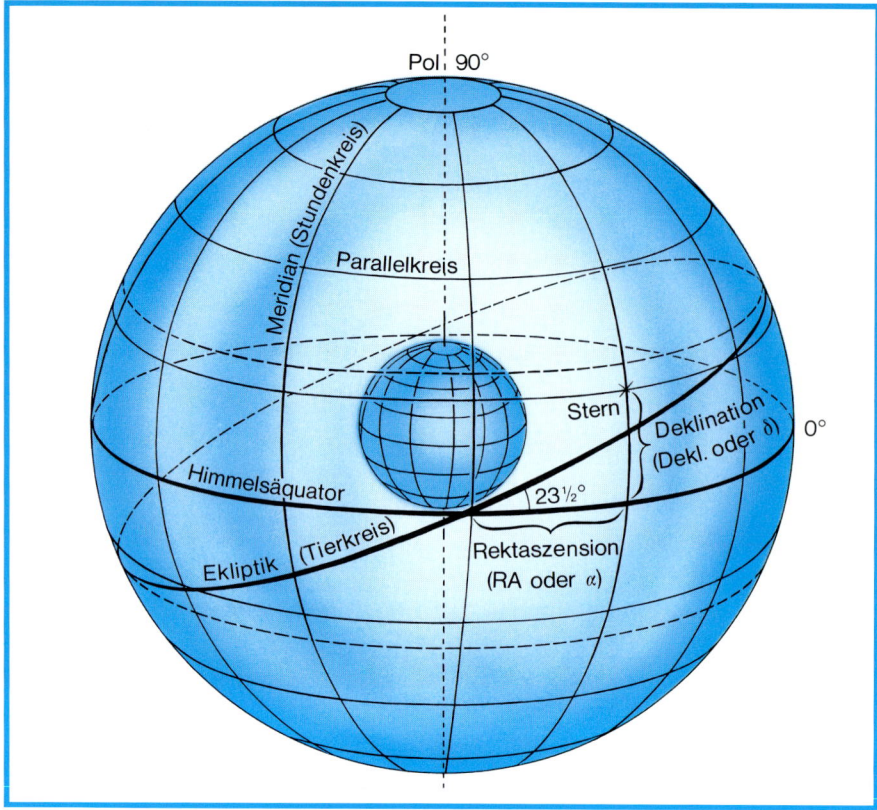

Pol 90°

Meridian (Stundenkreis)

Parallelkreis

Stern

Deklination (Dekl. oder δ)

0°

Himmelsäquator

23½°

Ekliptik (Tierkreis)

Rektaszension (RA oder α)

Ekliptik (»Linie der Finsternisse«), weil Sonnen- und Mondfinsternisse nur möglich sind, wenn die Mondbahn die Ekliptik schneidet.

Die Fixsterne der 12 Tierkreissternbilder gruppieren sich im Weltraum um die Erdbahnebene. Von der Erde aus betrachtet durchwandert die Sonne während des jährlichen Umlaufs der Erde um die Sonne einmal die Tierkreissternbilder und verursacht dadurch deren im Jahreslauf wechselnde Sichtbarkeit. Die in direkter oder benachbarter Richtung zur Sonne stehenden Fixsterne sind für den Beobachter von der Erde aus unsichtbar. Wenn also die Sonne im Sternbild des Widders steht, ist dieses Sternbild von der Erde aus gerade nicht sichtbar (vgl. Abb. S. 19). Am ehesten gelingt es in der Morgen- und Abenddämmerung, das Sternbild, vor dem die Sonne steht, zu »errechnen«, da man dann die benachbarten Sternbilder erkennen kann. Jeweils ein halbes Jahr später haben diese Sternbilder dann ihre günstigste Sichtbarkeit am Nachthimmel.

Im Bereich der Tierkreissternbilder finden wir auch den Mond und die Planeten am Himmel. Ursache ist die geringe Neigung ihrer Bahnebenen gegen die Erdbahnebene.

Die jährliche Himmelsdrehung

Der Sternenhimmel verändert sich nicht nur im Verlauf einer Nacht (tägliche Himmelsdrehung als Folge der Erdrotation). Auch im Verlauf eines Jahres wechselt die Sichtbarkeit des Sternenhimmels allmählich. Wer von Sommer- oder Wintersternbildern spricht, kommt der Erscheinung schon ein wenig näher.

Auch ist es üblich, davon zu sprechen, dass die Sonne im Jahreslauf durch die Tierkreissternbilder Widder, Stier, Zwillinge, Krebs, Löwe, Jungfrau, Waage, Skorpion, Schütze, Steinbock, Wassermann und Fische wandert.

Tag für Tag legt die Erde ein Stück auf ihrer Runde um die Sonne zurück. Und Tag für Tag verschiebt sich der Himmelsanblick ein wenig. Angenommen, jemand könnte am selben Ort und bei klarem Wetter jede Nacht um 24 Uhr die Sterne beobachten, so stellt er jedes Mal eine kleine Veränderung fest, und zwar

● auf der Nordhalbkugel entgegen dem Uhrzeigersinn;

Etwas zu kompliziert? Sicher macht es das oben stehende Bild klar und deutlich. Die Parallelkreise sind verschieden groß. In Polnähe werden sie immer kleiner. Am größten werden sie in Äquatornähe. Dagegen sind die Meridiane stets von derselben Länge. Sie kommen sich auf dem Weg zu den Polen näher. Die beiden oben genannten Angaben zur Ortsbestimmung eines Sterns im System haben zu festen Begriffen geführt, die für die Erde bestimmt jeder kennt:

Erdnordpol   – Himmelsnordpol
Erdsüdpol   – Himmelssüdpol
Geografische
Breite   – Deklination
Geografische
Länge   – Rektaszension
Schnittpunkt Erd-   – Schnittpunkt
äquator mit Erd-   Ekliptik (aufsteigender
Nullmeridian   Ast) mit Himmels-
(Greenwich)   äquator (Frühlings-
                         punkt)

Der Punkt null der geografischen Länge ist Greenwich (London). Eine willkürliche Wahl? Nun, die Engländer waren, als die Sache

aktuell wurde (1675), auf dem Weg zur führenden Seefahrernation der Erde. Niemand machte ihnen diese Entscheidung streitig. Sie wurde 1884 sogar offiziell von allen Staaten anerkannt.

Der Punkt null an der Himmelskugel für die Rektaszension ist die Position auf dem Himmelsäquator, die die Sonne am 21. März innehat. Die Astronomen zählen die Rektaszensionen entsprechend der Bewegung des Basispunktes der Sonne auf dem Himmelsäquator während des scheinbaren jährlichen Laufes unseres Tagesgestirns von 0 Grad bis 360 Grad (= von 0 Uhr bis 24 Uhr).

Von dem scheinbaren Jahreslauf der Sonne war bereits kurz auf Seite 17 die Rede. Wieder ist es die Erde, die bei ihrem Umlauf um die Sonne (1 Umlauf = 1 Jahr) den scheinbaren Jahreslauf der Sonne am Himmel verursacht. Es ist gut, sich diese Zusammenhänge zu merken. Der scheinbare Jahreslauf der Sonne vollzieht sich auf einem Großkreis, der zum Himmelsäquator um 23,5 Grad geneigt ist. Bekannter ist dieser Großkreis unter dem Namen Tierkreis oder

NORD

März

Juni

September

Dezember

● auf der Südhalbkugel mit dem Uhrzeigersinn.

Der Drehsinn ist also auf der Nordhalbkugel anders als auf der Südhalbkugel. So auch bei der täglichen Himmelsdrehung (siehe auch Abbildungen links und rechts):

● Auf der Nordhalbkugel erfolgt die tägliche Himmelsdrehung entgegen dem Uhrzeigersinn;

● auf der Südhalbkugel erfolgt sie im Uhrzeigersinn.

Um das nachzuprüfen, nehme man eine Taschenuhr und halte sie so gen Himmel, dass das Ziffernblatt zum Beschauer weist und die Rückseite zu dem am Ort beobachtbaren Himmelspol. Am besten, man fixiert ein Sternbild über einem Dach, Kamin oder Baum, weil so am leichtesten die Verschiebung nach einer halben oder ganzen Stunde bestimmt werden kann.

Nicht ganz so schnell geht es selbstverständlich mit dem Nachweis des Drehsinns bei der jährlichen Himmelsdrehung. Wieder ist ein irdischer Fixpunkt eine nützliche Markierung. Innerhalb von 1–2 Wochen – bei Beobachtung des gleichen Sternbilds zur gleichen Zeit – ist eine Verschiebung nachweisbar.

Spielereien? Im Gegenteil. Auf diese einfache und überzeugende Weise hat jeder die Möglichkeit, kosmische Bewegungen selbst kennen zu lernen und nachzuweisen. Das Raumschiff Erde ist ständig unterwegs! Die tägliche Drehung der Erde um ihre Achse und ihr jährlicher Weg rund um die Sonne liefern zwei Zeitmarken – den Tag und das Jahr. Auch dazu gibt es ebenso einfache wie aufschlussreiche Experimente.

Links:
Die jährliche Bewegung am Beispiel des Sternbildes des Großen Bären (Ursa maior), auch Großer Wagen genannt, zu Anfang der vier Jahreszeiten (März = Frühjahr, Juni = Sommer, September = Herbst, Dezember = Winter). Die Darstellung gilt für 50 Grad nördliche Breite. Die Bezeichnungen »Anfang«, »Mitte« und »Ende« entsprechen dem Verlauf der Erscheinungen am Nachthimmel. Die unterschiedliche Länge der Drehbewegung ist auf die unterschiedliche Nachtlänge (und damit Sichtbarkeit der Sternbilder) zurückzuführen.

Rechts:
Die jährliche Bewegung am Beispiel des Sternbildes Kreuz des Südens und der Sterne α und β des Sternbildes Kentaur (Centaurus) zu Anfang der vier Jahreszeiten (März = Herbst, Juni = Winter, September = Frühling, Dezember = Sommer). Die Darstellung gilt für ungefähr 40 Grad südliche Breite. Die Bezeichnungen »Anfang«, »Mitte« und »Ende« entsprechen dem Verlauf der Erscheinungen am Nachthimmel.

SÜD

März

Juni

September

Dezember

Die Sonne als Zeitmesser

Zur Zeitmessung bieten sich verschiedene Möglichkeiten an: die tägliche scheinbare Bewegung des Sternenhimmels oder eines Gestirns, zum Beispiel der Sonne. Die Sonne ist keine sehr genaue Zeitmarke, weil sie sich mit unterschiedlicher Geschwindigkeit in der gegen den Äquator geneigten Ekliptik bewegt. Für die Ungleichförmigkeit gibt es zwei Ursachen:

● Die Erdbahn um die Sonne ist eine Ellipse und kein Kreis. Deshalb kann die Sonne in gleicher Zeit nicht die gleichen Bahnbögen am Himmel zurücklegen.

● Die Projektion der Bahnbögen auf den Himmelsäquator, auf dem die Zeit gemessen wird, gibt wegen der gegenseitigen Neigung Äquator – Ekliptik ungleichmäßige Abschnitte.

Um ein Gleichmaß zu bekommen, hat man die mittlere Sonnenzeit eingeführt. Hierbei bewegt sich eine »gedachte« Sonne mit gleichförmiger Geschwindigkeit auf dem Äquator. Wahre und mittlere Sonnenzeit sind Ortszeiten – von Ort zu Ort auf der Erde verschieden. Der Zeitunterschied zwischen mittlerer und wahrer Sonnenzeit heißt Zeitgleichung. Am größten ist die Zeitgleichung (wahre Sonnenzeit minus mittlere Sonnenzeit) am 11. Februar (–14,3 min) und am 3. November (+16,4 min). Am 16. April, 14. Juni, 2. September und 25. Dezember ist die Zeitgleichung null.

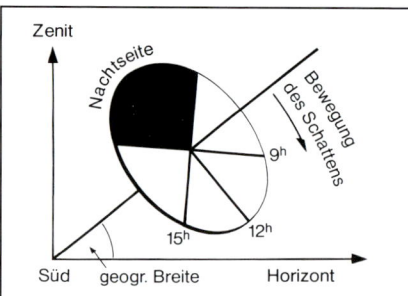

Einfache Sonnenuhr (Äquinoktialuhr). Der Stab (= Gnomon) ist auf den Himmelspol ausgerichtet. Der Schatten wird auf einer im Himmelsäquator liegenden Scheibe (Ring) mit gleichförmig durchlaufender Teilung abgelesen (vgl. Text).

Die Sonnenuhr ist die älteste Uhr. Sie hat sich aus dem Gnomon, ein langer schattenwerfender Stab, entwickelt. In einem chinesischen Schriftstück wird erstmals um 1100 v. Chr. das Gnomon erwähnt. Stets liegt das Gnomon in der Meridianebene. Es ist so geneigt, dass die Verlängerung seiner Richtung immer zum Himmelspol weist. Das bedeutet auch, dass das Gnomon gegen die Horizontalebene um einen Winkel geneigt ist, der der geografischen Breite am Ort entspricht. Aus der Lage des Schattens des von der Sonne beschienenen Stabes lässt sich die wahre Sonnenzeit (= wahre Ortszeit) bestimmen.

Neben dem schattenwerfenden Stab ist das Zifferblatt das zweite Element der Sonnenuhr. Es kann grundsätzlich auf jeder Fläche angebracht werden. Bei der Äquinoktialuhr (siehe Abb. links) befindet sich die Projektionsebene für den Schatten parallel zum Äquator, d. h. senkrecht zum Gnomon. Entsprechend der gleichförmigen Drehung der Erde um ihre Achse dreht sich der Schatten jede Stunde um 15 Grad um den Stab. Für den Gebrauch während des Winterhalbjahres muss das Gnomon zur unteren Seite der Schattenebene durchgehen. Bei horizontalen Sonnenuhren liegt die Schattenebene in der Ebene des Horizonts. Hier sind die Winkel zwischen den Stundenlinien, über die der Schatten läuft, unterschiedlich groß. Das ist auch bei der vertikalen Sonnenuhr der Fall, deren Zifferblatt senkrecht zur Meridianebene steht (siehe Foto unten).

Über Sonnenuhren gibt es umfangreiche Spezialliteratur mit Bauanleitungen. Auch das »Handbuch für Sternfreunde« (siehe S. 187) enthält ein Kapitel mit Konstruktionsvorschlägen.

Die Zeit zwischen zwei aufeinander folgenden Durchgängen der Sonne durch den Frühlingspunkt (siehe S. 20) entspricht einem Jahr. Durch Beobachtung des längsten und kürzesten Schattens, den das Gnomon am Mittag wirft, kann man angenähert die Zeiten der Sonnenwenden (siehe S. 17) bestimmen. Der Schatten, den ein Gnomon bestimmter Länge Mittag für Mittag auf den Boden zeichnet, ist nie gleich lang, sondern ist abhängig von der scheinbaren Bewegung der Sonne auf der Ekliptik. Mit dem Nachweis der Sonnenwenden macht das Gnomon indirekt auch auf die Schiefe der Ekliptik (siehe S. 20) aufmerksam.

Über die verschiedenen Zeiten (Sternzeit, Sonnenzeit) siehe »Handbuch für Sternfreunde« (siehe Literaturverzeichnis S. 187).

Sonnenuhr am steilen Barockgiebel der Ratsherrntrinkstube in Rothenburg o. d. T. über der Hauptstadtuhr (1683), einer Kalenderuhr, und dem Reichsadler. Die Entstehungszeit der Sonnenuhr wird mit 1768 angegeben.

Die Praxis
der Himmelsbeobachtung

Sternbeobachtungen in verschiedenen geografischen Breiten

Wir haben kennen gelernt: die Veränderung des Sternenhimmels im Verlauf einer Nacht (tägliche Drehung der Erde) und die Veränderung des Sternenhimmels im Verlauf eines Jahres (Bewegung der Erde um die Sonne).

Der Horizont begrenzt den Anblick des Sternenhimmels und schränkt ihn für jeden Beobachtungsort auf eine Hälfte der scheinbaren Himmelskugel ein. Dabei gilt:

● Für alle Beobachtungsorte auf dem gleichen Breitenkreis wird im Verlauf einer Erdumdrehung der gleiche Sternenhimmel sichtbar. »Im Verlauf einer Erdumdrehung«, das heißt: Es besteht im Anblick des gleichen Himmelsausschnitts ein zeitlicher Unterschied zwischen den Beobachtungsorten.

Mit der geografischen Breite ändert sich der Horizont, die sichtbare Hälfte der scheinbaren Himmelskugel verschiebt sich nach Süden bzw. Norden – eine sehr wichtige Tatsache für den Sternfreund. Wo immer wir auch auf der Erde beobachten, befindet sich eine Hälfte des Himmelsäquators über

Das Very Large Telescope (VLT). Spiegel 4-mal 8,2 m. Standort Paranal (2635 m) im Küstengebirge Chiles. Betreiber die europäische Organisation für Astronomie ESO (European Southern Observatory).

Rechts unten: Large Binocular Telescope (LBT). Spiegeldurchmesser 2-mal 8,4 m. Standort Mount Graham (3200 m) in Arizona, USA. Kooperation US-amerikanischer, deutscher und italienischer Institute.

Unten: Keck Telescope. Spiegeldurchmesser 2-mal 10 m. Standort Mauna Kea (4209 m) auf Hawaii. California Institute of Technology (CALTECH).

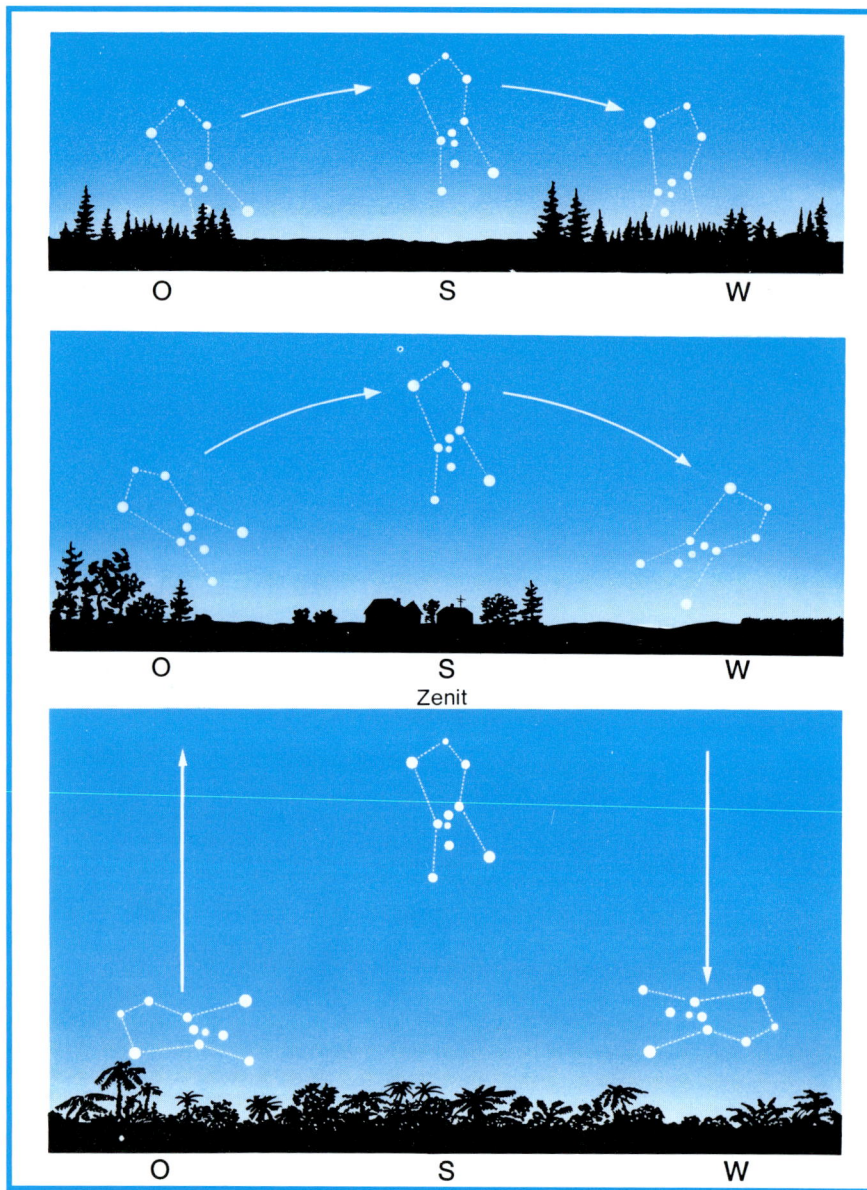

Die Bahnen von Sternbildern in verschiedenen geografischen Breiten

Die täglichen Gestirnbahnen sind in verschiedenen geografischen Breiten verschieden. Dazu als Beispiel das bekannte Sternbild Orion, das sowohl auf der Nordhalbkugel wie auf der Südhalbkugel der Erde gut zu beobachten ist. Aufgang (Osthimmel), Kulmination, Untergang (Westhimmel) in 66° nördlicher Breite (oben), in 45° nördlicher Breite (Mitte), in 0° Breite (= am Äquator) (unten). Für den Beobachter am Äquator der Erde beschreiben die Sterne um den Nordpunkt des Horizontes Halbkreise. Der Himmelspol liegt in der Horizontlinie. Die Sternbilder gehen senkrecht auf und unter.

dem Horizont, die andere unter dem Horizont. Ein Stern auf dem Äquator wird also eine halbe Erdumdrehung lang sichtbar und ebenso lange unsichtbar sein. Daneben gibt es an jedem Beobachtungsort ständig sichtbare und ständig unsichtbare Sterne. Das veranlasst zur folgenden Einteilung: An einem Beobachtungsort kann es geben:
1. Eine Zone mit dem Himmelspol in der Mitte, die ständig beobachtbar ist. Man spricht auch vom Zirkumpolargebiet und den Zirkumpolarsternen.
2. Eine Zone mit dem Himmelsäquator in der Mitte, die zeitweise sichtbar ist. Die Sterne gehen in ihr auf und unter.
3. Eine Zone mit dem entgegengesetzten Himmelspol in der Mitte, die ständig unsichtbar ist.

Wichtig: Neben der Größe des Zirkumpolargebietes und der Breite der teilweise sichtbaren Äquatorzone ändert sich mit der geografischen Breite auch die Sichtbarkeitsdauer der Sterne.

Die drei vorgenannten Zonen verteilen sich über die Erde wie in der Tabelle links unten angegeben.

Alle Gestirne werden für den Beobachter nur dann wahrnehmbar, wenn sie über dem Horizont stehen. Das ist die Bedingung für die »geografische Sichtbarkeit«. Neben ihr spielt die »jahreszeitliche Sichtbarkeit« eine maßgebliche Rolle, die vom scheinbaren Lauf der Sonne auf der Ekliptik abhängig ist. Ein ausgezeichnetes Fachbuch, das die Erscheinungen der Himmelskugel bis in alle Einzelheiten darstellt, ist Helmut Werners »Vom Polarstern bis zum Kreuz des Südens« (nur antiquarisch erhältlich). Wir beschränken uns auf Elementares und unterstützen das Verständnis mit den Sternkarten im vorderen und hinteren Einbanddeckel und den Tafeln »Die Bahnen von Sternbildern in verschiedenen geografischen Breiten« auf dieser Doppelseite.

Sichtbarkeitsdauer der Sterne

Geografische Breite	Sichtbarer Sternhimmel insgesamt	Ständig sichtbar	Zeitweise sichtbar	Ständig unsichtbar
Nordpol	50 %	50 %	0	50 %
45° nördl.	85 %	15 %	70 %	15 %
Äquator	100 %	0	100 %	0
45° südl.	85 %	15 %	70 %	15 %
Südpol	50 %	50 %	0	50 %

Aufgang, Kulmination und Untergang des Orion in 12° südlicher Breite (oben), in 23° südlicher Breite (Mitte), in 56° südlicher Breite (unten). Auf der südlichen Erdhalbkugel sind Norden und Süden vertauscht! Wo man noch Sterne des nördlichen Himmels sieht, legt eine ganz einfache Beziehung fest: 90 Grad minus Sterndeklination (Nord) = geografische Breite (Süd), wo der Stern gerade über dem Horizont erscheint. Beispiel: der Stern Alpha Gemini (Kastor im Sternbild Zwillinge) hat die Deklination +32°. Rechnung: 90°–32° = 58° südlicher Breite. Diese Breite ist die südlichst mögliche, um den Stern noch über dem Horizont zu sehen. Siehe unten und Seite 33.

Höhenmessungen mit einfachen Mitteln

Die Messung der Höhenwinkel von Sternen und Planeten war schon im Altertum eine wichtige Aufgabe der Astronomen. Ein ebenso einfaches wie lehrreiches Instrument dazu ist der Pendelquadrant. Jeder kann ihn einfach aus Pappe, Holz, Kunststoff, Aluminium oder Messing herstellen. Das Prinzip sieht so aus (siehe Abb. unten): Wenn man an der Kante A–B entlang einen

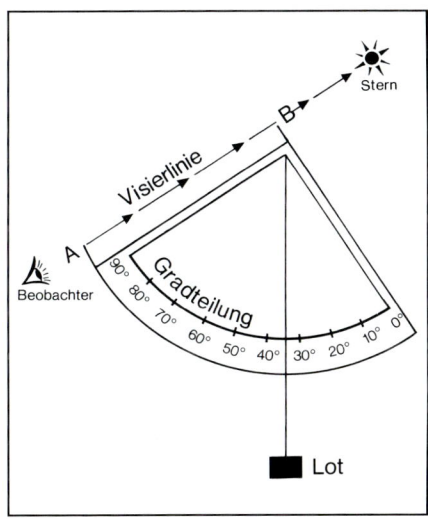

Der Pendelquadrant.

Stern anvisiert, zeigt das Lot auf der Teilung den Höhenwinkel des Sterns an. Je genauer die Visierkante des Quadranten zur Nullrichtung der Teilung senkrecht steht, umso genauer werden alle Messungen. Die stets vorhandenen Restfehler können wir bei diesem Experiment einmal unbeachtet lassen. Was kann der Sternfreund nun messen? Da ist zum Beispiel die Bestimmung der geografischen Breite des Beobachters. Zu die-

sem Zweck sucht man sich einen hellen Fixstern, beispielsweise Sirius im Sternbild Großer Hund (Canis maior), recht auffällig am Abendhimmel in der Zeit von November bis März. Anfang März erreicht Sirius seinen höchsten Stand über dem Horizont zwischen 18h30 und 19h30. In Abständen von 5 Minuten werden nun die Höhen des Sterns über dem Horizont mit dem Pendelquadranten gemessen. Höchster Stand

über dem Horizont für den Beobachter auf der Nordhalbkugel Blickrichtung Süden; für den Beobachter auf der Südhalbkugel der Erde Blickrichtung Norden. Der Kulminationspunkt (so wird der Punkt der größten Höhe über dem Horizont genannt) sei am 4. März, 20 Uhr, und die gemessene Höhe 23 Grad an einem bestimmten Ort auf der Nordhalbkugel. Zu diesem Wert wird die Deklination (siehe S. 20) des Sterns hin-

25

zugezählt. Sie beträgt aufgerundet minus 17 Grad. Die Rechnung lautet: 23 + 17 = 40. Das entspricht der Höhe des Himmelsäquators über dem Horizont im Meridian (siehe S. 20). Augenfällig macht das auch die Abbildung unten. Und die einfache Beziehung »90 Grad minus Höhe des Himmelsäquators = geografische Breite«, führt schnell zum Resultat: + 50 Grad. Man merke (für die Nordhalbkugel):

● Die Deklination mit dem Vorzeichen plus wird von der Höhenmessung abgezogen.
● Auf der Südhalbkugel ist es genau umgekehrt!
● Die Deklination mit dem Vorzeichen minus wird zur Höhenmessung dazugezählt.

Deklination und Rektaszension heller Sterne findet man im Text zu den nachfolgenden Sternkarten (S. 34–87).

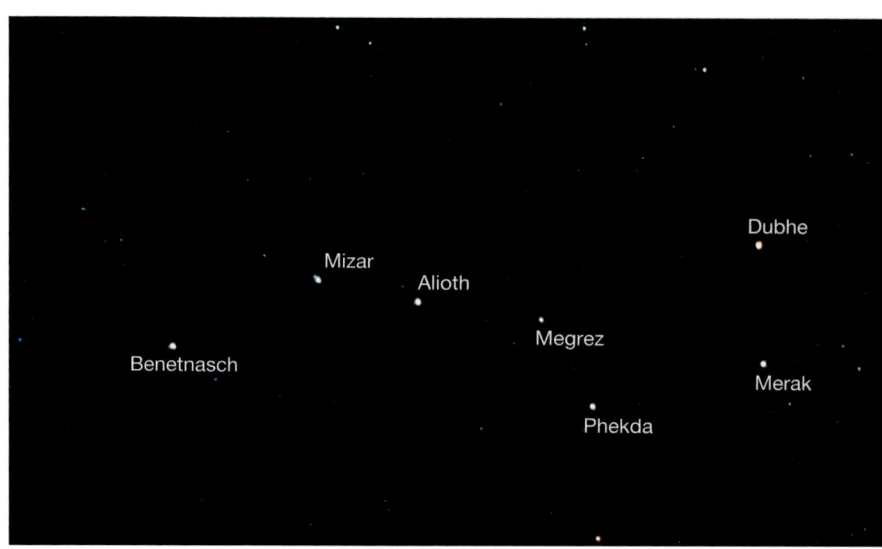

Das Sternbild Großer Bär (Ursa maior) als Beispiel für scheinbare Winkelabstände der Sterne am Himmel. Siehe dazu die Tabelle rechts mit den Sternnamen und den Abständen (vgl. auch S. 27).

Der Sternenhimmel auf dem Bildschirm. Mit Hilfe des Computers kann heute jeder seine eigene Sternkarte herstellen. Software, wie z. B. TheSky, wird reichlich angeboten (siehe auch S. 187).

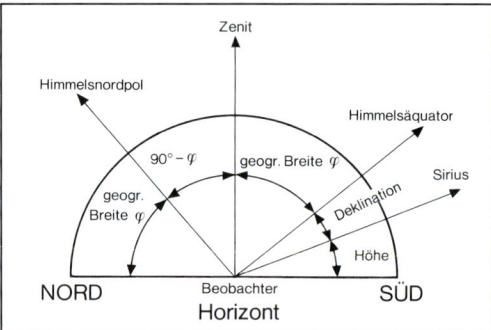

Winkelbeziehungen zur Bestimmung der geografischen Breite mit Hilfe des Pendelquadranten.

Elektronische Hilfsmittel

Die Bestimmung der geografischen Breite und Länge eines Standorts auf der Erde ist mit Hilfe einfacher Sonnen- oder Sternbeobachtungen möglich. Die Anleitung dazu gibt das »Astronomische Praktikum« von Otto Zimmermann.

Seit 1993 ist die Standortbestimmung mit Satellitenhilfe jedermann nach dem »Global Positioning System« (GPS) möglich. Man benötigt dazu einen GPS-Empfänger, mit dem die Ortungssignale der 23 Navstar-Satelliten aufgenommen werden. Kostenpunkt für den Empfänger: etwas mehr als ein D-Netz-Telefon. Die Standortbestimmung ist auf 1–5 m genau.

Mikroelektronik und Computertechnik machen den Himmel auf dem Bildschirm möglich. Software für Sternfreunde eröffnen vielseitige Möglichkeiten. Die Datenbasis für Deep-Sky-Objekte ist gewaltig. Umfangreiche Sternkataloge, dazu Sternbildkonfigurationen, Bildmaterial und Informationen sind heute im Angebot der Programme. In Bezug auf unser Sonnensystem gehören die Bahnelemente der großen Planten, deren Monde, der bekannten Planetoiden (Kleinen Planeten) und von Kometen dazu. Nähere Informationen über gute Programme (EasySky, Distant Suns, Redshift 4, Star-Map) finden Sie auf Seite 187 bei den Literaturhinweisen.

So reicht die elektronische Hilfe von der Steuerung des GoTo-Teleskops mit Datenbank und der Nachführung der CCD-Kamera bis hin zur Software für die Berechnung von Sonnenfinsternissen oder Simulation von Sternsystemen. Mit dem Drucker können Sternkarten gebrauchsfertig hergestellt werden.

Scheinbare Winkelabstände der Sterne

Zur Bestimmung des Gesichtsfelddurchmessers eines Feldstechers oder Fernrohrs ist es hilfreich, wenn die scheinbaren Winkelabstände von Sternen bekannt sind. Das in unseren Breiten das ganze Jahr über sichtbare Sternbild Großer Bär (Ursa maior) bietet sich als Testobjekt an (vgl. Foto S. 26 oben):

Sterne			Abstand
Benetnasch	–	Mizar	4°53′
Dubhe	–	Merak	5°38′
Mizar	–	Megrez	9°78′
Mizar	–	Phekda	13°15′
Merak	–	Alioth	15°53′
Mizar	–	Dubhe	19°35′

Die Strahlen aus dem Weltraum

Chemiker und Physiker beobachten die Natur nicht nur, sie können mit ihr auch experimentieren. Sie machen z. B. Versuche im Laboratorium. Sie können zudem auf Versuchsergebnisse aus allen Gebieten der Chemie und Physik zurückgreifen, z. B. aus den Bereichen der Optik, Akustik oder Mechanik. Die Astronomen haben im wörtlichen Sinn wenig in Händen, sieht man einmal ab vom Mondgestein, das die Sonden auf die Erde gebracht haben, oder von Meteoriten, die unbeschädigt auf die Erdoberfläche gelangt sind. Die weitaus überwiegende Masse der Informationen für die astronomische Forschung stammt aus der elektromagnetischen Strahlung, die von verschiedenen Strahlungsempfängern erfasst wird.

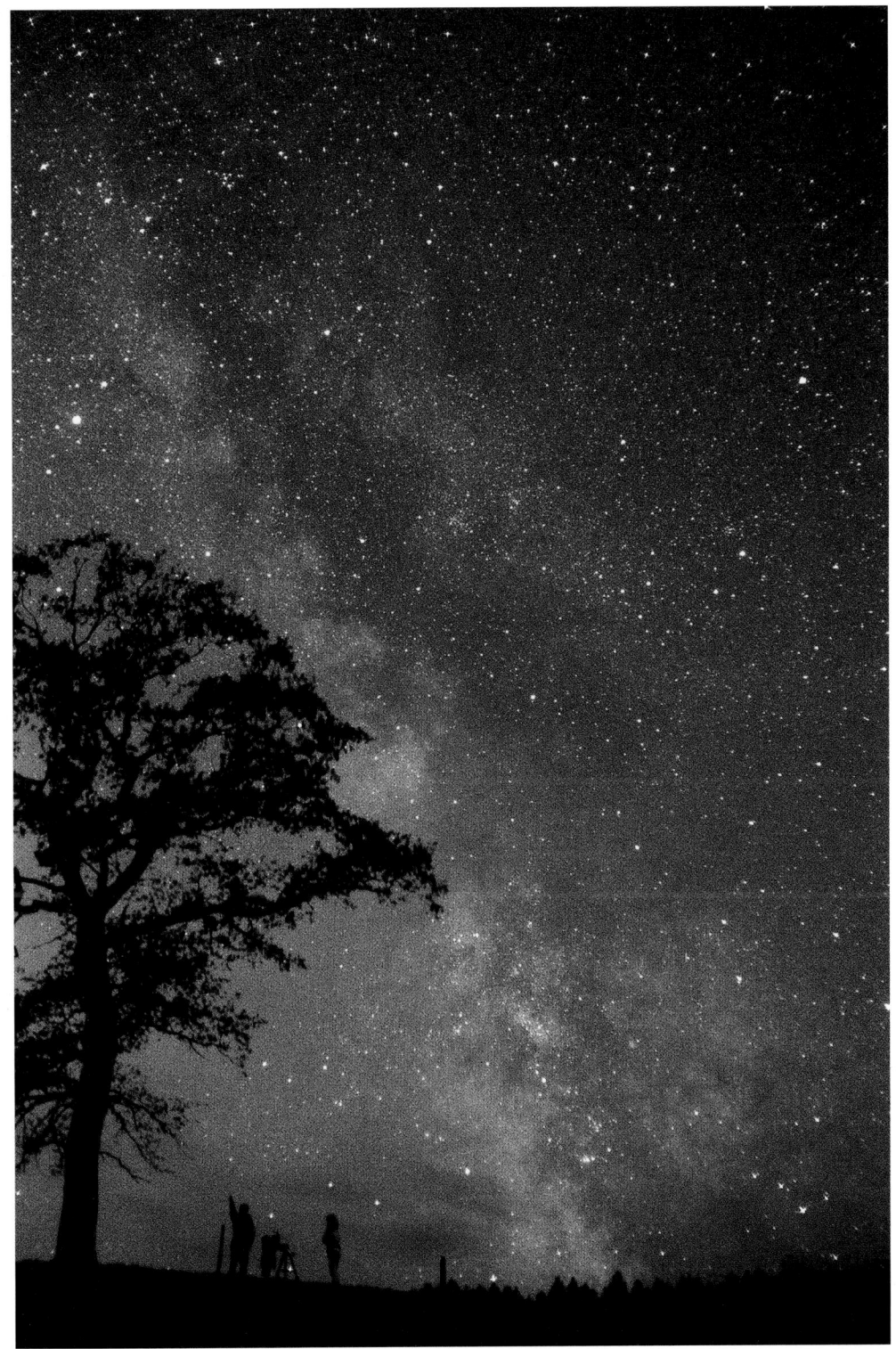

Die Sommermilchstraße. Aufgenommen mit einem Objektiv von 28 mm Brennweite (Kleinbildkamera, Film ISO 800).

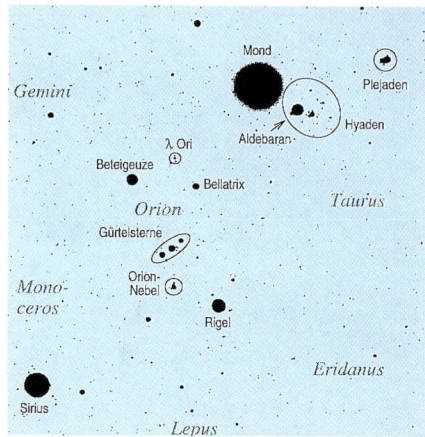

Unterschiedliches Erscheinungsbild des gleichen Himmelsausschnittes, der mit verschiedenen Methoden erfasst wurde.

Links:
Das Sternbild Orion mit Mond (Halbmond), gezeichnet nach dem Anblick mit bloßen Augen.

Oben:
Skelettkarte mit Mond und den wichtigsten Sternen der Orion-Region.

Rechts:
Das Sternbild mit Mond (große helle Scheibe oben) im sichtbaren Licht (Computerbild).

Rechts außen: Das Sternbild mit Mond (kleine gelbliche Mondsichel oben) im Röntgenbereich (Computerbild).

Alle Aussagen über die Eigenschaften der Himmelskörper liefern vorwiegend die Untersuchungen der Strahlen aus dem Weltraum. Das Spektrum der elektromagnetischen Strahlung ist breit. Es gibt das sichtbare Licht, das von Violett über Blau und Grün bis zu Gelb und Rot reicht. An das sichtbare Rot schließt das für menschliche Augen unsichtbare Infrarot an. Es gibt den Bereich der Wärmestrahlung und der Radiowellen. Die kurzwelligsten und energiereichsten Strahlen sind die kosmische Höhenstrahlung und die Gammastrahlung. Sie werden von der Erdatmosphäre fast vollständig verschluckt (vgl. Grafik S. 141). Gemeinsam ist allen Strahlen aus dem Weltraum, dass es sich um elektromagnetische Wellen handelt, die sich mit Lichtgeschwindigkeit ausbreiten. Das Licht pflanzt sich mit der Geschwindigkeit 300 000 Kilometer pro Sekunde fort. Sehr verschieden dagegen sind die Strahlenarten in Bezug auf ihre Wellenlänge, Intensität und Zusammensetzung.

Jeder Strahlungsempfänger hat »seinen Himmel«

Der Sternfreund, der seinen Blick zum ersten Mal auf den nächtlichen Himmel richtet, ist meistens verblüfft über die geringe Anzahl von Sternen, die er auf Anhieb mit bloßen Augen sieht. Vor allem dann, wenn er aus dem hellen Zimmer seiner Wohnung in die dunkle Nacht tritt. Erst allmählich wird die Zahl der Sterne größer, wenn sich die Augen an die Dunkelheit gewöhnt haben.
Die Anpassung des Auges an die Dunkelheit heißt Adaption. Der Zeitraum bis zur völligen Anpassung der Augen an die Dunkelheit dauert eine halbe Stunde und länger! Die Adaption ist für astronomische Beobachtungen sowohl mit bloßen Augen als auch in Verbindung mit einem Feldstecher oder Fernrohr (»visuelle Beobachtung«) unverzichtbar. Jede unerwünschte Lichteinwirkung (Blendung) schadet der Adaption und beeinträchtigt die Qualität der Beobachtung.

Hintergrundaufhellungen durch den Nachthimmel und ganz besonders Mondlicht setzen die Grenzgröße der mit bloßen Augen sichtbaren Sterne herab. In einer dunklen, klaren Nacht nimmt der geübte Beobachter Sterne bis zur 6. Größenklasse wahr. Das sind am Nord- und Südhimmel zusammen etwa 6000 Sterne.
Der nach den Augen älteste Strahlungsempfänger ist die fotografische Emulsion. In der Wissenschaft ist sie inzwischen weitgehend durch elektronische Strahlungsempfänger ersetzt worden. Für die Anfertigung von Aufnahmen großer Sternfelder und insbesondere für die Amateurfotografie spielt sie immer noch eine Rolle. Hinweise für himmelsfotografische Arbeiten auf Seite 170.
Die meisten Aufnahmen von Himmelsobjekten in diesem Buch sind fotografische. Wer den Himmel visuell beobachtet und zum Vergleich oder zur Orientierung ein Foto heranzieht, wird rasch Unterschiede feststellen:

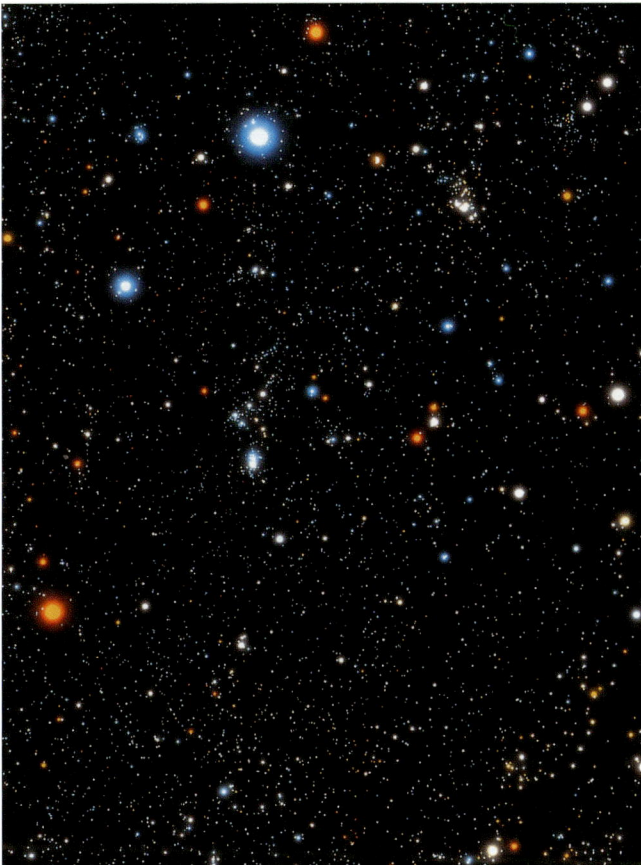

- Die Fotos zeigen im Vergleichsfeld mehr Sterne,
- die Lichteindrücke auf Fotos sind viel intensiver, als sie der Beobachter visuell ausmacht,
- die Fotos zeigen Farben, die der visuelle Beobachter nicht sieht.

Auch Fotos, aufgenommen mit Fernrohren verschieden langer Brennweite und kürzeren oder längeren Belichtungszeiten, vermitteln unterschiedliche Eindrücke. Die Fotos der Plejaden (»Siebengestirn«) auf Seite 55 und Seite 153 sind dafür Beispiele. Die Aufnahme auf Seite 55 zeigt ein größeres Feld. Die Aufnahmeoptik war kurzbrennweitiger als diejenige des Fotos auf Seite 153.

Die fotografischen Astroaufnahmen haben wesentlich zur Objektivierung von Messvorgängen beigetragen. Ihre additive Wirkung auf geringe Strahlungseindrücke bringt eine große Detail- und Kontrastausbeute. Über das nach wie vor interessante Gebiet Astrofotografie gibt es Spezialpublikationen (siehe S. 187). Das gilt auch für die neuen foto-elektronischen Strahlungsempfänger, Fotomultiplier und ganz besonders die Halbleiter-Detektoren (CCD – Charge Coupled Device). Die auf Seite 187 genannten Handbücher geben dazu die notwendigen Informationen.

Wie unterschiedlich die Intensität der Strahlung ist und wie unterschiedlich sie mit Hilfe der Strahlungsempfänger umgesetzt wird, machen die drei Beispiele des Sternbilds Orion mit Mond anschaulich:

1. Zeichnung nach Beobachtung mit bloßen Augen,
2. Fotografie (Computerbild),
3. Röntgenbereich (Computerbild nach ROSAT-Daten).

Für den nichtprofessionellen Betrachter des Himmels sind die visuellen Eindrücke die unmittelbarsten (Stichwort »Urerlebnis Sternenhimmel«). Zur Orientierung und Vertiefung braucht er aber das fotografische und foto-elektronische Bild. Deshalb ist es hilfreich, wenn man die Unterschiede kennt.

Die erreichbare Grenzgröße von Sternen bei der visuellen Beobachtung hängt in erster Linie ab von der Öffnung des Instruments. In gewisser Hinsicht auch von der gewählten Vergrößerung. Dazu folgende Übersicht:

Feldstecher	7 x 50 bis 10^m,
	10 x 50 bis $10,2^m$;
63-mm-Refraktor	V 34 x bis $11,2^m$,
	V 53 x bis $11,5^m$;
100-mm-Refraktor	V 40 x bis $12,3^m$,
	V 100 x bis $12,8^m$;
180-mm-Spiegel	V 45 x bis $13,4^m$,
	V 112 x bis $13,9^m$.

Zum Vergleich: Ein Spiegelteleskop mit 1,5 m Öffnung erreicht visuell bei etwa 200facher Vergrößerung Sterne nahe der 17. Größenklasse.

Ganz anders ist die Situation in der Astrofotografie mit Unterstützung einer CCD-Kamera: In wenigen Minuten erreicht der 180-mm-Spiegel den Grenzwert des großen 1,5-m-Teleskops!

Die Sternbilder und ihre interessantesten Objekte

Bausteine des Universums sind die Galaxien. Eines dieser großen Sternsysteme ist der Andromeda-Nebel. Schon mit bloßen Augen ist er im Sternbild Andromeda als blasser Fleck auszumachen. Die Wiedergabe der Spiralstruktur und die Auflösung in Einzelsterne gelingt erst auf länger belichteten Fotos.

Der Anblick des Sternenhimmels in einer mondlosen, klaren Nacht ist schön und verwirrend zugleich. Die Sterne scheinen Legion zu sein und von einer Orientierung in dieser Vielzahl scheint keine Rede zu sein. Oder doch? Man muss sich etwas Zeit nehmen, das Auge ruhen lassen und sich auf helle, auffällige Sterne konzentrieren. Ja, und es gibt die »Leitsternbilder«, die an anderer Stelle bereits vorgestellt worden sind (siehe S. 12).

Eine sichere Orientierung beginnt bei den Himmelspolen und den sie umgebenden Leitsternbildern; am Nordhimmel der Große Bär (Ursa maior), auch Großer Wagen genannt, am Südhimmel das Kreuz des Südens mit den beiden Hauptsternen des Sternbildes Kentaur (Crux, Centaurus). Siehe dazu die Abbildungen auf Seite 21.

Weitere Anhaltspunkte am Himmel sind die Sternbilder Orion, Jungfrau und Adler, denen allen gemeinsam ist, dass sie auf dem Himmelsäquator liegen. Etwas nördlich vom Himmelsäquator finden wir das auffällig quadratische Sternbild Pegasus. Die Tabelle unten gibt einen Überblick über die Sichtbarkeit dieser Sternbilder: Im Durchschnitt geht ein Sternbild jeden Monat 2 Stunden früher auf. Bitte beachten Sie diese Regel bei der Benützung der Sternkarten auf Seite 34 ff.

Entfernungen im Weltraum

Wer mit seinem Feldstecher oder Fernrohr den nächtlichen Himmel anschaut, wird sich sofort Gedanken über die Größenverhältnisse im Weltraum machen, vor allem über die Entfernungen. Wir sind es gewöhnt, von unseren alltäglichen Erfahrungen ausgehend, Entfernungen »zu begreifen«. Alte Bauern sprechen von der Wegstunde, die zwei Dörfer trennt. Wer mit dem Auto unterwegs ist, stellt anhand seines Tageskilometerzählers fest, dass er heute wieder ein paar hundert Kilometer gefahren ist. Und diese Kilometer sehen wir förmlich, weil sich Erinnerungen an Städte und Landschaften damit verbinden. Es ist das persönliche Erlebnis der Entfernung. Und wer liest, dass der Erdumfang am Äquator etwa 40 000 km beträgt, der kann das immer noch in Beziehung zu seinen jährlich gefahrenen Auto-Kilometern bringen. Schnell wachsen die Entfernungen aber an, wenn der Mensch die Erde verlässt. Wir erinnern uns noch alle an jenen 20. Juli 1969: Die Mondfähre Eagle war gelandet. Zum ersten Mal haben Menschen einen anderen Himmelskörper erreicht, den Mond. Runde 385 000 km ist dieser Weltraumnachbar von der Erde entfernt. Nachfolgende Tabelle gibt Auskunft über die Entfernungen der großen Himmelskörper des Sonnensystems von der Erde (in Millionen Kilometern):

Sonne	149,6
Mond	0,384405
Merkur	75 bis 225
Venus	35 bis 255
Mars	60 bis 400
Jupiter	600 bis 970
Saturn	1200 bis 1650
Uranus	2600 bis 3150
Neptun	4350 bis 4700
Pluto	4300 bis 7500

Die Entfernungen der Planeten von der Erde sind deshalb nicht gleichmäßig, da ja der jeweilige Standort des Planeten und der Erde während des Umlaufs um die Sonne verschieden ist (siehe auch Zeichnungen auf S. 109). Wie viele Kilometer die Planeten auf ihrer Bahn um die Sonne zurücklegen,

Sichtbarkeit wichtiger Sternbilder im Verlauf des Jahres

Sternbild	Aufgang im Osten	Mitternacht im Süden (Nordhalbkugel) im Norden (Südhalbkugel)	Untergang im Westen
Orion	August	Mitte Dezember	April
Jungfrau	November	Mitte April	Juli
Adler	Februar	Mitte Juli	November
Pegasus	April	Mitte September	Januar

darüber unterrichtet folgende Aufstellung (in Millionen Kilometern).

Merkur	360	Saturn	9 000
Venus	680	Uranus	18 000
Erde	940	Neptun	28 000
Mars	1400	Pluto	37 000
Jupiter	4900		

Jahr für Jahr rennt also unsere Erde die Strecke von 940 Millionen Kilometern um die Sonne. Sie entwickelt dabei die mittlere Bahngeschwindigkeit von 29,8 km/s! Das ergibt die im Straßenverkehr konkurrenzlose Geschwindigkeit von 107 280 km/h.

Der unserem Sonnensystem nächstgelegene Fixstern heißt Alpha Centauri (siehe Sternkarte auf S. 78). Er ist von der Sonne »nur« 4,3 Lichtjahre entfernt. Ein Lichtjahr entspricht umgerechnet 9,4605 Billionen Kilometern. Vielleicht ist folgendes Modell eine kleine Hilfe zum besseren Verständnis. Hier wird jede Million Kilometer auf einen Zentimeter verkürzt. Dann wäre
die Entfernung Sonne – Erde 1,5 m,
die Entfernung Sonne – Jupiter 7,78 m,
die Entfernung Sonne – Pluto 59,10 m,
die Entfernung Sonne – Alpha Centauri 410 000 m.

Das Modell-Sonnensystem könnten wir bequem im Kölner Dom oder mit noch mehr Spielraum im New Yorker Empire State Building unterbringen. Allerdings: Was dann den nächsten Fixstern angeht, müssen wir uns zu einem längeren Ausflug entscheiden: Befindet sich das Sonnensystem im Kölner Dom, so findet Alpha Centauri seinen Platz erst in Nürnberg. Vergleichsweise entspricht das der Strecke New York–Washington. Es lohnt sich schon, sich ein paar Gedanken über Entfernungen im Weltraum zu machen, bevor man den Sternenhimmel betrachtet. Diese Dimensionen müssen wir auch beachten, wenn es um den Raum geht, den bemannte und unbemannte Weltraumsonden durchmessen können. Eines ist sicher: Der Spaziergang mit den Augen zur Milchstraße ist der einzige Weg des Menschen, dorthin zu kommen. Er bringt genügend Überraschungen und viele Erlebnisse demjenigen, der aus Freude an der Natur eine Nacht am Fernrohr erlebt. Aber auch ein kleiner Feldstecher leistet für den Anfang bereits sehr gute Dienste. Es ist erstaunlich, was an die Dunkelheit angepasste Augen mit ihm sehen!

Sternfeldaufnahme mit den beiden offenen Sternhaufen Hyaden (links unten) und Plejaden (rechts oben), deren hellste Sterne mit bloßem Augen gut zu erkennen sind. Der helle, rötliche Stern auf dem Foto ist Aldebaran, der Hauptstern des Sternbilds Stier (Taurus).

Gebrauchsanweisung für die Sternkarten

Auf den Seiten 34–86 ist der gesamte auf unserer Erde sichtbare Sternenhimmel mit den Sternen bis zur 5. Größenklasse abgebildet, vom Polarstern bis zum Kreuz des Südens. Eine Doppelseite bildet jeweils eine Einheit (»2-Stufen-Wegweiser«).

Linke Seite: Sie zeigt den Ausschnitt der Sternkarte im Vergleich zum gesamten sichtbaren Sternenhimmel und enthält die Beschreibung der wichtigsten Sterne und Sternbilder. Der Ausschnitt in der Sternkarte entspricht einem Himmelsfeld von 40 Grad mal 60 Grad. Die abgebildeten Sterne sind alle mit freiem Auge zu sehen.

Rechte Seite: Fotografierte Umgebungskarte zweier interessanter Himmelsobjekte (Doppelstern, Sternhaufen, Gasnebel usw.) für die Beobachtung mit dem Feldstecher oder einem kleinen astronomischen Fernrohr. Der fotografierte Ausschnitt entspricht etwa 4° Gesichtsfeld. Das Gesichtsfeld eines leistungsstarken Feldstechers, z. B. Fujinon FMT-SX 16 x 70 oder Zeiss 15 × 60, umfasst etwa 4 Grad; mehr über geeignete Instrumente auf Seite 171.

Um das Aufsuchen der beschriebenen Himmelsobjekte leichter zu machen, sind diese in der großen Übersichtskarte auf der linken Seite mit Kreisen markiert. Die Karte enthält außer den beiden »Spezial-Objekten« noch eine Reihe von anderen Himmelsobjekten, die mit Symbolen gekennzeichnet sind. Die Symbole werden jeweils unten links neben der Sternkarte erklärt.

Sichtbarkeit: Wann ist der jeweilige Ausschnitt am nächtlichen Himmel zu sehen? Mit Hilfe der auf Seite 12 beschriebenen Leitsternbilder und deren Sichtbarkeit sowie mit den Sternkarten für die jahreszeitliche Sichtbarkeit des Sternenhimmels auf der Nord- bzw. Südhalbkugel der Erde (siehe Sternkarten im vorderen und im hinteren Einbanddeckel) fällt die Bestimmung nicht schwer. Eine einfache Formel gestattet die Berechnung der Deklination jener nördlichsten bzw. südlichsten Sterne, die am Beobachtungsort gerade noch zu sehen sind.

Beispiel für Seite 34: Der Beobachtungsort in Südamerika hat $\varphi = -40°$. Dann gilt: $90° - 40° = 50°$. Bis zur Deklination +50° sind alle Sterne des Nordhimmels sichtbar, also auch die Sterne β und γ Andromedae.

Beispiel für Seite 60: Der Beobachtungsort in Europa hat $\varphi = +55°$. Dann gilt: $90° - 55° = 35°$. Bis zur Deklination −35° sind alle Sterne des Südhimmels sichtbar, also auch die Sterne γ Corvi und α Virginis.

Die Sternkarten beginnen
- Dekl. +90° bis +30°, RA von 0 bis 360° (Karte 1 mit 9);
- Dekl. +30° bis −30°, RA von 0 bis 360° (Karte 10 mit 18);
- Dekl. −30° bis −90°, RA von 0 bis 360° (Karte 19 mit 27).

Die einzelnen Sternkarten überschneiden sich etwas, um den Übergang zu erleichtern. Die am Ende aufgeführten »hellen Sterne« im jeweils vorgestellten Himmelsausschnitt sollen Anhaltspunkte sein und mit der Angabe der Position den Vergleich mit anderen Sternkarten oder astronomischen Jahrbüchern möglich machen.

Namen: Die Bezeichnung der Sterne ist – zumindest für die helleren – üblich mit einem griechischen Buchstaben und dem lateinischen Sternbildnamen. Der Name des Sterns in Klammern ist ein meist auf arabischen Ursprung zurückgehender Eigenname. Die Namen der Sternbilder sind deutsch und lateinisch (in Klammern) angegeben. In den Sternkarten sind nur die lateinischen Namen der Sternbilder verzeichnet. Die Angaben auf der rechten Seite für die »Ausschnitte im Fernrohr« betreffen die Benennung des vorgestellten Objekts mit einer Katalognummer (z. B. M 42; siehe auch S. 154/155) und – sofern üblich – mit einem Eigennamen bzw. einer speziellen Bezeichnung (z. B. Großer Orion-Nebel). Außerdem werden angegeben die Art des Objekts (z. B. Sternhaufen, Gasnebel usw.) und folgende astronomische Daten:
- Rektaszension (RA), gemessen in Stunden (h) und Minuten (m), vgl. Seite 20;
- Deklination (Dekl.), gemessen in Bogengrad (°) und Bogenminuten (′), vgl. Seite 20; RA und Dekl. beziehen sich auf das Äquinoktium 2000.0;
- scheinbare Helligkeit, ein Vergleichswert für die Größenklasse eines Sterns (abgekürzt m), vgl. Seite 150;
- bei veränderlichen Sternen die Periode, gemessen in Tagen (d);
- bei Doppelsternen und anderen interessanten Objekten die Distanz in Bogensekunden (″).

Die einführenden und erklärenden Texte auf jeder Doppelseite beschreiben zum einen die Sternbilder des vorgestellten Himmelsausschnitts (linke Textseite) beziehungsweise geben Beobachtungshinweise für die Objekte im Fernrohrausschnitt (rechte Textseite).

Eine ganze Reihe von Fachbegriffen, betreffend astronomische Objekte, technische Verfahren und Instrumente, sowie Fremdwörter und Abkürzungen werden im Glossar ab Seite 182 kurz erläutert.

1 Andromeda und Cassiopeia

1923 bestimmte Edwin Powell Hubble erstmals die Entfernung des Andromeda-Nebels. Das war der Nachweis, dass die Spiralnebel selbstständige Sternsysteme sind.

Sichtbarkeit Um Mitternacht über Südhorizont (Mittlere Ortszeit): Oktober. – Die Sterne im Kartenausschnitt stehen jeden Monat ungefähr 2 Stunden früher über dem Südhorizont: November 22^h, Dezember 20^h.

Andromeda (Andromeda) Als Fortsetzung des Pegasus-Vierecks (siehe S. 68) ist das Sternbild mit 4 helleren Sternen, die eine leicht gekrümmte Kette bilden, ein auffälliges Objekt am nördlichen Himmel. Das Sternbild ist nur teilweise zirkumpolar, also das ganze Jahr über sichtbar.

Cassiopeia (Cassiopeia) Ein zirkumpolares Sternbild, dessen W-förmige Anordnung der helleren Sterne am Himmel auffällt. Das Sternbild befindet sich etwa in der Mitte zwischen den Sternbildern Andromeda und Kepheus. Antike griechische Schlüssel lassen oft ein W-förmiges Aussehen erkennen. Das Sternbild wurde deshalb von den alten Griechen wegen seiner Form auch mit einem Schlüssel verglichen.

Stern 1. Größe	Stern 2. Größe	Stern 3. Größe	Stern 4. Größe	Stern 5. Größe	Doppelstern	Doppel- und var. Stern	variabler Stern

	offener Sternhaufen	Kugel- sternhaufen	Spiralnebel	diffuser Nebel	planetar. Nebel

Andromeda-Nebel

= M 31 = NGC 224.
Spiralnebel
(Galaxie); RA 0^{h}42^{m}7;
Dekl. +41° 16'; 4^m.
Der Andromeda-Nebel ist
eine der nächsten Gala-
xien und lässt bereits im
Feldstecher deutlich die
charakteristische Form
erkennen, wie sie das
Foto zeigt.

NGC 752

Offener Sternhaufen;
RA 1^{h}57^{m}8;
Dekl. +37° 41'; 5,7^m.
Der offene Sternhaufen
NGC 752 ist im Bildaus-
schnitt unmittelbar rechts
von der Bildmitte zu se-
hen (Pfeil). Die lockere Ansammlung von Sternen ist
unverkennbar. Das Objekt
befindet sich am Himmel
noch innerhalb der Gren-
zen des Sternbildes
Andromeda.

Beobachtungshinweise für den Andromeda-Nebel

Nimmt man ein etwas größeres Amateurfernrohr (3–4 Zoll Öffnung), erscheint der
helle Kern kräftiger, jedoch erkennt man
noch nichts von der tatsächlichen Gestalt.
Es ist der Astrofotografie vorbehalten, Spi-
ralarme und Einzelsterne sichtbar zu machen (vgl. Foto S. 30). Nicht nur wegen seiner Nähe (690 000 Parsec = 2 250 000
Lichtjahre) ist der Andromeda-Nebel interessant. Nach seinen Dimensionen und seiner Struktur hat er viel Gemeinsames mit
unserem Milchstraßensystem. Er ist deshalb ein bevorzugtes Forschungsobjekt.
Schon mit freiem Auge ist in dunkler Nacht
der Nebel als länglicher Lichtfleck auszumachen. Der Beobachter sucht das Objekt
ausgehend von den Sternen β und μ Andromedae. Die Verlängerung der Verbindungslinie beider Sterne führt geradewegs zum
Andromeda-Nebel.

Beobachtungshinweise für NGC 752

Beim Aufsuchen geht man vom hellen Stern
γ Andromedae aus. Von dort südlicher in
Richtung auf den Stern β Trianguli. Im Gesichtsfeld eines Weitwinkelfeldstechers
(Gesichtsfeld ca. 7 Grad) erscheint der offene Sternhaufen zusammen mit dem Stern
β Trianguli. Die beiden helleren Sterne links
am Rand des Bildausschnittes sind die
Sterne 59 und 58 Andromedae; sie liegen
auf der Linie γ Andromedae nach β Trianguli und können ebenfalls als Stützpunkte
beim Aufsuchen verwendet werden.
Die Himmelsgegend ist nur noch Randgebiet der Milchstraße. Der offene Sternhaufen NGC 752 ist so im Feldstecher oder
kleinen Fernrohr ein durchaus auffälliges
und lohnendes Objekt. Eine Beobachtung
mit bloßen Augen ist auch unter sehr guten
Umständen nicht möglich. Der Sternhaufen
hat die scheinbare Helligkeit 5,7^m und einen
scheinbaren Durchmesser von 45 Bogenminuten (Vollmond 30).

Die hellen Sterne

β Andromedae
(Mirach);
RA 1^{h}09^{m}7;
Dekl. +35° 37';
2,4^m

γ Andromedae
(Alamak);
RA 2^{h}03^{m}9;
Dekl. +42° 20';
2,2^m

α Cassiopeiae
(Schedir);
RA 0^{h}40^{m}5;
Dekl. +56° 32';
2,5^m

β Cassiopeiae
(Cheph);
RA 0^{h}09^{m}2;
Dekl. +59° 09';
2,4^m

35

2 Giraffe und Perseus

Das Sternbild Perseus spiegelt am Himmel eine Hauptfigur der antiken Sternsage von Andromeda, der äthiopischen Königstochter, und Perseus, ihrem Retter.

Sichtbarkeit Um Mitternacht über Südhorizont (Mittlere Ortszeit): November. – Die Sterne im Kartenausschnitt stehen jeden Monat ungefähr 2 Stunden früher über dem Südhorizont: Dezember 22^h, Januar 20^h.

Giraffe (Camelopardus) Ein in mittleren nördlichen Breiten zirkumpolares – damit das ganze Jahr über sichtbares – Sternbild. Recht unscheinbar zwischen den Sternbildern Cassiopeia und Fuhrmann.

Perseus (Perseus) Ein in mittleren nördlichen Breiten teilweise noch zirkumpolares Sternbild. Leicht zwischen den Sternbildern Andromeda (mit dem berühmten Spiralnebel!) und Fuhrmann aufzufinden. Die Lage mitten in der Milchstraße erhöht in dunkler Nacht noch den Eindruck des Sternreichtums. Der Name Perseus führt zurück in die Mythen der alten Griechen.

Stern 1. Größe	Stern 2. Größe	Stern 3. Größe	Stern 4. Größe	Stern 5. Größe	Doppelstern	Doppel- und var. Stern	variabler Stern

	offener Sternhaufen	Kugel- sternhaufen	Spiralnebel	diffuser Nebel	planetar. Nebel

NGC 869 und 884

= h und χ Persei.
Zwei offene Sternhaufen;
h Persei: RA 2^h19^m0;
Dekl. $+57°09'$;
$4,3^m$;
χ Persei: RA 2^h22^m4;
Dekl. $+57°07'$;
$4,4^m$.

Die beiden nahe beieinander stehenden Sternhaufen erscheinen dem freien Auge als milchiger, nebliger Fleck. Man findet sie in der Mitte zwischen den hellen Sternen γ Persei und δ Cassiopeiae.

Algol

= β Persei.
Bedeckungs-veränderlicher;
RA 3^h08^m2;
Dekl. $+40°57'$;
Max. $2,12^m$, Min. $3,40^m$;
Periode $2,867^d$.
Regelmäßig in einem Intervall von 2,9 Tagen schwankt die Helligkeit des Sterns zwischen der 2. und 3. Größenklasse.

Beobachtungshinweise für NGC 869 und 884

Die beiden offenen Sternhaufen entfalten ihre wahre Pracht erst im Feldstecher oder im astronomischen Fernrohr bei nicht zu hoher Vergrößerung (20–40fach). Hans Vehrenberg weist darauf hin, dass der Beobachter bei guten Sichtbedingungen sogar Farbunterschiede in den beiden Haufen feststellen kann. Die Zahl der Sterne in beiden Haufen zusammen beträgt bis zur 15. Größenklasse über 600.

Es ist ein so genannter Doppelsternhaufen, dessen Alter die Fachleute mit 3 Millionen Jahren angeben. Astronomisch bedeutet das, dass er sehr jung ist! In unserem Ausschnitt ist der linke Sternhaufen das Objekt χ Persei und der rechte das Objekt h Persei.

Beobachtungshinweise für Algol

Bei einiger Übung ist die Helligkeitsschwankung unschwer auch ohne Fernrohr zu beobachten. Algol ist sozusagen der Ahne einer ganzen Klasse von Sternen, den Bedeckungsveränderlichen, denn heute weiß man, dass die Helligkeitsschwankungen auf den Bewegungsmechanismus zweier sich umkreisender Sterne zurückzuführen sind. Stehen die beiden Sterne nebeneinander, ist die Gesamthelligkeit größer, als wenn ein Stern den anderen bedeckt. Das bloße Auge sieht nichts vom Doppelstern, aber es registriert die Helligkeitsänderung. Da Algol ein so prominenter Vertreter seines Typs ist, werden die Zeitangaben seines Lichtwechsels in Jahrbüchern (siehe S. 187) veröffentlicht.

Algol ist im Ausschnitt der helle Stern in der Mitte. Er bildet mit den Sternen α Persei und γ Andromedae ungefähr ein rechtwinkeliges Dreieck.

Die hellen Sterne

α Persei (Algenib);
RA 3^h24^m3;
Dekl. $+49°52'$;
$1,8^m$

β Persei (Algol);
RA 3^h08^m2;
Dekl. $+40°57'$;
$2,1^m$–$3,4^m$
(veränderlich)

3 Fuhrmann

Auf alten Sternkarten, die die Sternbilder figürlich darstellen, sieht man den Fuhrmann, der eine Ziege auf dem Rücken trägt. Wahrscheinlich gab es in der Antike ein selbstständiges Sternbild Ziege mit dem Stern Capella.

Sichtbarkeit Um Mitternacht über Südhorizont (Mittlere Ortszeit): Dezember. – Die Sterne im Kartenausschnitt stehen jeden Monat ungefähr 2 Stunden früher über dem Südhorizont: Januar 22ʰ, Februar 20ʰ.

Fuhrmann (Auriga) Ein markantes, teilweise zirkumpolares Sternbild, das nördlich zwischen den Sternbildern Stier und Zwillinge zu suchen ist. Eine Hilfe beim Auffinden ist die fünfeckige Form, die die hellen Sterne dem Sternbild geben. Dabei gehört der südlichste dieser 5 Sterne genau genommen zum Sternbild Stier. Fast unmittelbar auf der Verbindungslinie zwischen Stern α Ursae maioris und α Tauri (der rötlich leuchtende Aldebaran!) liegt der Hauptstern im Sternbild Fuhrmann mit Namen Capella (das Ziegenböcklein). Capella ist der fünfthellste Fixstern (nach Sirius, Canopus, α Centauri und Wega), den wir beobachten können. In Mitteleuropa ist der Stern zirkumpolar.

Stern 1. Größe	Stern 2. Größe	Stern 3. Größe	Stern 4. Größe	Stern 5. Größe	Doppelstern	Doppel- und var. Stern	variabler Stern

offener Sternhaufen	Kugelsternhaufen	Spiralnebel	diffuser Nebel	planetar. Nebel

M 36 und M 38

M 36 = NGC 1960.
Offener Sternhaufen;
RA 5^{h}36^{m}1;
Dekl. +34° 08';
6,0^m.
M 38 = NGC 1912.
Offener Sternhaufen;
RA 5^{h}28^{m}7;
Dekl. +35° 50';
6,4^m.
Links im Bild befindet sich M 36 und ganz oben am Rand M 38 (Pfeile). Unterhalb von M 38 zeigt das Foto einen weiteren offenen Sternhaufen (NGC 1907).

M 37

= NGC 2099.
Offener Sternhaufen;
RA 5^{h}52^{m}4;
Dekl. +32° 33';
5,6^m.
Das Milchstraßengebiet im südlichen Teil des Sternbildes Fuhrmann ist reich an offenen Sternhaufen. M 37 verdient besondere Beachtung, weil dieser offene Sternhaufen das eindrucksvollste aller Objekte in dieser Region ist.

Beobachtungshinweise für M 36 und 38

Im Ausschnitt ebenfalls dargestellt (Mitte rechts) die Umgebung des Sterns φ Aurigae mit einer deutlichen Sterngruppierung. Das Feld insgesamt liegt mitten in der Milchstraße. Beim Aufsuchen hilft die Verbindungslinie zwischen den Sternen ϑ Aurigae und ι Aurigae: In der Mitte zwischen beiden Sternen entdeckt der Beobachter unschwer M 36. Hat er einen sog. Weitwinkelfeldstecher (siehe S. 171), so hat er – wenn M 36 in der Mitte des Gesichtsfeldes ist – auch M 38 und M 37 im Gesichtsfeld, da die Strecke zwischen M 38 und M 37 nur etwa 7 Grad beträgt. M 37 wird unten ausführlich vorgestellt. Bei M 38 beachte man den besonderen Sternreichtum.

Beobachtungshinweise für M 37

Die Auflösung in Einzelsterne gelingt ohne weiteres im kleinen Fernrohr (Dreizöller mit 30–40facher Vergrößerung). H. Vehrenberg macht in seinem »Messier-Buch« aufmerksam: »Nahe der Mitte steht ein auffallend orangefarben leuchtender Stern.« Die Zahl der Einzelsterne beläuft sich auf etwa 200. Schätzungen hinsichtlich des Alters geben 200 Millionen Jahre und hinsichtlich der Entfernung 1450 Parsec an.
Zum Aufsuchen empfiehlt sich die oben für M 36 angegebene Hilfe, dieser Sternhaufen steht etwa 4 Grad von M 37 entfernt. Man kann also mit den meisten Feldstechern beide Objekte gleichzeitig in das Gesichtsfeld bekommen.

Die hellen Sterne

α Aurigae (Capella);
  RA 5^{h}16^{m}7;
  Dekl. +46° 00';
  0^m

β Aurigae (Menkalinan);
  RA 5^{h}59^{m}5;
  Dekl. +44° 57';
  Max. 1,9^m,
  Min. 2,0^m;
  Periode 3,96^d

4 Großer Bär, Kleiner Löwe und Luchs

Weniger Sterne als gewohnt beobachten wir in diesem Himmelsabschnitt. Ursachen sind der Aufbau der Milchstraße und der Standort unseres Sonnensystems darin.

Sichtbarkeit Um Mitternacht über Südhorizont (Mittlere Ortszeit): Februar. – Die Sterne im Kartenausschnitt stehen jeden Monat ungefähr 2 Stunden früher über dem Südhorizont: März 22^h, April 20^h.

Großer Bär (Ursa maior) Ausführliche Beschreibung siehe Seite 42. Die Isländer sahen in ihm früher den »Wagen des höchsten Gottes«. In altgriechischer Zeit gar galt es als Nymphe Helike, ein ziemlich herbes Mädchen mit patschnassen Haaren, das auf die Erde Schneestürme, Hagelschauer und eisige Kälte schickt.

Kleiner Löwe (Leo minor) Ein unscheinbares Sternbild zwischen den Sternbildern Großer Bär und Löwe.

Luchs (Lynx) Die Gegend ist ausgesprochen sternarm. Das Sternbild Luchs ist noch zirkumpolar. Man findet seine Sterne zwischen den Sternbildern Zwillinge und Großer Bär. Nahe dem Stern α Lyncis befindet sich der Doppelstern 38 Lyncis. Mit 2,8 Bogensekunden Distanz ein Objekt für den Dreizöller.

Stern 1. Größe	Stern 2. Größe	Stern 3. Größe	Stern 4. Größe	Stern 5. Größe	Doppelstern	Doppel- und var. Stern	variabler Stern

offener Sternhaufen	Kugelsternhaufen	Spiralnebel	diffuser Nebel	planetar. Nebel

M 81 und M 82

M 81 = NGC 3031.
Galaxie; RA 9^{h}55^{m}6;
Dekl. +69° 04′;
6,9^m.
M 82 = NGC 3034.
Galaxie; RA 9^{h}55^{m}8;
Dekl. +69° 41^m;
8,4^m.
In unserem Ausschnitt ist
M 82 das obere und M 81
(man erkennt hier die
Spiralstruktur deutlich!)
das untere Objekt (Pfeile).

Beobachtungshinweise für M 81 und 82

Die beiden Spiralnebel sind ungefähr gleich
hell. Für die Erkennbarkeit ist es besonders
wichtig, dass der Beobachter in dunkler,
mondloser Nacht ans Werk geht. Streulicht
von Straßenbeleuchtungen usw. macht sich
unliebsam bemerkbar. Aber auch in dunkler
Nacht ist nicht damit zu rechnen, mit dem
Feldstecher oder einem kleinen Fernrohr
mehr als 2 verwaschen aussehende Nebel-
fleckchen wahrzunehmen. Fotos mit großen
Fernrohren zeigen, dass insbesondere M 81
eine verblüffende Ähnlichkeit mit dem Andromeda-Nebel hat. M 82 ist wegen einer
starken Radiostrahlung bekannt geworden.

Beobachtungshinweise für σ Ursae maioris

In einem vierzölligen Fernrohr dürfte die
Auflösung des Doppelsterns keine Schwierigkeiten bereiten. Je größer der Helligkeitsunterschied zwischen den Komponenten
bei einem Doppelstern ist, umso schwieriger wird allerdings die Auflösung: Der hellere Stern überstrahlt den Begleiter. So ist es
durchaus möglich, dass ein Fernrohr einen
Doppelstern nicht trennt, obwohl rein rechnerisch die angegebene Distanz von der
Optik aufgelöst werden müsste. Der Versuch, σ Ursae maioris mit dem Dreizöller zu
trennen, wird deshalb wahrscheinlich kaum
gelingen. Die Luftverhältnisse spielen bei
einem solchen Versuch natürlich auch eine
Rolle.

σ Ursae maioris

Doppelstern;
RA 9^{h}10^{m}4;
Dekl. +67° 08′.
Der helle Stern rechts
unten im Ausschnitt ist
unser Doppelstern (Pfeil).
Bei einer Distanz von
3,9 Bogensekunden ist
auf dem Foto die Trennung
nicht möglich. Der helle
Stern hat 4,85^m, der lichtschwächere 8,16^m.

Die hellen Sterne

β Ursae maioris	α Ursae maioris
(Merak);	(Dubhe);
RA 11^{h}01^{m}8;	RA 11^{h}03^{m}7;
Dekl. +56° 23′	Dekl. +61° 45′

5 Großer Bär und Jagdhunde

Das Sternbild Großer Bär hat in vielen Kulturkreisen eine Rolle gespielt. Bei den Römern hießen die 7 Hauptsterne die »Sieben Dreschochsen«, die sich ständig um den Himmelspol bewegen.

Sichtbarkeit Um Mitternacht über Südhorizont (Mittlere Ortszeit): März. – Die Sterne im Kartenausschnitt stehen jeden Monat ungefähr 2 Stunden früher über dem Südhorizont: April 22^h, Mai 20^h.

Großer Bär (Ursa maior) Das Sternbild ist auch unter dem Namen »Himmelswagen« (Großer Wagen) bekannt. 4 helle Sterne bilden den »Wagen«, 3 nicht minder helle Sterne die »Deichsel«. Für die Bärengestalt werden lichtschwächere Sterne herangezogen.

Bekannt ist die Orientierung zum Nordpol: die Verbindungslinie zwischen den Sternen Merak und Dubhe weist auf den Pol. Ihre fünffache Verlängerung führt zum Polarstern.

Jagdhunde (Canes venatici) Die hellsten Sterne in diesem unscheinbaren Sternbild sind zwischen 4. und 5. Größenklasse. Das Sternbild ist vor allem wegen der Häufung von Spiralnebeln bekannt.

Stern 1. Größe	Stern 2. Größe	Stern 3. Größe	Stern 4. Größe	Stern 5. Größe	Doppelstern	Doppel- und var. Stern	variabler Stern

offener Sternhaufen	Kugelsternhaufen	Spiralnebel	diffuser Nebel	planetar. Nebel

M 97 und M 108
M 97 = NGC 3587.
Planetarischer Nebel;
RA 11^{h}14^{m}8;
Dekl. +55° 01′;
12,0^m.
M 108 = NGC 3556.
Spiralnebel;
RA 11^{h}11^{m}5;
Dekl. +55° 40′;
10,1^m.
In einer stockdunklen
Nacht kann man sich an
sie mit einem 4- bis 5-zölli-
gen Fernrohr oder auch
mit einem Feldstecher
15 × 60 heranwagen.
M 97 unterer Pfeil,
M 108 oberer Pfeil.

α **Canum venaticorum**
Doppel- und veränder-
licher Stern;
RA 12^{h}56^{m}0;
Dekl. +38° 19′;
2,9^m bzw. 5,5^m; 19,4″.
Dieser hellste Stern im
Sternbild Jagdhunde
(Canes venatici) führt
auch die Bezeichnungs-
nummer 12. Wer schöne
Namen schätzt, kann den
Stern Cor Caroli (Karls
Herz) nennen. Im Foto
am linken Bildrand
(Pfeil).

Beobachtungshinweise für M 97 und 108
Startplatz ist der helle Stern Merak des
Sternbildes Großer Bär (in unserem Ausschnitt der helle Stern in der Mitte). Hat man
ihn z. B. im Feldstecher am Rand des Gesichtsfeldes, so sieht man gleichzeitig beide
Objekte, M 97 und M 108, und zwar im Ausschnitt links unterhalb der Mitte zum linken
Rand hin (Pfeile). Mehr als 2 winzige, zart-
verwaschene Fleckchen darf sich der Beobachter allerdings nicht erwarten. Die
Sichtbarkeit hängt sehr vom Zustand der
Atmosphäre ab (Trübung!).
Der planetarische Nebel M 97 heißt auch
der »Eulen-Nebel«. Zum Thema planetarische Nebel siehe auch die Ausführungen
auf den Seiten 49 und 157.
Die scheinbare Helligkeit von M 97 liegt bei
12,0^m, die von M 108 bei 10,0^m. Damit hat
man auch 2 Testobjekte für die Optik – und
natürlich für den Beobachter.

**Beobachtungshinweise
für α Canum venaticorum**
Als Doppelstern ist er ein leichtes Objekt für
ein 2-zölliges astronomisches Fernrohr. Die
Distanz beträgt fast 20 Bogensekunden.
Der Helligkeitsunterschied zwischen beiden
Sternen beträgt 2,9^m zu 5,5^m.
Der hellere der beiden Sterne ist zugleich
noch ein veränderlicher Stern, dessen
scheinbare Helligkeit um etwa $^1/_{10}$ Größenklasse schwankt. Die Länge der Lichtwechselperiode, also die Zeit von einem Maximum zum nächsten, beträgt 5,47 Tage. Der
Stern ist Prototyp einer Klasse veränderlicher Sterne, die seinen Namen führt. Er
gehört zu den physisch veränderlichen
Sternen (das sind Sterne, deren Gashülle
pulsiert).

Die hellen Sterne

γ Ursae maioris (Phekda); RA 11^{h}53^{m}8; Dekl. +53° 42′; 2,4^m	ε Ursae maioris (Alioth); RA 12^{h}54^{m}0; Dekl. +55° 58′; 1,8^m
	η Ursae maioris (Benetnasch); RA 13^{h}47^{m}5; Dekl. +49° 19′; 1,9^m

43

6 Bootes (Bärenhüter) und Kleiner Bär

Sternbilder dienten vielfach als Navigationshilfen. Die phönizischen Seefahrer bevorzugten das Sternbild Kleiner Bär, die Griechen den Großen Bären. Der Kleine Bär heißt deshalb auch Ursa Phoenice.

Sichtbarkeit Um Mitternacht über Südhorizont (Mittlere Ortszeit): Mai. – Die Sterne im Kartenausschnitt stehen jeden Monat ungefähr 2 Stunden früher über dem Südhorizont: Juni 22^h, Juli 20^h.

Bootes Der Name hat sich für das Sternbild eingebürgert, obwohl es der lateinische ist. Es gibt Übersetzungen wie: Bärenhüter oder Ochsentreiber. Auf dieser Karte sehen wir nur den nördlichen Teil des Sternbildes. Zum Sternbild Bootes siehe weiter noch Karte 15 auf Seite 62.

Kleiner Bär (Ursa minor) Das zirkumpolare Sternbild hat als Stern Alpha den berühmten Polaris, den Polarstern. Er ist vom nördlichen Himmelspol nur knapp 1 Grad entfernt. Der Abstand zum Nordpol bleibt nicht gleich; derzeit nähert sich der Stern scheinbar dem Pol (bis zum Jahr 2115). Polaris ist ein Doppelstern mit etwa 18 Bogensekunden Distanz. Der zweite

Stern 1. Größe	Stern 2. Größe	Stern 3. Größe	Stern 4. Größe	Stern 5. Größe	Doppelstern	Doppel- und var. Stern	variabler Stern

	offener Sternhaufen	Kugelsternhaufen	Spiralnebel	diffuser Nebel	planetar. Nebel

Alcor-Mizar

ζ Ursae maioris (Mizar) und 80 Ursae maioris (Alcor). Doppelsternsystem; RA 13ʰ23ᵐ9; Dekl. +54° 56′; 2,3ᵐ bzw. 4,0ᵐ; 708,7″. Auch dieses Objekt hätte schon früher beschrieben werden können (Sternbild Großer Bär!). Die Ausschnitte indessen machen Verschiebungen notwendig.

M 51

= NGC 5194. Spiralnebel; RA 13ʰ29ᵐ9; Dekl. +47° 12′; 8ᵐ. Genau genommen gehört er in das Sternbild der Jagdhunde (siehe S. 42). Er zählt zu den ausgeprägtesten Spiralnebeln des nördlichen Himmels.

Stern hat aber nur die Helligkeit 9ᵐ. Der hellere Stern ist zwischen 1,9ᵐ und 2,0ᵐ veränderlich.

Beobachtungshinweise für Alcor-Mizar

Mizar ist ein Deichselstern des Großen Himmelswagens. Im Abstand von 11 Bogenminuten (!) steht Alcor, das Reiterlein, ein Stern 4. Größenklasse. Dieses Doppelsterngespann eignet sich ausgezeichnet als Sehschärfentest. Wer sehr gute Augen hat, kann ohne Hilfe eines Fernrohrs beide Sterne gerade noch trennen!

Der hellere Stern, Mizar, 2,4ᵐ hell, ist selbst wiederum ein Doppelstern. Zu seiner Auflösung braucht man allerdings einen großen Feldstecher (22fache Vergrößerung!) oder besser ein 2-zölliges Astro-Fernrohr. Die Distanz beträgt 14 Bogensekunden.

Beobachtungshinweise für M 51

Entdeckt wurde das 8 Größenklassen helle Objekt bereits im Jahr 1773 durch den Franzosen Messier, dessen Name ja mit dem Katalog von über 100 Sternhaufen, Nebeln und Galaxien verbunden ist.

Im kleinen Fernrohr sieht M 51 fast wie ein verwaschener Doppelstern aus, was auf 2 hellere Kerne des Spiralnebels zurückzuführen ist. Dicht bei ihm (nördlich) ist noch eine andere Galaxie (NGC 5195), ungefähr 10,5ᵐ hell. Es ist eine so genannte »Hintergrundgalaxie«, also kein echter Begleiter von M 51.

H. Vehrenberg empfiehlt zur Auffindung folgende Regel: »Man teile die Verbindung von η Ursae maioris nach α Canum venaticorum in drei Teile und suche M 51 am Ende des ersten Drittels.« Hat man übrigens schon einmal diese Verbindungslinie zwischen den beiden genannten Sternen, dann lohnt es sich noch, zu Beginn des dritten Drittels nach M 63 zu suchen, einer Galaxie mit Helligkeit 9,5ᵐ.

Die hellen Sterne

γ Bootis (Ceginus); RA 14ʰ32ᵐ0; Dekl. +38° 18′; 3,2ᵐ

α Ursae minoris (Polaris); RA 2ʰ31ᵐ8; Dekl. +89° 16′; 2,0ᵐ (veränderlich)

β Ursae minoris (Kochab); RA 14ʰ50ᵐ7; Dekl. +74° 09′; 2,0ᵐ

7 Drache und Herkules

Der Drache verkörpert in der Sagenwelt des Altertums Gefahr und Unheil. Der Stern α Draconis war vor 5000 Jahren der Polarstern.

Sichtbarkeit Um Mitternacht über Südhorizont (Mittlere Ortszeit): Juni. – Die Sterne im Kartenausschnitt stehen jeden Monat ungefähr 2 Stunden früher über dem Südhorizont: Juli 22^h, August 20^h.

Drache (Draco) Das zirkumpolare Sternbild erstreckt sich nördlich vom Sternbild Herkules zwischen Großem und Kleinem Bären. Die Konstellation ist nicht besonders auffällig. Die Sterne Beta und Gamma können als der aufgerissene Rachen des Drachens gedeutet werden.

Herkules (Hercules) Das teilweise zirkumpolare Sternbild ist hier auf der Karte nur mit seiner nördlichen Hälfte dargestellt. Sie verdient Aufmerksamkeit, weil wir dort zwei bekannte Kugelsternhaufen auffinden können: M 13 und M 92. Für die südliche Hälfte des Sternbildes siehe Karte 16 auf Seite 64. Der Stern η Draconis ist ein Doppelstern für den Vierzöller. Obwohl die Distanz etwa 5 Bogensekunden beträgt, ist der Stern wegen des Helligkeitsunterschieds (2^m bzw. 7–8,7^m) schwierig.

Stern 1. Größe	Stern 2. Größe	Stern 3. Größe	Stern 4. Größe	Stern 5. Größe	Doppelstern	Doppel- und var. Stern	variabler Stern

	offener Sternhaufen	Kugelsternhaufen	Spiralnebel	diffuser Nebel	planetar. Nebel

M 92
= NGC 6341.
Kugelförmiger Stern-
haufen;
RA 17h17m1;
Dekl. +43° 08′;
6,5m.
Ungefähr in der Mitte der
Verbindungslinie zwi-
schen den Sternen π Her-
culis und β Draconis
muss der Beobachter den
Kugelsternhaufen M 92
suchen, der sich nicht
weit entfernt von M 13
befindet.

M 13
= NGC 6205.
Kugelförmiger Stern-
haufen;
RA 16h41m7;
Dekl. +36° 28′;
5,9m.
Etwa in der Mitte der Ver-
bindungslinie zwischen
dem Sternbild Nördliche
Krone und dem Stern
Wega im Sternbild Leier
beginnt die Suche nach
M 13.

Beobachtungshinweise für M 92
Weder scheinbare Helligkeit (6,5m) noch scheinbarer Durchmesser (8 Bogenminuten) können mit M 13 in Wettbewerb treten. Und trotzdem ist es interessant, gerade deshalb das Objekt einmal anzuschauen und Vergleiche anzustellen. Mit bloßen Augen sieht man gar nichts. Auch der Feldstecher tut sich schwer, um am Rand Einzelsterne aufzulösen. Erfolg hat der Beobachter hier erst mit dem Vierzöller. Die Konzentration der Sterne, die ja die kugelförmigen Sternhaufen charakterisiert – im Gegensatz zu den offenen Sternhaufen –, kann man auch bei M 92 nur ahnen, denn sogar mit sehr großen Fernrohren gelingt es nicht, das Zentrum eines kugelförmigen Sternhaufens in Einzelsterne aufzulösen.

Beobachtungshinweise für M 13
Der Kugelsternhaufen ist nur wenige Grad vom Stern η Herculis (der helle Stern oben in unserem Ausschnitt!) entfernt. Bereits mit bloßen Augen ist M 13 als verwaschener Stern ungefähr von der Größenklasse 6m auszumachen.
Eine Steigerung bringt die Beobachtung mit dem Feldstecher. Der Kugelsternhaufen hat den beachtlichen scheinbaren Durchmesser von 23 Bogenminuten und ist damit nicht nur der schönste, sondern auch der größte des Nordhimmels.
Wiederum eine Steigerung des Eindrucks für den Beobachter ist die Verwendung eines 3- bis 4-zölligen Astro-Fernrohrs mit Vergrößerungen zwischen 30- und 50fach. Aus dem »Nebel ohne Sterne«, wie ihn das freie Auge sieht, wird mit gesteigerter Optik ein Diadem am Himmel. Schon der Feldstecher zeigt ein Rudel von Sternen. Die Zahl der Einzelsterne wächst mit der Öffnung des Fernrohrs. Zählungen der Einzelsterne noch außerhalb des Zentrums gelangen bis über 40 000 (vgl. Foto S. 156)!

Die hellen Sterne
β Draconis (Rastaben); RA 17h30m4; Dekl. +52° 18′; 2,8m	γ Draconis (Ettanin); RA 17h56m6; Dekl. +51° 29′; 2,2m

8 Leier und Schwan

Der helle Stern Wega im Sternbild Leier ist vielleicht die Geburtsstätte eines Planetensystems. Infrarotbeobachtungen zeigen, dass der Stern heller als erwartet und von einem Materiering umgeben ist, aus dem Planeten entstehen könnten.

Sichtbarkeit Um Mitternacht über Südhorizont (Mittlere Ortszeit): Juli. – Die Sterne im Kartenausschnitt stehen jeden Monat ungefähr 2 Stunden früher über dem Südhorizont: August 22^h, September 20^h.

Leier (Lyra) Ein sehr einprägsames, kompaktes Sternbild, das teilweise noch zirkumpolar ist. Der Hauptstern Wega, der hellste Stern des nördlichen Himmels, bildet zusammen mit Deneb im Sternbild Schwan und Atair im Sternbild Adler das »Sommerdreieck«, die recht auffällige Figur eines fast gleichschenkeligen Dreiecks am nördlichen Sommerhimmel.

Schwan (Cygnus) Ein gleichfalls recht markantes Sternbild zwischen Leier und Pegasus. Das Sternbild ist teilweise noch zirkumpolar. Mit etwas Fantasie lässt die Anordnung der hellen Sterne die Formen des fliegenden Schwans erkennen. Der Kopf des Schwans ist der Stern β Cygni (Albireo), ein lohnender Doppelstern für den Feldstecher.

Stern 1. Größe	Stern 2. Größe	Stern 3. Größe	Stern 4. Größe	Stern 5. Größe	Doppelstern	Doppel- und var. Stern	variabler Stern

offener Sternhaufen	Kugelsternhaufen	Spiralnebel	diffuser Nebel	planetar. Nebel

ε Lyrae

Doppelstern;
ε^1: RA 18^h44^m3;
Dekl. $+39°\,40'$;
$5,00^m$ bzw. $6,1^m$;
$2,6''$.
ε^2: RA 18^h44^m4;
Dekl. $+39°\,37'$;
$5,2^m$ bzw. $5,5^m$;
$2,3''$.
2 Grad links von Wega findet der Beobachter einen Stern ungefähr 4. Größenklasse, der sich bei näherem Hinschauen als Doppelstern erweist (Pfeil).

Ringnebel in der Leier

= M 57 = NGC 6720.
Planetarischer Nebel;
RA 18^h53^m6;
Dekl. $+33°\,02'$;
$9,7^m$.
Nahe der Bildmitte und in Richtung zum Rand rechts oben fallen 2 hellere Sterne auf: γ Lyrae und β Lyrae. Sie befinden sich etwa in 2,5 Grad Entfernung. Ungefähr in der Mitte der Strecke, näher an β Lyrae, sucht man den planetarischen Nebel M 57 (Pfeil).

Beobachtungshinweise für ε Lyrae

Augentest: Rund 200 Bogensekunden Distanz trennen scharfe Augen ohne optische Hilfsmittel! In unserem Ausschnitt ist der Doppelstern ε Lyrae links von der Bildmitte deutlich erkennbar. Der Doppelstern hat nun die Besonderheit, dass jeder Begleiter wiederum doppelt ist! Um das festzustellen, reicht der Feldstecher nicht mehr aus; jedoch gelingt die Trennung ohne Schwierigkeiten in einem 3zölligen Fernrohr.

Der hellere Stern links unten im Bildausschnitt ist ζ Lyrae. Der Stern bildet zusammen mit ε Lyrae und Wega ein fast gleichseitiges Dreieck am Himmel. ζ Lyrae ist ebenfalls ein Doppelstern mit der Distanz von 44 Bogensekunden und demzufolge bereits in einem kleinen Feldstecher mit etwa 8facher Vergrößerung auflösbar. Übrigens: Wer genau hinschaut, wird das Sternpünktchen auf dem Foto eiförmig erkennen, was die Duplizität bereits andeutet.

Beobachtungshinweise für den Ringnebel in der Leier

M 57 ist unter dem Namen Ringnebel in der Leier viel bekannter. Mit dem Feldstecher sieht man nicht mehr als ein sternförmiges Objekt 9. Größenklasse. Nicht mehr und nicht weniger bietet uns auch das Ausschnittfoto. Beobachtet der Sternfreund mit einem Dreizöller, so wandelt sich das »Sternchen« in eine winzige, fahl aussehende Scheibe. Die typische Ringform wird erst von 6–8 Zoll Öffnung für den Beobachter wahrnehmbar. Sehr große Fernrohre zeigen dann noch den Zentralstern (15. Größenklasse!), der das Gas des Nebels mit Hilfe seiner Ultraviolettstrahlung zum Leuchten bringt.

Der Stern β Lyrae verdient übrigens auch die Beachtung des Betrachters: Er ist der Prototyp einer Klasse veränderlicher Sterne (Periode 12,9 Tage, Max. $3,3^m$, Min. $4,2^m$). Er hat 3 Begleiter mit 7^m (Distanz $46''$), 9^m ($67''$) und 9^m ($86''$).

Die hellen Sterne

α Cygni (Deneb);
RA 20^h41^m7;
Dekl. $+45°\,17'$;
$1,3^m$
γ Cygni (Sadir);
RA 20^h22^m2;
Dekl. $+40°\,15'$;
$2,2^m$

α Lyrae (Wega);
RA 18^h36^m9;
Dekl. $+38°\,47'$;
$0,0^m$

9 Eidechse und Kepheus

1784 entdeckte John Goodricke den kurz-periodischen veränderlichen Stern δ Cephei. Mittlerweile kennen die Astronomen über 500 Sterne dieses Typs, deren jeweilige Periode so genau ist, dass man in Beziehung zur Leuchtkraft Entfernungen im Weltall messen kann.

Sichtbarkeit Um Mitternacht über Südhorizont (Mittlere Ortszeit): August. – Die Sterne im Kartenausschnitt stehen jeden Monat ungefähr 2 Stunden früher über dem Südhorizont: September 22^h, Oktober 20^h.

Eidechse (Lacerta) Das Sternbild entspricht einer nord-südlich ausgerichteten Sternkette zwischen den Sternbildern Schwan und Andromeda.

Kepheus (Cepheus) Historisch ist es dem griechischen Sagenkreis zuzuordnen; Cepheus ist der Ehemann der Cassiopeia und der Vater der Andromeda – Namen, die als Sternbilder in der Nachbarschaft ja wohlbekannt sind. Zu finden ist das Sternbild Kepheus in der Mitte zwischen den Sternbildern Schwan, Cassiopeia und Kleiner Bär.

In der astronomischen Wissenschaft bekannt geworden ist das Sternbild durch den Stern Delta, einen klassischen veränderlichen Stern. Zum Sternbild gehören einige sternreiche Milchstraßenpartien.

Stern 1. Größe	Stern 2. Größe	Stern 3. Größe	Stern 4. Größe	Stern 5. Größe	Doppelstern	Doppel- und variabler var. Stern	variabler Stern

	offener Sternhaufen	Kugel-sternhaufen	Spiralnebel	diffuser Nebel	planetar. Nebel

δ Cephei
Veränderlicher Stern;
RA 22^{h}29^{m}2;
Dekl. +58° 25′;
Max. 3,48^m, Min. 4,37^m;
Periode 5,366^d.
Wir finden den Stern
δ Cephei (Pfeil) in der
Mitte auf der Verbindungslinie zwischen den
Sternen γ Cassiopeiae
und α Cygni.

M 39
= NGC 7092.
Offener Sternhaufen;
RA 21^{h}32^{m}2;
Dekl. +48° 26′;
4,6^m.
Auf halbem Weg zwischen δ Cephei und
Deneb, dem Hauptstern
im Sternbild Schwan,
stößt der Beobachter auf
den offenen Sternhaufen
M 39 (Pfeil), nicht weit
weg vom Stern π^2 im
Schwan.

Beobachtungshinweise für δ Cephei

Fast halbkreisförmig ist δ Cephei umgeben von den Sternen λ Cephei, ζ Cephei und ε Cephei. Delta Cephei ist veränderlich zwischen 3,5^m und 4,4^m. Die Lichtwechselperiode dauert 5 Tage und 6,75 Stunden. Der Stern ist der Urtyp einer Klasse von veränderlichen Sternen, die die Wissenschaftler in die Lage versetzt haben, über den Aufbau des Weltraums wesentlich Neues zu erfahren: die streng periodisch pulsierenden Sterne. Es ist sehr lehrreich, selbst einmal eine oder mehrere Lichtwechselperioden zu beobachten. Charakteristisch für die Cepheiden – so heißt die nach Delta benannte Klasse – ist der Helligkeitsunterschied von einer Größenklasse, ein rascher Helligkeitsanstieg und ein langsamer Helligkeitsabfall und die verblüffende Konstanz der Periode. Cepheiden sind bereits in anderen Milchstraßensystemen (Galaxien) entdeckt worden. Sie helfen mit, Entfernungen im Kosmos zu bestimmen.

Beobachtungshinweise für M 39

Verhältnismäßig weit auseinander gezogene Sterne kennzeichnen diesen Sternhaufen deutlich und weisen auf seinen Typ hin. M 39 hat die scheinbare Helligkeit 4,6^m. Er ist ein Objekt schon für den kleinen Feldstecher. Zum Sternhaufen gehören etwa 30 Einzelsterne.

Dem Betrachter dieses Ausschnitts werden die eigenartig geformten Dunkelgebiete in der Milchstraße auffallen; besonders links der Mitte zum Rand. Auch beim Beobachten sind sie nicht zu übersehen. Sehr auffällig ist auch die Teilung der Milchstraße in den Sternbildern Schwan und Schütze-Skorpion (siehe S. 64), die durch Wolken absorbierender interstellarer Materie verursacht wird. Die Dunkelwolken mit der merkwürdigen Sternleere sind Gebiete interstellarer Materie.

Die hellen Sterne

α Cephei (Alderamin); RA 21^{h}18^{m}6; Dekl. +62° 35′; 2,5^m	β Cephei (Alphirk); RA 21^{h}28^{m}7; Dekl. +70° 34′; 3,2^m

10 Fische, Walfisch und Widder

Der Stern β Arietis, genannt Sheratan oder Sharatan, markierte im Jahr 150 v. Chr. den Punkt der Frühlings-Tagundnachtgleiche.

Sichtbarkeit Um Mitternacht über Südhorizont (Mittlere Ortszeit): Oktober. – Die Sterne im Kartenausschnitt stehen jeden Monat ungefähr 2 Stunden früher über dem Südhorizont: November 22^h, Dezember 20^h.

Fische (Pisces) Das Sternbild führt am Himmel ein recht unscheinbares Dasein. Erwähnenswert ist, dass sich in diesem Tierkreissternbild die Ekliptik und der Himmelsäquator schneiden. Es ist der so genannte Frühlingspunkt, der Nullpunkt, von dem aus die Rektaszension (RA) gezählt wird.

Walfisch (Cetus) Ein ausgedehntes Sternbild, dessen meiste Sterne südlich des Himmelsäquators liegen. Berühmt ist der veränderliche Stern Mira, über den auf Seite 150 und 151 berichtet wird.

Widder (Aries) Ein Tierkreissternbild. Der Stern Gamma (γ) ist ein Doppelstern, der mit einem kleinen astronomischen Fernrohr (Zweizöller) bequem aufgelöst werden kann. Vor 2000 Jahren fiel der Frühlingspunkt in dieses Sternbild. Wegen der Präzession liegt er heute im Sternbild der Fische.

Stern 1. Größe	Stern 2. Größe	Stern 3. Größe	Stern 4. Größe	Stern 5. Größe	Doppelstern	Doppel- und var. Stern	variabler Stern

	offener Sternhaufen	Kugel- sternhaufen	Spiralnebel	diffuser Nebel	planetar. Nebel

M 77
= NGC 1068.
Spiralnebel;
RA 2^{h}42^{m}7;
Dekl. −0° 01',
8,8^m.
Dieser nicht ganz einfach
zu beobachtende Spiral-
nebel (Pfeil) befindet sich
unmittelbar östlich des
Sterns δ Ceti.

Mira
= o Ceti.
Langperiodischer,
veränderlicher Stern;
RA 2^{h}19^{m}3;
Dekl. −2° 59';
Max. 2,0^m, Min. 10,1^m;
Periode 331,96^d.

Beobachtungshinweise für M 77

Es ist der hellste Spiralnebel einer größeren Gruppe in dieser Gegend (insgesamt über 40!). Die Astronomen sprechen von einem Galaxienhaufen, wie wir ihn in noch größerem Umfang im Bereich des Sternbildes Jungfrau nachweisen können (siehe dazu S. 60).

Für die Auffindung ist unbedingt ein sehr leistungsstarker Feldstecher (14 × 100 oder 22 × 80) bzw. ein 3-zölliges Astro-Fernrohr notwendig. Dazu eine klare Nacht fernab von einer Stadt mit aufgehelltem Himmelshintergrund. Ausgangspunkt für die Suche ist der Stern δ Ceti. Ein knappes Grad östlich davon entdeckt man 2 ungefähr gleich helle Sterne (siehe Ausschnitt links!), die mit dem Spiralnebel ein gleichseitiges Dreieck bilden. Spiralnebel sind – mit wenigen Ausnahmen – für die visuelle Beobachtung schwierig. Das Objekt erscheint dem Beobachter als zartes nebeliges Sternchen (Pfeil).

Beobachtungshinweise für Mira

Der Stern darf für sich in Anspruch nehmen, der erste veränderliche Stern zu sein, der systematisch beobachtet worden ist. Die Lichtschwankungen wurden bereits im Jahr 1596 entdeckt. Auffällig ist die rötliche Farbe des Sterns (Bildmitte) – übrigens ein Charakteristikum der langperiodischen Veränderlichen, die meist so genannte rote Riesensterne sind.

Ursache für die Veränderlichkeit sind wahrscheinlich physikalische Vorgänge im Stern (Pulsation S. 150). Die Helligkeitsänderung vollzieht sich übrigens nicht gleichmäßig, und die maximale Helligkeit von Mira kann zwischen der 1. und der 4. Größenklasse schwanken. Das gilt auch für die Periode, für die es Abweichungen zwischen 320 und 370 Tagen gibt.

Zum Aufsuchen wählt man am besten die Sterne α Piscium und ζ Ceti (Baten Kaitos). Mira bildet mit den genannten Sternen ungefähr ein rechtwinkeliges Dreieck. Siehe auch Beobachtungsanleitung Seite 151.

Die hellen Sterne

β Ceti (Diphda);
   RA 0^{h}43^{m}4;
   Dekl. −17° 59';
   2,0^m
α Arietis (Hamal);
   RA 2^{h}07^{m}2;
   Dekl. +23° 28';
   2,0^m

β Arietis (Sheratan);
   RA 1^{h}54^{m}6;
   Dekl. +20° 48';
   2,7^m
α Piscium
   (Alrescha);
   RA 2^{h}02^{m}0;
   Dekl. +2° 46';
   4,18^m bzw. 5,21^m;
   1,8"

11 Eridanus und Stier

Der Name des Hauptsterns im Sternbild Stier, Aldebaran, leitet sich ab aus dem arabischen »Al Dabaran« = der Nachfolger. In alter Zeit war der Anfangspunkt der Zählung des Mondzyklus in den Plejaden (Siebengestirn). Der nächste Zählpunkt war der Stern Aldebaran, also der Nachfolger.

Sichtbarkeit Um Mitternacht über Südhorizont (Mittlere Ortszeit): November. – Die Sterne im Kartenausschnitt stehen jeden Monat ungefähr 2 Stunden früher über dem Südhorizont: Dezember 22^h, Januar 20^h.

Eridanus (Eridanus) Auf dieser Karte sehen wir nur den nördlichen Teil des weit über den Südhimmel sich erstreckenden Sternbildes (vgl. Karte 20). Das Sternbild führt auch die Bezeichnung »Fluss Eridanus«. Für die Beobachtung des Nordteils geht man vom hellen Orion-Stern Rigel aus.

Stier (Taurus) Tierkreissternbild. Auffällig der helle, rötlich strahlende Hauptstern Aldebaran; im Altertum glaubte man hier das »Auge des Stiers« zu sehen. Das dem Sternbild Stier benachbarte Leitsternbild Orion macht das Auffinden leicht: Verlängert man die 3 Gürtelsterne des Orion um eine gedachte Gerade schräg nach oben, gelangt der Blick rasch auf Aldebaran und die Hyaden.

Stern 1. Größe	Stern 2. Größe	Stern 3. Größe	Stern 4. Größe	Stern 5. Größe	Doppelstern	Doppel- und var. Stern	variabler Stern

	offener Sternhaufen	Kugel- sternhaufen	Spiralnebel	diffuser Nebel	planetar. Nebel

Plejaden

= Siebengestirn = M 45.
Offener Sternhaufen;
RA 3^{h}47^{m}0;
Dekl. +24° 07′;
1,2^m.
Hier kann der Beobachter
seine Augen prüfen. Etwa
6–8 der hellsten Sterne
sind mit bloßen Augen
zu erkennen. Mit dem
Feldstecher sieht man
leicht bereits 30 Sterne.

Hyaden

= Regengestirn.
Offener Sternhaufen;
RA 4^{h}27^m;
Dekl. +16°;
0,5^m.
Im Vergleich zum Sieben-
gestirn (Plejaden) bieten
die Hyaden nicht auf
Anhieb den Anblick eines
offenen Sternhaufens.
Das Feld wirkt auseinan-
der gezogen.

Beobachtungshinweise für die Plejaden

Das Siebengestirn ist auf alle Fälle der markanteste und glanzvollste offene Sternhaufen des ganzen Nordhimmels! Huberta von
Bronsart weist in ihrer »Kleinen Lebensbeschreibung der Sternbilder« (nur noch
antiquarisch erhältlich) darauf hin: »Die Plejaden sind bei allen Völkern der Erde bekannt, freilich unter sehr verschiedenen Benennungen. Man kann bei der Zeitrechnung
mancher Völker sozusagen von einem Plejadenjahr sprechen (so, wie es das Mondjahr
und das Sonnenjahr gibt).«
Von den Plejaden kann auch der Amateur-
fotograf bereits mit handelsüblichen Kameras interessante Aufnahmen machen, auf
denen auch die berühmten Reflexionsnebel, in die die hellen Plejadensterne eingebettet sind, sichtbar werden können. Beachtung verdienen die Plejaden außerdem
für die Prüfung der Reichweite von astronomischen Fernrohren und für fotometrische
Aufnahmen. Einzelheiten im »Handbuch für
Sternfreunde«.

Beobachtungshinweise für die Hyaden

Der helle, rötliche Stern Aldebaran (α Tauri)
macht das Auffinden leicht. Wir sehen ihn
links im Ausschnitt. Rechts davon beginnen
die Hyadensterne mit dem bereits mit freiem
Auge trennbaren Doppelstern ϑ Tauri (untere Bildmitte, Pfeil).
Zum offenen Sternhaufen der Hyaden gehören insgesamt etwa 350 Sterne, die alle
mit der gleichen Geschwindigkeit durch
den Weltraum rasen: mit 43 Sekundenkilo-
metern!
Auch die Hyaden tauchen in der antiken
Sternkunde bereits auf. Dabei gibt es eine
Reihe von Deutungen. In der germanischen
Mythologie zeigen die Hyaden den aufge-
rissenen Rachen des Fenriswolfs. In der
Sagenwelt Griechenlands indessen ist es
eine Schweinefamilie, wobei Aldebaran die
Muttersau repräsentiert und die Hyadensterne die Ferkel.

Die hellen Sterne

β Eridani (Cursa); RA 5^{h}07^{m}8; Dekl. –5° 05′; 2,8^m	α Tauri (Aldebaran); RA 4^{h}35^{m}9; Dekl. +16° 31′; 0,9^m
γ Eridani (Zaurak); RA 3^{h}58^{m}0; Dekl. –13° 31′; 2,9^m	β Tauri (Elnath); RA 5^{h}26^{m}3; Dekl. +28° 36′; 1,7^m

12 Kleiner Hund, Großer Hund, Hase, Einhorn, Orion und Zwillinge

Die prächtigen Sternbilder des nördlichen Winterhimmels zeigt dieser Ausschnitt. Das eindrucksvolle Sternbild Orion auf dem Himmelsäquator ist auf der ganzen Erde zu beobachten.

Sichtbarkeit Um Mitternacht über Südhorizont (Mittlere Ortszeit): Dezember. – Die Sterne im Kartenausschnitt stehen jeden Monat ungefähr 2 Stunden früher über dem Südhorizont: Januar 22ʰ, Februar 20ʰ.

Einhorn (Monoceros) Gering ausgeprägte Milchstraße in diesem Sternbild.

Großer Hund (Canis maior) Hauptstern Sirius ist der hellste Stern am Himmel überhaupt! Auch hier dienen die Gürtelsterne des Leitsternbildes Orion als Suchhilfe: Die von ihnen ausgehende Gerade nach Südosten führt zum Sirius.

Hase (Lepus) Sternbild südlich des Orion, etwa in gleicher Höhe mit Sirius.

Kleiner Hund (Canis minor) In der Mitte zwischen den Sternen Pollux (Zwillinge) und Sirius (Großer Hund).

Orion (Orion) Das Rechteck mit den 3 hellen Gürtelsternen (Jakobsstab) ist am Himmel nicht zu übersehen. Auffällig die

Stern 1. Größe	Stern 2. Größe	Stern 3. Größe	Stern 4. Größe	Stern 5. Größe	Doppelstern	Doppel- und var. Stern	variabler Stern

	offener Sternhaufen	Kugelsternhaufen	Spiralnebel	diffuser Nebel	planetar. Nebel

Großer Orion-Nebel

= M 42 = NGC 1976.
Gasnebel;
RA 5ʰ35ᵐ4;
Dekl. –5° 27′;
2,9ᵐ.
Zum Aufsuchen benützt
man die Leitlinie Stern
Rigel und ζ Orionis (einer
der 3 Gürtelsterne). Etwa
in der Mitte auf dieser
Linie befindet sich
das Objekt M 42, das
genau genommen die
Doppelbezeichnung
M 42–M 43 trägt.

M 41

= NGC 2287.
Offener Sternhaufen;
RA 6ʰ47ᵐ0;
Dekl. –20° 44′;
4,5ᵐ.
Etwa 4 Grad südlich des
strahlenden Sterns Sirius
fällt dieser offene Sternhaufen sofort auf.

rötliche Färbung des Sterns Beteigeuze
(Betelgeuse), ein Riesenstern mit dem
500fachen Durchmesser unserer Sonne.
Zwillinge (Gemini) Ein Tierkreissternbild
(nördlichstes!) mit den nicht zu übersehen-
den hellen Sternen Castor und Pollux.

Beobachtungshinweise für den Großen Orion-Nebel

Dieser Gasnebel ist ein Objekt unserer
Milchstraße. Es ist ein so genannter »diffu-
ser Nebel«. Die Nebelmaterie wird von Sternen zum Leuchten angeregt. Die sehr dünne
Gasmasse hat selbst kein Eigenlicht.
Bereits im Feldstecher entdeckt der Beobachter Nebelstrukturen und einen auffälligen Vierfachstern (ϑ Orionis), eingebettet in
den Großen Orion-Nebel. Auffällige Dunkel-
partien (= sternarm) lassen die Absorption
durch das Gas erkennen.
Die fotografische Darstellung ist nicht ganz
einfach: Die kurze Belichtung erfasst nur
das Zentrum; die lange Belichtung bringt
zwar die beträchtliche Ausdehnung des Nebels, führt aber zur völligen Überbelichtung
im Zentrum (vgl. Foto S. 149).

Beobachtungshinweise für M 41

Im Gesichtsfeld eines Feldstechers erscheinen sowohl Sirius wie M 41 gleichzeitig. Da
der Sternhaufen die Helligkeit 5. Größenklasse hat, lohnt sich in dunkler Nacht der
Versuch, das Objekt mit bloßen Augen zu
suchen.
M 41 ist nicht schwierig. Die Fülle der Einzelsterne überrascht. Vehrenberg macht in
seinem »Messier-Buch« (siehe Literaturverzeichnis S. 187) auf Folgendes aufmerksam: »Im Haufenzentrum entdeckt man einen Stern von auffallend rötlichem Licht.«
Links zum Rand unseres Ausschnitts hin
bilden 3 Sterne ein deutliches Dreieck. Die
beiden äußeren Sterne (oben π Canis maioris, unten 17 Canis maioris) sind Doppelsterne mit den Distanzen 12 bzw. 44 Bogensekunden. Ersteren löst ein 2- bis 3-zölliges
Fernrohr auf, für Letzteren ist ein Feldstecher 15 × 60 oder 22 × 80 geeignet.

Die hellen Sterne

α Canis maioris
(Sirius);
RA 6ʰ45ᵐ1;
Dekl. –16° 43′;
–1,4ᵐ

α Canis minoris
(Procyon);
RA 7ʰ39ᵐ3;
Dekl. +5° 14′;
0,4ᵐ

α Geminorum
(Castor);
RA 7ʰ34ᵐ6;
Dekl. +31° 53′;
1,6ᵐ

α Orionis
(Beteigeuze);
RA 5ʰ55ᵐ2;
Dekl. +7° 24′;
0,4–1,3ᵐ;
Periode 2110ᵈ

13 Krebs, Löwe, Sextant und Wasserschlange

Eines der ausgedehntesten Sternbilder ist das Sternbild Wasserschlange. Es erstreckt sich von den Sternbildern Krebs, Löwe, Jungfrau bis zur Waage.

Sichtbarkeit Um Mitternacht über Süd-horizont (Mittlere Ortszeit): Februar. – Die Sterne im Kartenausschnitt stehen jeden Monat ungefähr 2 Stunden früher über dem Südhorizont: März 22^h, April 20^h.

Krebs (Cancer) Tierkreissternbild ohne nennenswerte figürliche Einprägsamkeit. Etwa in der Mitte auf der Verbindungslinie zwischen den hellen Sternen Prokyon (Klei-ner Hund) und Regulus (Löwe) bringt be-reits der Feldstecher den offenen Sternhau-fen M 67.

Löwe (Leo) Tierkreissternbild. Die Karte zeigt nur den Kopf des Löwen mit dem hel-len Stern Regulus. Der Stern γ Leonis ist ein Doppelstern und Objekt für ein kleines Astro-Fernrohr (Zweizöller genügt).

Sextant (Sextans) Sternbild zwischen den Sternen Regulus (Löwe) und Alfard (Hydra).

Wasserschlange (Hydra) Der hellste Stern Alfard bildet mit den Löwen-Sternen Regu-lus und Denebola ein fast gleichschenkeli-ges Dreieck.

Stern 1. Größe	Stern 2. Größe	Stern 3. Größe	Stern 4. Größe	Stern 5. Größe	Doppelstern	Doppel- und var. Stern	variabler Stern

	offener Sternhaufen	Kugel-sternhaufen	Spiralnebel	diffuser Nebel	planetar. Nebel

Praesepe

= Krippe, Bienenkorb
= M 44 = NGC 2622.
Offener Sternhaufen;
RA 8^{h}40^{m}1;
Dekl. +19° 59′;
3,1^m.
Nahe dem Stern δ Cancri, der auf der Ekliptik etwa gleich weit entfernt von den Sternen Regulus (Löwe) und δ Geminorum zu suchen ist.

Regulus

= α Leonis.
Hauptstern des Stern-bildes Löwe (Leo);
RA 10^{h}08^{m}4;
Dekl. +11° 58′.
Regulus, auch Königstern genannt, ist einer der hellsten Sterne am Him-mel und hat die Eigen-schaft, dass er fast ganz genau auf der Ekliptik steht.

Beobachtungshinweise für die Praesepe

Schon mit bloßen Augen fällt die Praesepe, ein offener Sternhaufen, auf, allerdings nur als Nebelfleck; erst der Feldstecher bringt die Auflösung in einzelne Sterne. Da die Sterne verhältnismäßig weit verteilt sind, ist es ein Objekt für schwache Vergrößerun-gen.

Galilei sah mit seinem Fernrohr 30 Einzel-sterne, eine Leistung, die heute der Feldste-cher-Beobachter ohne weiteres nachvoll-ziehen kann. Die Wissenschaftler haben herausgefunden, dass über 200 Sterne zu diesem offenen Sternhaufen gehören. Sie sehen auch eine gewisse Ähnlichkeit zu den Hyaden (siehe S. 55), schon wegen der lockeren Verteilung der Sterne.

Übrigens: Wie es mit der Umweltver-schmutzung bestellt ist, kann der Stern-freund gerade an diesem Sternhaufen tes-ten: In klarer Nacht ist mit freiem Auge der Nebelfleck blass, aber doch sofort erkenn-bar; bei einer verunreinigten Atmosphäre verschwimmt er zusehends.

Beobachtungshinweise für Regulus

Die Position von Regulus hat zur Folge, dass die Sonne jedes Jahr im Lauf ihrer scheinbaren Bahn durch die 12 Tierkreis-sternbilder einmal vor dem Stern vorüber-zieht, und zwar um die Zeit des 23. August. Beobachten können wir das freilich nicht, weil die Sonne ja alles überstrahlt.

Indessen ist die Lage des hellen Sterns auf der Ekliptik insofern von Interesse, als er auch für den Mond und die Planeten »be-deckungsfähig« wird. Es gibt natürlich zahl-reiche Sterne, die auf der Ekliptik liegen und durch den Mond und die Planeten bedeckt werden können; nur ist die Beobachtung bei einem so hellen Stern besonders ein-drucksvoll und auch leichter. Wann solche Bedeckungen stattfinden, darüber geben die astronomischen Jahrbücher Auskunft. 2 andere helle Sterne liegen noch ziemlich nahe der Ekliptik, es sind Spica im Sternbild Jungfrau und Antares im Sternbild Skorpi-on.

Die hellen Sterne

α Leonis (Regulus);
RA 10^{h}08^{m}4;
Dekl. +11° 58′;
1,4^m

γ Leonis (Algieba);
RA 10^{h}20^{m}0;
Dekl. +19° 51′;
2,0^m

α Hydrae (Alfard);
RA 9^{h}27^{m}6;
Dekl. −8° 40′;
2,0^m

14 Becher, Haar der Berenike, Jungfrau und Rabe

Galaxien oder extragalaktische Sternsysteme erscheinen in bestimmten Himmelsgegenden besonders häufig. Im Sternbild Coma Berenices kann man mit großen Fernrohren über 1000 Milchstraßensysteme beobachten.

Sichtbarkeit Um Mitternacht über Südhorizont (Mittlere Ortszeit): März. – Die Sterne im Kartenausschnitt stehen jeden Monat ungefähr 2 Stunden früher über dem Südhorizont: April 22^h, Mai 20^h.

Becher (Crater) Das nicht augenfällige Sternbild gehört zum Südhimmel. Man findet es in der Mitte zwischen den hellen Sternen Spica (Sternbild Jungfrau) und Alphard (Sternbild Wasserschlange).

Haar der Berenike (Coma Berenices) Ein Sternbild zwischen Bootes und Löwe. Mit zahlreichen Galaxien, die nur größeren Teleskopen zugänglich sind.

Jungfrau (Virgo) Ein Tierkreissternbild mit dem hellen Stern Spica (Kornähre). Dieser Stern steht in unmittelbarer Nähe zur Ekliptik. Auch im Sternbild Jungfrau finden sich zahlreiche extragalaktische Systeme. Man

Stern 1. Größe	Stern 2. Größe	Stern 3. Größe	Stern 4. Größe	Stern 5. Größe	Doppelstern	Doppel- und var. Stern	variabler Stern

offener Sternhaufen	Kugelsternhaufen	Spiralnebel	diffuser Nebel	planetar. Nebel

Galactic North Pole

Coma Berenices

Leo

Denebola

Vindemiatrix

Virgo

Spica

Algorab

Corvus

Crater

Hydra

M 88

= NGC 4501.
Galaxie;
RA 12^{h}32^{m}0;
Dekl. +14° 25';
10,3^m.
Unmittelbar über der
Bildmitte des Ausschnitts
befindet sich unser Objekt
(Pfeil) mit einer Spiral-
struktur, die Ähnlichkeit
mit derjenigen des Andro-
meda-Nebels hat.

Sombrero-Nebel

= M 104 = NGC 4594.
Galaxie;
RA 12^{h}40^{m}0;
Dekl. –11° 37';
9,3^m.
Das Ausschnittfoto
zeigt das Objekt links von
der Bildmitte zum Rand
hin (Pfeil). Mit etwas Fantasie könnte man eine
»Saturn-Aufnahme« mit
einem kleineren Fernrohr
vermuten.

spricht von einem sog. Virgo-Haufen, einer
ausgedehnten Anhäufung von Galaxien.
Rabe (Corvus) Sternbild in unmittelbarer
Nähe des Sternbildes Jungfrau. Ähnlich wie
das Sternbild Becher bilden die helleren
Sterne ein Viereck.

Beobachtungshinweise für M 88

Zum Aufsuchen stellt man das Fernrohr auf
die Mitte der Verbindungslinie zwischen
den Sternen ε Virginis und β Leonis ein. Da
M 88 nur eine Helligkeit von 10^m hat, ist es
nicht einfach, die Galaxie auszumachen.
Viel hängt von der Durchsichtigkeit der Atmosphäre und von einer lichtstarken Optik
ab.
Beim genauen Hinschauen entdeckt man
unten im Bildausschnitt andere Galaxien,
die zum Virgo-Galaxienhaufen gehören.
Links unten ist M 90 abgebildet, 10 Größenklassen hell und im Aussehen ähnlich M 88.
Eine große Wahrscheinlichkeit spricht dafür, dass in einem so dichten Nebelhaufen
Zusammenstöße von Galaxien stattgefunden haben. Das Fehlen von Spiralarmen gilt
als Anzeichen dafür, dass es Zusammenstöße gegeben hat, bevor sich die Spiralstruktur entwickelte.

Beobachtungshinweise für den Sombrero-Nebel

Großaufnahmen dieses Spiralnebels lassen
eine gewisse Saturnähnlichkeit erkennen,
obwohl die Galaxie natürlich mit dem Planeten Saturn überhaupt nichts gemeinsam
hat. M 104 befindet sich nicht weit weg vom
Stern δ Corvi, gehört aber noch zum Sternbild Jungfrau. Wegen seines Aussehens
heißt die Galaxie »Sombrero-Nebel«. Auch
M 104 gehört noch zu dem sog. Virgo-Haufen, jener Ansammlung von Galaxien im
Sternbild Jungfrau, zu der auch M 88
gehört. Hans Vehrenberg weist in seinem
»Messier-Buch« auf den Umfang dieses
Galaxienhaufens hin: »Es gibt Anzeichen
dafür, dass sich der Haufen über das große
Himmelsgebiet zwischen 10^h und 15^{h}45^m in
RA und –3° und +20° in Dekl. erstreckt und
etwa 13 500 Galaxien bis zur Grenzgröße
15,7^m zählen dürfte.«

Die hellen Sterne

γ Corvi (Gienah);
RA 12^{h}15^{m}8;
Dekl. –17° 33';
2,6^m

α Virginis (Spica);
RA 13^{h}25^{m}2;
Dekl. –11° 10';
1,0^m

γ Virginis
(Zawija el auwa);
RA 12^{h}41^{m}7;
Dekl. –1° 27';
2,7^m;
Doppelstern

15 Bootes, Nördliche Krone, Schlange und Waage

Arktur (Arcturus) ist einer der ältesten Sternnamen. In Homers Odyssee kommt er vor.
Er gehörte in der Antike zu den Sternen, die
den Bauern die Erntezeit anzeigten. Arcturus am Morgenhimmel war das Zeichen für
die Weinernte.

Sichtbarkeit Um Mitternacht über Südhorizont (Mittlere Ortszeit): Mai. – Die Sterne
im Kartenausschnitt stehen jeden Monat
ungefähr 2 Stunden früher über dem Südhorizont: Juni 22^h, Juli 20^h.

Bootes (Bärenhüter) Auf Seite 44 ist der
nördliche Teil dieses Sternbildes vorgestellt
worden. Hier geht es um den südlichen Teil
mit dem Hauptstern Arcturus, einem hellen,
auffälligen, rötlich-gelben Stern. Sein auf
die griechische Sagenwelt zurückzuführen-
der Name bedeutet »Hüter des Bären«.

Nördliche Krone (Corona borealis) Man
findet das Sternbild zwischen Bootes und
Herkules.

Schlange (Serpens) Das Sternbild ist
»zweigeteilt«. Die hier abgebildete Partie ist
Serpens caput – das Haupt der Schlange,
unmittelbar südlich der Nördlichen Krone.

Stern 1. Größe	Stern 2. Größe	Stern 3. Größe	Stern 4. Größe	Stern 5. Größe	Doppelstern	Doppel- und var. Stern	variabler Stern

offener Sternhaufen	Kugel-sternhaufen	Spiralnebel	diffuser Nebel	planetar. Nebel

Corona Borealis

β

α

Gemma

ε δ γ

M 3

ε

Bootes

α

Arktur

Serpens Caput

π

γ β

δ

ε α Unuk

M 5

Virgo

δ

β Zuben-el-schemali

Spica

α

Libra

γ

Spica

α Zuben-el-dschenubi

Ecliptic

Hydra

Scorpius

M 83

ε Bootis
Doppelstern;
RA 14^{h}45^{m}0;
Dekl. +27° 04';
2,5^m bzw. 4,9^m; 2,8''.
Unser Objekt ist unmittelbar links der Mitte des Ausschnitts. ε Bootis bildet mit den Sternen Arcturus und Gemma nahezu ein gleichschenkeliges Dreieck.

M 5
= NGC 5904.
Kugelförmiger Sternhaufen;
RA 15^{h}18^{m}6;
Dekl. +2° 05';
5,8^m.
Deutlich ist links von der Bildmitte der kugelförmige Sternhaufen M 5 zu erkennen. Das Objekt ist verhältnismäßig hell und auch leicht zu finden.

Waage (Libra) Ein Tierkreissternbild. Der Hauptstern α Librae steht praktisch auf der Ekliptik. Zu suchen ist zwischen Spica und Antares.

Beobachtungshinweise für ε Bootis
Der hellere Stern des Paares hat die Größenklasse 2,5^m und eine gelbliche Färbung, der dunklere Begleiter 4,9^m und bläuliche Färbung. Die Distanz beträgt 2,8 Bogensekunden (''). Dieser Doppelstern ist ein beliebtes Prüfobjekt für das Auflösungsvermögen 3- und 4-zölliger Fernrohre. Auf unserem Foto ist der Stern nicht getrennt, wohl aber deutet sich die Eiform an, die ein Hinweis auf den Doppelstern ist. Der Helligkeitsunterschied zwischen den beiden Komponenten macht sich bei der Trennung bemerkbar und ist der Grund dafür, dass der Stern vom Zweizöller nicht getrennt wird, wiewohl die angegebene Distanz rein rechnerisch bereits von dieser Öffnung aufgelöst werden müsste. Aber die theoretische Trennungsgrenze setzt gleich helle Sterne voraus. Bereits der Unterschied von einer Größenklasse erschwert spürbar die Trennung von Doppelsternen.

Beobachtungshinweise für M 5
Zum Aufsuchen geht man vom Stern δ Serpentis oder β Librae aus. Mit beiden Sternen bildet M 5 fast ein gleichschenkeliges Dreieck. Ganz nahe bei M 5 steht ein Stern 5. Größenklasse (5 Serpentis). Da das Umfeld arm an helleren Sternen ist, hebt sich der Sternhaufen recht gut ab. M 5 ist ein ausgesprochenes Objekt für den Feldstecher. Im 3- bis 4-zölligen Fernrohr bei etwa 40facher Vergrößerung steigert sich der Anblick; die Randpartien werden in Einzelsterne aufgelöst. Der Anblick ist beeindruckend, weil zahlreiche Sterne der Größenklassen 12 bis 14 im Kugelsternhaufen vertreten sind. Altersbestimmungen von M 5 ergaben Werte über 10 Milliarden Jahre – also eines der alten kosmischen Objekte. 5 Serpentis unterhalb von M 5 und der in der Verlängerung der Geraden etwa 1 Grad davon entfernte Stern 6 Serpentis sind Doppelsterne.

Die hellen Sterne
α Bootis (Arcturus);
RA 14^{h}15^{m}7;
Dekl. +19° 11';
0,1^m

α Coronae borealis (Gemma);
RA 15^{h}34^{m}7;
Dekl. +26° 43';
2,3^m

α Serpentis (Unuk);
RA 15^{h}44^{m}3;
Dekl. +6° 26';
2,7^m

16 Herkules, Schlangenträger, Schild, Schütze und Skorpion

Der ionische Naturphilosoph Demokrit von Abdera äußerte schon um 400 v. Chr. die Meinung, dass die Milchstraße aus Sternen besteht. Galilei bestätigte das mit seinem 1609 erfundenen Fernrohr. In den Sternbildern Schütze und Schlangenträger ist die Milchstraße besonders eindrucksvoll.

Sichtbarkeit Um Mitternacht über Südhorizont (Mittlere Ortszeit): Juni. – Die Sterne im Kartenausschnitt stehen jeden Monat ungefähr 2 Stunden früher über dem Südhorizont: Juli 22^h, August 20^h.

Herkules (Hercules) Der nördliche Teil des Sternbildes wird auf Seite 46 vorgestellt. An dieser Stelle verdient der Stern Ras Algethi Aufmerksamkeit, unweit des helleren Hauptsterns des Sternbildes Schlangenträger, Ras Alhague. Ras Algethi fällt durch seine gelbrote Färbung auf. Er ist veränderlich und hat einen bläulichen Begleiter in 4,7 Bogensekunden Distanz mit 5,4^m.

Schlangenträger (Ophiuchus) Sternbild zwischen Herkules und Skorpion.

Schild (Scutum) Ein kleines Sternbild zwischen Adler und Schütze.

Stern 1. Größe	Stern 2. Größe	Stern 3. Größe	Stern 4. Größe	Stern 5. Größe	Doppelstern	Doppel- und var. Stern	variabler Stern

offener Sternhaufen	Kugelsternhaufen	Spiralnebel	diffuser Nebel	planetar. Nebel

M 22
= NGC 6656.
Kugelförmiger Stern-
haufen;
RA 18h36m4;
Dekl. –23° 54';
5,1m.
Links von der Bildmitte
befindet sich der kugel-
förmige Sternhaufen
M 22. Die Nähe zu einer
sternreichen Milch-
straßenpartie ist nicht
zu übersehen.

Antares
= α Scorpii (und
Umgebung).
RA 16h29m4;
Dekl. –26° 26'.
Diese Himmelsregion ist
in mehrfacher Hinsicht für
den beobachtenden
Sternfreund von Inte-
resse. Der Ausschnitt
zeigt von der Bildmitte
nach links unten die
Konstellation σ Scorpii,
M 4 und α Scorpii.

Schütze (Sagittarius) Tierkreissternbild
(siehe auch S. 66). Eine der interessantesten Milchstraßengegenden! In Mitteleuropa
steht das Sternbild tief über dem Horizont.
Skorpion (Scorpius) Tierkreissternbild
(siehe auch S. 82). Der helle rötliche Stern
Antares (bedeutet soviel wie »dem Mars gleichend«) ist am Horizont nicht zu übersehen.

Beobachtungshinweise für M 22
Zum Aufsuchen von M 22 muss man in
mittleren nördlichen Breiten den Hochsommer abwarten. M 22 steht noch etwas südlich der südlichsten Stelle der Ekliptik und
gelangt erst auf der Breite des nördlichen
Wendekreises (Mexiko, Kuba, Ostbengalen,
Arabien) zu einer Höhe wie das Sommer-
dreieck in Mitteleuropa.
M 22 ist im Feldstecher ein brillantes Objekt.
Mit Recht wird er mit dem schönsten Kugel-
sternhaufen des nördlichen Himmels, dem
M 13 (siehe S. 47) verglichen. Zum Auffinden
geht der Beobachter mit seinem Feldstecher vom Stern Atair im Sternbild Adler der
Milchstraße entlang zum hellen Stern σ
Sagittarii (Nunki). Siehe auch Karte Seite 66.
Der helle, sternartige Fleck rechts zum
Rand hin ist ein weiteres Messier-Objekt,
der kugelförmige Sternhaufen M 28.

**Beobachtungshinweise
für Antares und Umgebung**
Antares (α Scorpii) ist ein Stern hoher
Leuchtkraft (»Roter Riese«). Er ist verwandt
mit Arkturus im Sternbild Bootes und Beteigeuze im Sternbild Orion. Antares hat
nahezu den 300fachen Durchmesser unserer Sonne und mehr als die 2000fache Helligkeit. Die rötliche Färbung hat ihm den
Namen gegeben: Antares (griechisch) =
»dem Mars gleichend«.
M 4 ist ein kugelförmiger Sternhaufen von
lockerer Struktur. Bereits mit einem 3-zölli-
gen Fernrohr werden viele Sterne aufgelöst.
Hellere Sterne sind von einem »Schleier«
umgeben, der interstellare Gas- und Staubansammlungen verrät, die die Durchsicht
auf die helligkeitsschwächeren Sterne ver-
wehren.

Die hellen Sterne

α Herculis
  (Ras Algethi);
  RA 17h14m6;
  Dekl. +14° 23';
  Max. 3m, Min. 4m;
  unregelmäßig
  veränderlich

α Ophiuchi
  (Ras Alhague);
  RA 17h34m9;
  Dekl. +12° 34'; 2,1m
α Scorpii (Antares);
  RA 16h29m4;
  Dekl. –26° 26';
  Max. 0,9m;
  Min. 1,8m;
  Periode 1733d

65

17 Adler, Steinbock, Delfin, Füllen, Pfeil, Schütze und Füchslein

Der neue Stern von 1918, die Nova Aquilae, erreichte in wenigen Stunden die Helligkeit von Sirius, dem hellsten Stern am Himmel. Dieser Helligkeitsausbruch kennzeichnet den eruptiven veränderlichen Stern, der sein Minimum oft erst Jahre später wieder erreicht.

Sichtbarkeit Um Mitternacht über Südhorizont (Mittlere Ortszeit): Juli. – Die Sterne im Kartenausschnitt stehen jeden Monat ungefähr 2 Stunden früher über dem Südhorizont: August 22^h, September 20^h.

Adler (Aquila) Das Sternbild ähnelt einem fliegenden Vogel, dessen Kopf durch die Sterne Atair (α), Alshain (β) und Tarazed (γ) dargestellt wird.

Steinbock (Capricornus) Tierkreissternbild. β Capricorni im Feldstecher ein Doppelstern; der hellere Stern ist gelb, der lichtschwächere bläulich.

Delfin (Delphinus) Ein kleines Sternbild etwa gleich heller Sterne.

Füllen (Equuleus) Viereck, das die Ähnlichkeit eines Pferdekopfes hat.

Pfeil (Sagitta) Auffällig linear angeordnete Sterne 4. Größenklasse.

Stern 1. Größe	Stern 2. Größe	Stern 3. Größe	Stern 4. Größe	Stern 5. Größe	Doppelstern	Doppel- und var. Stern	variabler Stern

	offener Sternhaufen	Kugelsternhaufen	Spiralnebel	diffuser Nebel	planetar. Nebel

Schütze (Sagittarius) Tierkreissternbild. Es ist das südlichste aller Tierkreissternbilder. Zahlreiche Nebel und Sternhaufen. Lohnend für die Beobachtung mit dem Feldstecher.

Füchslein (Vulpecula) Sternbild zwischen Adler und Schwan.

Dumbbell-Nebel

= M 27 = NGC 6853.
Planetarischer Nebel;
RA 19^{h}59^{m}6;
Dekl. +22° 43′;
7,6^m.
Den hellsten planetarischen Nebel
des nördlichen Himmels
(Pfeil) finden wir im
Sternbild Füchslein
(Vulpecula).

Beobachtungshinweise für den Dumbbell-Nebel

Es handelt sich um einen Gasnebel, der im Fernrohr den Eindruck einer blass leuchtenden Planetenscheibe erwecken kann. Daher auch der Name planetarischer Nebel für solche Himmelsobjekte, obwohl sie mit den Planeten überhaupt nichts zu tun haben. Der Engländer Lord Rosse fand in seinem Fernrohr eine Ähnlichkeit mit einer Hantel und gab daher dem Nebel den Namen »Dumbbell-Nebel« (engl. »dumbbell« = Hantel). Der Zentralstern wird von der Helligkeit des Nebels überstrahlt.

Der Dumbbell-Nebel ist im Feldstecher bei 6–8facher Vergrößerung als deutliches Nebelscheibchen zu erkennen. Ausgangspunkt ist für das Aufsuchen Stern α Aquilae (Atair). Von dort zum Stern Gamma im Sternbild Pfeil. Dann noch etwa 3 Grad nördlich bis zum Dumbbell-Nebel (Pfeil).

Beobachtungshinweise für den Dunkelnebel Barnard 142/143

Für die Beobachtung ist eine mondlose Nacht mit guter Durchsicht notwendig. Der Dunkelnebel ist dann aber im Feldstecher ein auffälliges Objekt, das in deutlichem Kontrast zur sternreichen Umgebung steht. Eine der eindrucksvollsten Erscheinungen am Himmel ist die Milchstraße. Das Gefunkel der vielen Sterne zeigt sich prächtig im Feldstecher. Der genaue Beobachter wird entdecken, dass die sternreichen Felder immer wieder einmal unterbrochen sind, und man sieht dafür sozusagen »schwarze Löcher im Himmel« mit wenigen oder gar keinen Sternen. Die Wissenschaftler haben herausgefunden, dass mächtige Dunkelwolken aus kosmischer Materie (Gas und Staub) den Durchblick zu den Sternen trüben oder ganz unmöglich machen.

**Dunkelnebel
Barnard 142/143**

= Dreiteilige Höhle in der
Milchstraße.
RA 19^{h}40^{m}7;
Dekl. +10° 57′.
Das Objekt befindet sich
1 Grad nordwestlich
(rechts) des Sternes
γ Aquilae (Pfeil).

Die hellen Sterne

α Aquilae (Atair);
  RA 19^{h}50^{m}8;
  Dekl. +8° 52′;
  0,8^m

γ Aquilae
  (Reda, Tarazed);
  RA 19^{h}46^{m}3;
  Dekl. +10° 37′;
  2,8^m

β Capricorni
  (Dabih);
  RA 20^{h}21^{m}0;
  Dekl. –14° 47′;
  3,2^m

σ Sagittarii (Nunki);
  RA 18^{h}55^{m}3;
  Dekl. –26° 18′;
  2,1^m

18 Pegasus, Wassermann und Südlicher Fisch

Erscheint das Sternbild Pegasus am nördlichen Abendhimmel, wird es herbstlich. In der antiken Sage ist Pegasus das geflügelte Ross, das die Fantasie der griechischen Dichter beflügelt hat.

Sichtbarkeit Um Mitternacht über Südhorizont (Mittlere Ortszeit): September. – Die Sterne im Kartenausschnitt stehen jeden Monat ungefähr 2 Stunden früher über dem Südhorizont: Oktober 22^h, November 20^h.

Pegasus (Pegasus) Die hellen Sterne bilden ein großes Viereck am nördlichen Himmel (Leitsternbild!). In unserem Kartenausschnitt fehlen zur Vollständigkeit des Vierecks γ Pegasi und α Andromedae (siehe auch Karte S. 52). Der Stern Sirrah (α Andromedae) wird zum Pegasus-Viereck hinzugenommen, obwohl er zum Sternbild Andromeda gehört.

Südlicher Fisch (Piscis austrinus) Auffällig ist der helle Stern Fomalhaut, der in der Liste der hellsten Sterne des gesamten Himmels an 18. Stelle steht. Der arabische Name bedeutet soviel wie »Maul des Fisches«.

Wassermann (Aquarius) Tierkreissternbild zwischen Pegasus und Südlichem Fisch.

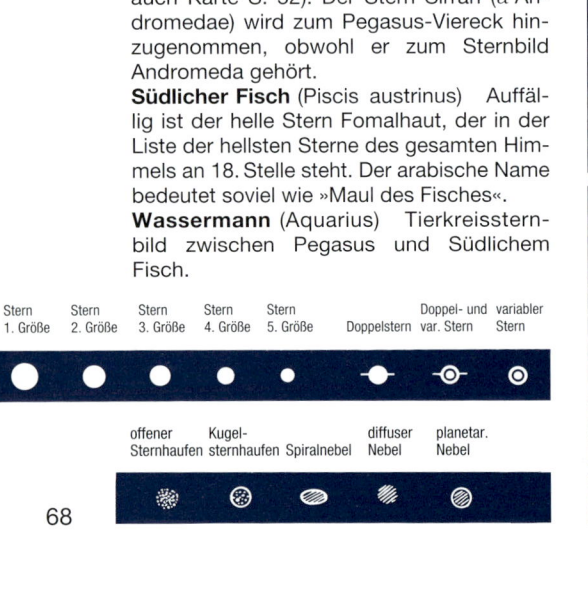

Stern 1. Größe	Stern 2. Größe	Stern 3. Größe	Stern 4. Größe	Stern 5. Größe	Doppelstern	Doppel- und var. Stern	variabler Stern

offener Sternhaufen	Kugelsternhaufen	Spiralnebel	diffuser Nebel	planetar. Nebel

M 15

= NGC 7078.
Kugelförmiger Stern-
haufen;
RA 21^{h}30^{m}0;
Dekl. +12° 10′;
6,3^m.
Nahe dem Stern ε Pegasi
entdeckt man den kugel-
förmigen Sternhaufen
M 15. Beide Objekte
bringt ein Weitwinkelfeldstecher zusammen ins
Gesichtsfeld.

M 2

= NGC 7089.
Kugelförmiger Stern-
haufen;
RA 21^{h}33^{m}5;
Dekl. −0° 49′;
6,5^m.
M 2 steht unmittelbar in
der Bildmitte des Aus-
schnitts, ein kugelförmi-
ger Sternhaufen, dem
nachgesagt wird, dass er
unter günstigen Umstän-
den schon mit freiem
Auge wahrgenommen
werden kann.

Beobachtungshinweise für M 15

Die scheinbare Helligkeit von M 15 beträgt
6,3^m; er ist damit ähnlich wie schon M 2 ein
gut auffindbares Sternsystem. Im Bildausschnitt ist M 15 rechts der Mitte; am
Bildrand rechts oberhalb eine schwache
Meteorspur.

»Der kugelförmige Sternhaufen M 15 im Pegasus bildet mit M 3, M 13 und M 92 die
Gruppe der Kugelhaufen des nördlichen
Sommersternhimmels und schließt diese
nach Osten hin ab«, schreibt Hans Vehrenberg in »Mein Messier-Buch«. Wir dürfen
nicht vergessen, dass die an Kugelsternhaufen reichen Sternbilder Schütze, Skorpion
und – teilweise wenigstens – Schlangentra-
ger bereits zum südlichen Sternenhimmel
zählen.

M 15 ist ein von der Wissenschaft genau
untersuchtes Sternsystem. Die Entfernung
wird mit 10 Parsec angegeben. Die hellsten
Einzelsterne haben scheinbare Helligkeiten
um 14,5^m. Bekannt sind davon ungefähr
25 Stück.

Beobachtungshinweise für M 2

Zum Aufsuchen am Himmel geht der Beobachter von den Sternen α Aquarii und
β Aquarii aus. Im Weitwinkelfeldstecher
erscheint M 2 im Gesichtsfeld, sobald
β Aquarii gefunden ist (Distanz des Sternhaufens von diesem Stern ca. 5 Grad).
Im Gegensatz zu M 4 (siehe S. 65) ist M 2
ein sehr kompakter Kugelsternhaufen und
daher schwer in Einzelsterne aufzulösen.
Selbst am Rand gelingt das mit den Mitteln
des Amateurastronomen kaum. Das Umfeld
von M 2 ist ausgesprochen gleichmäßig mit
schwächeren Sternen durchsetzt. Irgend-
welche Sternkonzentrationen und Dunkelwolken sind nicht erkennbar. Ja, diese Himmelsregion wirkt im Vergleich zu den
Ballungsgebieten im Schwan oder Schüt-
zen ausgesprochen eintönig.

Die hellen Sterne

β Aquarii
   (Sadalsuūd);
   RA 21^{h}31^{m}6;
   Dekl. −5° 34′;
   2,8^m

α Pegasi
   (Markab);
   RA 23^{h}04^{m}8;
   Dekl. +15° 12′;
   2,5^m

α Piscis austrini
   (Fomalhaut);
   RA 22^{h}57^{m}6;
   Dekl. −29° 37′;
   1,2^m

19 Phönix und Tukan

Der 1603 erschienene Sternatlas »Uranometria omnium asterismorum« von Johannes Bayer gilt als einer der berühmtesten aller Zeiten. Er enthält 1706 Sterne 1. bis 6. Größenklasse, verteilt auf 48 Sternbilder des nördlichen und südlichen Himmels.

Sichtbarkeit Um Mitternacht über Nordhorizont (Mittlere Ortszeit): Oktober. – Die Sterne im Kartenausschnitt stehen jeden Monat ungefähr 2 Stunden früher über dem Nordhorizont: November 22^h, Dezember 20^h.

Phönix (Phoenix) Sternbilder des südlichen Himmels, soweit sie von der Nordhemisphäre der Erde aus nicht zu beobachten sind, wurden auf Karten erstmals in der oben erwähnten »Uranometria« von J. Bayer dargestellt. Grundlagen lieferten die Beobachtungen von Seeleuten, die nach Java und Sumatra gefahren waren. Sie hatten recht willkürlich neue Sternkonstellationen gebildet und nach der tropischen Vogelwelt benannt. Das Sternbild Phönix sucht man zwischen den hellen Sternen Fomalhaut (Südlicher Fisch) und Achernar (Eridanus).

Tukan (Tucana) Das Sternbild schließt unmittelbar südlich an das Sternbild Phönix an.

| Stern 1. Größe | Stern 2. Größe | Stern 3. Größe | Stern 4. Größe | Stern 5. Größe | Doppelstern | Doppel- und var. Stern | variabler Stern |

| offener Sternhaufen | Kugelsternhaufen | Spiralnebel | diffuser Nebel | planetar. Nebel |

Octans

α

β

γ

Mensa

α

γ

LMC

Large Magellanic Cloud

β

β

γ

Hydrus

δ

SMC
Small Magellanic Cloud

104

362

δ

ε

Reticulum

α

β

γ

δ

Tucana

γ

ε

β

β

1261

Achernar

α

Horologium

ε

δ

β

γ

Phoenix

α

γ

Eridanus

55

7793

Sculptor

Fornax

α

α

Galactic South Pole

×

Kleine Magellan'sche Wolke

= SMC = Small Magellanic Cloud.
Galaxie;
RA 0^{h}52^{m}7;
Dekl. −72° 50′;
2,2^m.
Dem Sternfreund in südlichen Breiten ist es vorbehalten, die 2 nächsten extragalaktischen Sternsysteme zu beobachten: die beiden Magellan'schen Wolken (Große Magellan'sche Wolke siehe S. 75).

β Tucanae

Doppelstern;
RA 0^{h}31^{m}5;
Dekl. −62° 58′;
4,4^m bzw. 4,8^m; 27″.
Unser Objekt fällt in der Bildmitte sofort ins Auge. Beide Komponenten sind ungefähr gleich hell (4,5^m) und befinden sich in einer Distanz von 27 Bogensekunden.

Beobachtungshinweise für die Kleine Magellan'sche Wolke

Was uns der Bildausschnitt zeigt, erinnert mehr an einen offenen Sternhaufen; auch der Anblick im Fernrohr entspricht dem. Wenn man aber erfährt, dass die Kleine Magellan'sche Wolke ungefähr 10-mal näher ist als der berühmte Andromeda-Nebel, dann wird klar, warum Fernrohr und Kamera so viele Einzelheiten bringen.

Die Kleine Magellan'sche Wolke ist ein auffälliges Objekt am Südhimmel. Der helle Stern Achernar, Sternbild Eridanus, mag als Orientierungshilfe dienen; von ihm aus sucht man das Objekt südwärts in Richtung Pol. Die hohe südliche Deklination macht die Galaxis erst in mittleren südlichen Breiten zu einem dankbaren Objekt. Dort ist das Sternsystem zirkumpolar.

Die Kleine Magellan'sche Wolke ist fast frei von absorbierendem Staub. So beobachtet man entferntere Galaxien durch sie hindurch. Kugelhaufen und Haufenveränderliche sind zahlreich. Links zum Bildrand der schöne kugelförmige Sternhaufen 47 Tucanae (= NGC 104).

Beobachtungshinweise für β Tucanae

Es ist ein Doppelstern für das kleine Fernrohr (Feldstecher ab 12facher Vergrößerung). Ein Begleiter ist nochmals doppelt: Der dritte Stern im System hat die scheinbare Helligkeit 14,0^m und ist bei einer Distanz von 2,2 Bogensekunden nur in großen Fernrohren zu trennen.

β Tucanae bildet mit dem hellen Stern Achernar, Sternbild Eridanus, und der Kleinen Magellan'schen Wolke ein gleichschenkeliges Dreieck. Hellere Feldsterne fehlen in der Umgebung weitgehend. Das Gebiet darf man als sternarm bezeichnen. Seine Ursache hat das in der Nähe des galaktischen Pols im Sternbild Bildhauerwerkstatt (Sculptor).

Mit der Deklination −63 Grad ist β Tucanae von Europa aus nie zu beobachten. Von Mittelamerika aus gesehen, erhebt er sich etwas über den Horizont, während er in Australien und Neuseeland fast das ganze Jahr über zu beobachten ist.

Die hellen Sterne

α Phoenicis
(Ankaa);
RA 0^{h}26^{m}3;
Dekl. −42° 18′;
2,4^m

β Tucanae;
RA 0^{h}31^{m}5;
Dekl. −62° 58′;
3,8^m

20 Fluss Eridanus, Kleine Wasserschlange, Pendeluhr, Grabstichel und Netz

Im Sternbild Eridanus sahen die Babylonier den Euphrat, die Ägypter den Nil und die Griechen den weit nördlich fließenden Eridanos.

Sichtbarkeit Um Mitternacht über Nordhorizont (Mittlere Ortszeit): November. – Die Sterne im Kartenausschnitt stehen jeden Monat ungefähr 2 Stunden früher über dem Nordhorizont: Dezember 22^h, Januar 20^h.

Fluss Eridanus (Eridanus) Das Sternbild beginnt beim Sternbild Orion (siehe S. 54) und erreicht die südlichste Deklination mit seinem Hauptstern Achernar.

Grabstichel (Caelum) Sternbild zwischen Eridanus und Columba.

Kleine Wasserschlange (Hydrus) Wenig profiliertes Sternbild zwischen den beiden Magellan'schen Wolken.

Netz (Reticulum) Abbé Nicolas Louis de Lacaille vervollständigte Mitte des 18. Jahrhunderts die Liste der Sternbildernamen des Südhimmels. Er beobachtete von 1751 bis 1754 vom Kap der Guten Hoffnung aus den Südhimmel. Einer unscheinbaren Kon-

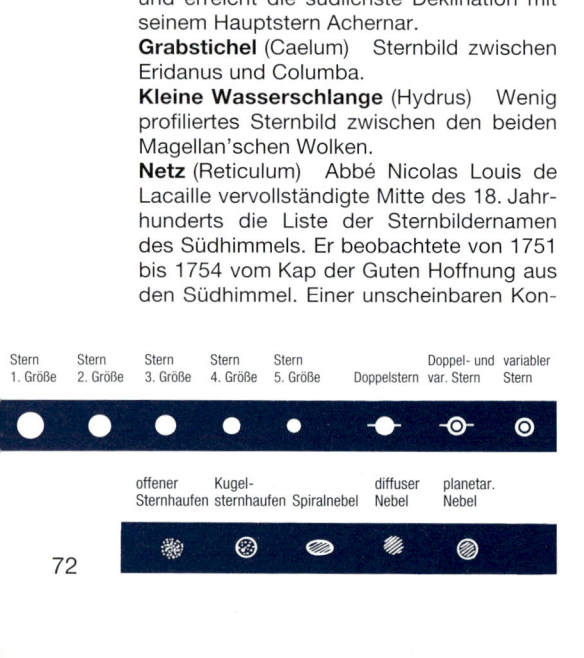

Stern 1. Größe	Stern 2. Größe	Stern 3. Größe	Stern 4. Größe	Stern 5. Größe	Doppelstern	Doppel- und var. Stern	variabler Stern

	offener Sternhaufen	Kugel- sternhaufen	Spiralnebel	diffuser Nebel	planetar. Nebel

NGC 1313
Galaxie;
RA 3ʰ18ᵐ3;
Dekl. −66° 30′;
9,4ᵐ.
In der Mitte unseres Bildausschnittes steht das extragalaktische System NGC 1313 (Pfeil), das mit der scheinbaren Helligkeit von 9ᵐ kein leichtes Objekt ist.

f Eridani
Doppelstern;
RA 3ʰ48ᵐ6;
Dekl. −37° 37′;
4,8ᵐ bzw. 5,3ᵐ; 7,9″.
Etwa in der Mitte auf der Linie zwischen den Sternen β Fornacis und β Caeli entdeckt der Beobachter den Doppelstern α Eridani.

stellation eng angeordneter Sterne in der Mitte zwischen Achernar und Canopus gab er den Namen Netz.

Pendeluhr (Horologium) Ein Sternbild zwischen Netz und Fluss Eridanus.

Beobachtungshinweise für NGC 1313

Zum Aufsuchen wählt man am besten als Ausgangspunkt den hellen Stern Achernar (Sternbild Eridanus). Von dort weiter über α Hydri zu β Horologii. NGC 1313 bildet mit β Horologii und dem etwas helleren Stern β Reticuli ein gleichschenkeliges Dreieck. Trotz der nur mäßigen Helligkeit und einer geringen Flächenausdehnung wird der Beobachter in dunkler, mondloser Nacht das Objekt mit einem lichtstarken Feldstecher finden, da NGC 1313 weder in Milchstraßenwolken eingebettet ist noch ein dichtes Umfeld von Sternen hat. Sowohl zur Prüfung der Optik wie auch der Sichtverhältnisse (Trübung der Atmosphäre, Streulicht!) sind solche Objekte recht gut geeignet. Natürlich stellen sie auch einige Anforderungen an die Findigkeit des Sternfreundes! Auf jeden Fall ist es ratsam, diese Nachforschung am Himmel mit einem fest aufgestellten Fernrohr zu machen.

Beobachtungshinweise für f Eridani

Seine beiden Komponenten haben die Helligkeiten 5,3ᵐ und 4,8ᵐ; die Distanz beträgt 7,9 Bogensekunden. Man findet den Stern leichter dadurch, dass im Gesichtsfeld mühelos eine Sternanordnung von 3 ungefähr gleich hellen Sternen erscheint (im Bildausschnitt unterhalb von α Eridani). Der Stern steht etwas oberhalb der Bildmitte (Pfeil). Die 3 Sterne sind knapp 2 Grad unterhalb; auch ein stärker vergrößernder Feldstecher bringt diese Distanz ins Gesichtsfeld.

Hans Vehrenberg gibt dazu einen Kommentar: »Der Heiligenschein um den Stern ist Folge von Reflexion an der Plattenrückseite. Infolge Plattenmangel musste ich z. T. vorhandene Emulsionen ohne ausreichenden Lichthofschutz verwenden.« H. Vehrenberg hat seine Fotos vom Südhimmel auf dem Boyden-Observatorium in Südafrika gemacht.

Die hellen Sterne

α Eridani
(Achernar);
RA 1ʰ37ᵐ7;
Dekl. −57° 14′;
0,6ᵐ

α Hydri;
RA 1ʰ58ᵐ8;
Dekl. −61° 34′;
2,9ᵐ

α Reticuli;
RA 4ʰ14ᵐ4;
Dekl. −62° 28′;
3,4ᵐ

21 Achterschiff, Goldfisch, Fliegender Fisch, Malerstaffelei, Schiffskiel, Tafelberg und Taube

Die beiden Magellan'schen Wolken am Südhimmel gehören zur »Lokalen Gruppe«, einer Vereinigung von Galaxien, zu der unsere Milchstraße und der Andromeda-Nebel zählen. Die Namen erinnern an den Portugiesen Fernão de Magellan, der die Sternsysteme beobachtet hat.

Sichtbarkeit Um Mitternacht über Nordhorizont (Mittlere Ortszeit): Dezember. – Die Sterne im Kartenausschnitt stehen jeden Monat ungefähr 2 Stunden früher über dem Nordhorizont: Januar 22^h, Februar 20^h.

Achterschiff (Puppis) Das Sternbild liegt zwischen den Sternbildern Großer Hund und Schiffskiel und wird hier mit seinem südlichen Teil abgebildet.

Fliegender Fisch (Volans) Kleines Sternbild unmittelbar bei den hellen Sternen β Carinae und ε Carinae.

Goldfisch (Dorado) Das Sternbild mit der Großen Magellan'schen Wolke.

Malerstaffelei (Pictor) Ein Sternbild zwischen Dorado und Carina.

Stern 1. Größe	Stern 2. Größe	Stern 3. Größe	Stern 4. Größe	Stern 5. Größe	Doppelstern	Doppel- und var. Stern	variabler Stern

offener Sternhaufen	Kugelsternhaufen	Spiralnebel	diffuser Nebel	planetar. Nebel

Große Magellan'sche Wolke

= LMC = Large Magellanic Cloud.
Galaxie;
RA 5^{h}23^{m}6;
Dekl. −69° 45′;
0,6^m.
Die Große Magellan'sche Wolke ist das einzige extragalaktische System, das mit bloßem Auge bei Vollmondschein zu sehen ist!

NGC 2516

Offener Sternhaufen;
RA 7^{h}58^{m}3;
Dekl. −60° 52′;
3,8^m.
Das Objekt in der Bildmitte unseres Ausschnitts zeigt den hellen offenen Sternhaufen NGC 2516 im Sternbild Carina.

Schiffskiel (Carina) Ein recht sternreiches Sternbild des Südhimmels mit 3 sehr hellen Sternen und viel Milchstraße.
Tafelberg (Mensa) Sternbild mit Ausläufern der Großen Magellan'schen Wolke.
Taube (Columba) Unterhalb des Sternbildes Hase.

Beobachtungshinweise für die Große Magellan'sche Wolke

Die Galaxie bildet mit den hellen Carina-Sternen Alpha und Beta etwa ein gleichschenkeliges Dreieck. Um das herrliche Objekt hoch über dem Horizont zu sehen, muss man südlich des Erdäquators beobachten. In mittleren südlichen Breiten ist die Große Magellan'sche Wolke zirkumpolar. Sie umfasst 8 × 8 Grad Himmelsareal. Die von der Milchstraße her bekannten Objekte sind dort alle gefunden worden: veränderliche Sterne, offene Sternhaufen und Kugelsternhaufen, planetarische Nebel, Gasnebel, Dunkelwolken. Der hellste Gasnebel in der Großen Magellan'schen Wolke ist NGC 2070 – in unserem Bildausschnitt rechts am Rand. Er heißt auch Tarantel-Nebel oder »die große Schnalle«, ist mit bloßen Augen gut zu erkennen und vom gleichen Nebeltyp wie der Orion-Nebel.

Beobachtungshinweise für NGC 2516

Am Himmel findet ihn der Sternfreund neben dem sehr hellen Stern ε Carinae, mit dem zusammen ihn ein Weitwinkelfeldstecher ins Gesichtsfeld bringt. Der offene Sternhaufen ist mit bloßen Augen zu sehen; seine fotografische scheinbare Helligkeit liegt bei 3,0^m. Die Umgebung von NGC 2516 ist Milchstraßenrandgebiet, nicht vergleichbar mit dem Sternengewimmel im Sternbild Puppis und in dem Kreuz des Südens nahen Regionen von Carina. Ohne Ausnahme gehören alle offenen Sternhaufen unserem Milchstraßensystem an und sind zur galaktischen Ebene hin konzentriert. Deshalb treten die offenen Sternhaufen in den Sternwolken der Milchstraße und in den Randzonen davon auf. Bei unserem Objekt handelt es sich um einen konzentrierten offenen Sternhaufen, dessen Einzelsterne im kleinen Fernrohr schön sichtbar werden.

Die hellen Sterne

α Carinae
(Canopus);
RA 6^{h}24^{m}0;
Dekl. −52° 42′;
−0,8^m

β Carinae
(Miaplacidus);
RA 9^{h}13^{m}2;
Dekl. −69° 43′; 1,7^m

ε Carinae;
RA 8^{h}22^{m}5;
Dekl. −59° 31′; 1,8^m

22 Luftpumpe, Schiffskiel, Schiffskompass und Segel

Nach der Milchstraßenhauptebene orientieren sich die galaktischen Koordinaten. Ihr Schnitt mit der Himmelssphäre markiert den galaktischen Äquator, der durch das Sternbild Segel verläuft. Er ist zum Himmelsäquator 62° 36′ geneigt.

Sichtbarkeit Um Mitternacht über Nordhorizont (Mittlere Ortszeit): Februar. – Die Sterne im Kartenausschnitt stehen jeden Monat ungefähr 2 Stunden früher über dem Nordhorizont: März 22^h, April 20^h.

Luftpumpe (Antlia) Sternbild südlich vom Stern Alphard (Wasserschlange).

Schiffskiel (Carina) Siehe dazu auch Seite 74. Es sind die prächtigen Sternwolken der Milchstraße, die diesen Teil des Sternbildes auszeichnen.

Schiffskompass (Pyxis) Kleines Sternbild zwischen Puppis und Antlia.

Segel (Vela) Durch das Sternbild verläuft der galaktische Äquator. Schöne Milchstraßenausschnitte erinnern daran. Der helle Stern γ Velorum gilt als einer der heißesten Sterne. Die Färbung neigt zum Bläulichen, und die Oberflächentemperaturen erreichen 30 000 Kelvin (Sonne 6000 Kelvin).

Stern 1. Größe	Stern 2. Größe	Stern 3. Größe	Stern 4. Größe	Stern 5. Größe	Doppelstern	Doppel- und var. Stern	variabler Stern

	offener Sternhaufen	Kugel- sternhaufen	Spiralnebel	diffuser Nebel	planetar. Nebel

NGC 2808
Kugelförmiger Sternhaufen;
RA 9ʰ12ᵐ0;
Dekl. –64° 52′;
6,3ᵐ.
Das fast sternartige, kompakte Objekt unmittelbar in der Bildmitte des Ausschnitts ist der Kugelsternhaufen NGC 2808.

IC 2602
Offener Sternhaufen;
RA 10ʰ43ᵐ2;
Dekl. –64° 24′; 1,9ᵐ.
Hier haben wir ein einprägsames Beispiel für das Eingebettetsein der offenen Sternhaufen in die Sternwolken der Milchstraße. IC 2602 ist unmittelbar in der Mitte des Ausschnitts (Pfeil). Der kleine Sternhaufen links darüber ist das Objekt Melotte 101.

Beobachtungshinweise für NGC 2808
Obwohl das Umfeld sternreich ist, fällt der kugelförmige Sternhaufen als Objekt auf, da keine helleren Feldsterne in unmittelbarer Nähe sind. Zum Aufsuchen geht man zweckmäßigerweise von dem hellen Stern β Carinae aus. Der nächste Schritt ist α Volantis, in unserem Bildausschnitt links oben. Hat man diesen Stern, so ist auch NGC 2808 im Gesichtsfeld des Feldstechers.

Bei solchen Suchaktionen ist grundsätzlich zu beachten, dass in der Regel das Gesichtsfeld des Feldstechers größer ist (zwischen 3 und 8 Grad) als das eines astronomischen Fernrohrs.

Mit der Deklination –64 Grad ist NGC 2808 erst in Mittelamerika und Südindien einigermaßen hoch genug über dem Horizont. In Brasilien, Südafrika und Australien erreicht der Sternhaufen Zenitnähe.

Beobachtungshinweise für IC 2602
Die Objekte mit dem Kennbuchstaben »M« gehen zurück auf eine Nebelliste des französischen Astronomen Messier und sind hellere Objekte zwischen der Deklination +70 Grad und –35 Grad (siehe auch S. 154/155). Ein neuer Katalog für Nebelflecke und Sternhaufen führt die Bezeichnung NGC (= New General Catalogue von Dreyer). Auch M-Objekte haben ihre NGC-Nummer; es gibt davon über 6000. Inzwischen gibt es aber auch einen Nachtrag: den Index-Catalogue mit der Abkürzung IC. Diese Abkürzung wird ebenfalls zur Kennzeichnung von Nebeln und Sternhaufen in Verbindung mit einer Zahl benutzt; Beispiel: der offene Sternhaufen IC 2602.

Zum Aufsuchen von IC 2602 ist es hilfreich zu wissen, dass der Stern ϑ Carinae ganz dicht dabei steht. Hat man diesen Stern im Gesichtsfeld, dann auch automatisch IC 2602 und Melotte 101. ϑ Carinae liegt auf der Linie ε Carinae und α Crucis, fast in der Mitte.

Die hellen Sterne
γ Velorum; RA 8ʰ09ᵐ5; Dekl. –47° 20′; 1,8ᵐ	λ Velorum (Alsulhai); RA 9ʰ08ᵐ0; Dekl. –43° 26′; 2,2ᵐ
δ Velorum; RA 8ʰ44ᵐ7; Dekl. –54° 42′; 1,9ᵐ	

23 Chamäleon, Fliege, Kentaur und Kreuz des Südens

Das Kreuz des Südens war in der Antike Teil des Sternbildes Kentaur. 1225 wurde es auf einem arabischen Sternglobus abgebildet und 1574 auf einem Globus der astronomischen Uhr am Straßburger Münster.

Sichtbarkeit Um Mitternacht über Nordhorizont (Mittlere Ortszeit): März. – Die Sterne im Kartenausschnitt stehen jeden Monat ungefähr 2 Stunden früher über dem Nordhorizont: April 22^h, Mai 20^h.

Chamäleon (Chamaeleon) Aus 5 Sternen 4. Größe besteht das nahe dem Südpol gelegene Sternbild.

Fliege (Musca) Sternbild zwischen dem Kreuz des Südens und Chamäleon.

Kentaur (Centaurus) Das Sternbild mit zahlreichen hellen Sternen umrahmt das Kreuz des Südens. Die beiden Hauptsterne sind zusammen mit dem Kreuz des Südens eine Orientierungshilfe am Südhimmel (siehe auch S. 21). Alpha Centauri ist der dritthellste Stern am Himmel (schöner Doppelstern), Beta Centauri der zehnthellste.

Kreuz des Südens (Crux) »Das« Sternbild des Südhimmels, eingebettet in die Milchstraße. Die Sterne α Crucis und γ Cru-

Stern 1. Größe	Stern 2. Größe	Stern 3. Größe	Stern 4. Größe	Stern 5. Größe	Doppelstern	Doppel- und var. Stern	variabler Stern

offener Sternhaufen	Kugelsternhaufen	Spiralnebel	diffuser Nebel	planetar. Nebel

NGC 4372 und 4833

NGC 4372: Kugelförmiger Sternhaufen;
RA 12^{h}25^{m}8;
Dekl. −72° 40′;
7,8^m.
NGC 4833: Kugelförmiger Sternhaufen;
RA 12^{h}59^{m}6;
Dekl. −70°53′.
Ein interessanter Ausschnitt im Sternbild Fliege (Musca).

μ Crucis

Sternpaar
und Doppelstern;
RA 12^{h}54^{m}6;
Dekl. −57° 11′;
4,3^m bzw. 5,3^m; 35″.
Der Ausschnitt gibt im oberen Teil etwas von der Milchstraße in der Umgebung des Kreuz des Südens wieder. Das Feld ist von Sternen übersät!

cis bilden den langen Balken des Kreuzes, der genau auf den Südpol hin ausgerichtet ist.

Beobachtungshinweise für NGC 4372 und 4833

In die Milchstraße eingebettet α Muscae nahe dem unteren Rand. Zum rechten Rand hin steht NGC 4833 und links oben NGC 4372 (Pfeil), von der Bildmitte ausgehend in Richtung auf NGC 4372 eine ausgeprägte Dunkelwolke.

Zum Aufsuchen ist die Nähe des Kreuz des Südens hilfreich. Ausgangspunkt ist der helle Stern α Crucis. Suchrichtung Südpol. In einem Weitwinkelfeldstecher stehen α Crucis und α Muscae gemeinsam im Gesichtsfeld. In unmittelbarer Nähe zu NGC 4372 befindet sich ein Stern, der deutlich aus dem Feld heraussticht (γ Muscae). In der Nähe von NGC 4833 ist ebenfalls ein hellerer Stern (im Fernrohr ein Sternpaar). Oberhalb von α Muscae 3 kleine Dunkelwolken. Im dichten Sternfeld der Milchstraße markieren die Dunkelwolken deutlich, allerdings nicht so auffällig wie die oben beschriebene Dunkelwolke.

Beobachtungshinweise für μ Crucis

Der helle Stern ist β Crucis (unmittelbar am oberen Rand des Ausschnitts), rechts davon ein offener Sternhaufen (NGC 4852 im Sternbild Kentaur). In der unteren Bildmitte erscheint der Doppelstern μ Crucis (Pfeil). Er bietet zusammen mit dem rechts unterhalb stehenden, weniger hellen Stern für das bloße Auge den Anblick eines Doppelsterns. Hier handelt es sich aber nur um eine Konstellation, sie hat mit dem »echten« Doppelstern μ Crucis nichts zu tun.

Der Begleiter von μ Crucis befindet sich in 35 Bogensekunden Distanz, bei einem Helligkeitsunterschied von 4,3^m zu 5,3^m also ein bequemes Objekt für den Feldstecher. Bei einer Deklination von fast −57 Grad ist dieser – neben Crucis – »nördlichste« hellere Stern des Kreuz des Südens erst in Nordafrika und Mexiko nahe am Horizont zu sehen. Zenitnähe erreicht er in mittleren südlichen Breiten.

Die hellen Sterne

α Centauri (Toliman); RA 14^{h}39^{m}6; Dekl. −60° 50′; −0,1^m	α Crucis (Acrux); RA 12^{h}26^{m}6; Dekl. −63° 06′; 0,8^m
β Centauri (Agena); RA 14^{h}03^{m}8; Dekl. −60° 22′; 0,7^m	β Crucis; RA 12^{h}47^{m}7; Dekl. −59° 41′; 1,3^m γ Crucis; RA 12^{h}31^{m}2; Dekl. −57° 07′; 1,6^m

24 Paradiesvogel, Südliches Dreieck, Winkelmaß, Wolf und Zirkel

Der helle Stern α Centauri ist der unserem Sonnensystem nächste Fixstern, 4,3 Lichtjahre entfernt. Er bildet mit 2 Sternen ein Mehrfachsternsystem. Der dritte Stern des Systems, Alpha Centauri C, wurde erst 1915 entdeckt.

Sichtbarkeit Um Mitternacht über Nordhorizont (Mittlere Ortszeit): Mai. – Die Sterne im Kartenausschnitt stehen jeden Monat ungefähr 2 Stunden früher über dem Nordhorizont: Juni 22ʰ, Juli 20ʰ.

Paradiesvogel (Apus) Eines der dem Südpol nächsten Sternbilder.

Südliches Dreieck (Triangulum australe) Die dreieckige Konstellation ist im Milchstraßengebiet nicht sehr auffällig. Zum Auffinden ist die Nähe der hellen Sterne α Centauri und β Centauri eine Hilfe.

Winkelmaß (Norma) Ein Sternbild an der Grenze der Sichtbarkeit mit bloßen Augen. Kugelförmige Sternhaufen und planetarische Nebel!

Wolf (Lupus) Das Sternbild war früher mit dem Sternbild Kentaur vereint. Der speer-

Stern 1. Größe	Stern 2. Größe	Stern 3. Größe	Stern 4. Größe	Stern 5. Größe	Doppelstern	Doppel- und var. Stern	variabler Stern

	offener Sternhaufen	Kugelsternhaufen	Spiralnebel	diffuser Nebel	planetar. Nebel

NGC 5822
Offener Sternhaufen;
RA 15^{h}05^{m}2;
Dekl. −54° 21′;
6,5^m.
Wir befinden uns in unmittelbarer Nähe zum galaktischen Äquator. Der Reichtum an Sternsystemen ist dementsprechend groß.

Omega Centauri
= NGC 5139.
Kugelförmiger Sternhaufen;
RA 13^{h}26^{m}8;
Dekl. −47° 29′;
3,6^m.
Eines der schönsten Objekte am Himmel!

werfende Kentaur, der den Wolf jagt, erscheint auf vielen älteren Darstellungen. Das Sternbild fällt auf wegen seiner Ansammlung von Sternen 3. Größe.
Zirkel (Circinus) Sternbild zwischen dem Südlichen Dreieck und Kentaur.

Beobachtungshinweise für NGC 5822

Das Feld ist mit Sternen übersät, und es ist nicht leicht, den offenen Sternhaufen NGC 5822 herauszuarbeiten. Im Bild steht unser Objekt links von der Bildmitte (Pfeil). Zum Aufsuchen wählt man die Linie zwischen den Sternen α Centauri und γ Lupi. NGC 5822 befindet sich im ersten, dem Stern α Centauri näheren Drittel der Strecke.

Die offenen Sternhaufen lassen keine zentrale Dichtezunahme erkennen. Das bestätigt sich auch bei NGC 5822. Die Form ist unregelmäßig. Für die offenen Sternhaufen wird häufig die Bezeichnung galaktische Sternhaufen verwendet, womit die Zugehörigkeit zur Milchstraße zum Ausdruck kommt. Die Häufung in der Nähe des galaktischen Äquators bestätigt das. Interstellare Dunkelwolken in den Regionen, wo offene Sternhaufen anzutreffen sind, kann man immer wieder beobachten, auch in unserem Bildausschnitt.

Beobachtungshinweise für Omega Centauri

Der scheinbare Durchmesser erreicht den des Vollmondes. Die scheinbare Helligkeit liegt bei 4^m. NGC 5139 bildet mit den Sternen β Centauri und α Lupi ein gleichseitiges Dreieck.

J. Herschel (er beobachtete 1837 von Südafrika aus) schildert seinen Eindruck: »Dieser schönste aller Kugelhaufen füllt mein 18-zölliges Teleskop schon mit seinem dichtesten Teil völlig mit Tausenden von Sternen aus.« Bereits der Feldstecher und das kleine Fernrohr bereiten einen überwältigenden Eindruck.

Die Deklination von −47 Grad weist darauf hin, dass Omega Centauri noch im südlichen Europa zu sehen ist (Sizilien!). Rein rechnerisch ist die Deklination −47 ab 43 Grad nördlicher Breite über dem Horizont, aber für einen befriedigenden Eindruck muss das Objekt 10–20 Grad hoch stehen.

Die hellen Sterne

α Lupi;
RA 14^{h}41^{m}9;
Dekl. −47° 23′; 2,3^m

β Lupi;
RA 14^{h}58^{m}5;
Dekl. −43° 08′; 2,7^m

α Triangulum
australis;
RA 16^{h}48^{m}7;
Dekl. −69° 02′;
1,9^m

25 Altar, Pfau und Skorpion

Bereits im 3. Jahrtausend v. Chr. zeichneten Menschen im Kaukasus die Sternbilder Skorpion und Schütze. Die verschiedenen Helligkeiten wurden in unterschiedlich großen Kreisen in Fels geritzt.

Sichtbarkeit Um Mitternacht über Nordhorizont (Mittlere Ortszeit): Juni. – Die Sterne im Kartenausschnitt stehen jeden Monat ungefähr 2 Stunden früher über dem Nordhorizont: Juli 22^h, August 20^h.

Altar (Ara) Sternbild südlich des Skorpions inmitten der Milchstraße.

Pfau (Pavo) 10 Sterne mit Helligkeiten zwischen 3^m und 4^m bilden die Konstellation. Der helle Stern α Pavonis (2,1^m) – er hat auch den Namen Peacock – steht an der Grenze zum Sternbild Telescopium.

Skorpion (Scorpius) Siehe auch Seite 64. Hier sehen wir den südlichen Teil. Hat man das Sternbild in seiner vollen Größe vor Augen – es erstreckt sich zwischen −10 Grad und −45 Grad Deklination –, ist es leicht, in der Konstellation einen Skorpion zu sehen (vgl. S. 14). In Europa ist dieses herrliche Sternbild von Südspanien, Sizilien und Kreta aus in seiner ganzen Größe wahrnehmbar. Im Südteil des Sternbildes sind eindrucksvolle Milchstraßenwolken!

Stern 1. Größe	Stern 2. Größe	Stern 3. Größe	Stern 4. Größe	Stern 5. Größe	Doppelstern	Doppel- und variabler var. Stern Stern

offener Sternhaufen	Kugelsternhaufen	Spiralnebel	diffuser Nebel	planetar. Nebel

NGC 6188
Gasnebel;
RA 16ʰ40ᵐ5;
Dekl. −48° 47′.
Ein sehr dankbares
Beobachtungsgebiet an
der Grenze zwischen
den Sternbildern Altar
(Ara) und Winkelmaß
(Norma).

NGC 6541
Kugelförmiger Stern-
haufen;
RA 18ʰ08ᵐ0;
Dekl. −43° 42′;
6,6ᵐ.
Das Objekt zählt zu den
helleren Kugelsternhaufen
am südlichen Himmel. Ein
Blick auf die Sternkarte
links zeigt im Umfeld eine
Reihe weiterer Kugelsternhaufen – typisch für ein
Gebiet nahe dem Milch-
straßenzentrum.

Beobachtungshinweise für NGC 6188

Das Objekt NGC 6188 ist ein leuchtender Gasnebel, interstellare Materie wird sichtbar gemacht. Im Bildausschnitt ist der Gasnebel unmittelbar rechts von der Bildmitte (Pfeil). Dort ist auch ein offener Sternhaufen (NGC 6193), und es ist schwierig, beide Objekte auseinander zu halten, doch sind die Strukturen des Gasnebels kaum zu übersehen. Zum Aufsuchen wählt man die Linie zwischen den hellen Sternen α Centauri und γ Scorpii. Ungefähr in der Mitte dieser gedachten Linie befindet sich der im Bild wiedergegebene Ausschnitt. Der hellste Stern am Bildrand links unten ist ε Normae, ein Stern, der dem galaktischen Äquator nahe steht. Südlich von ε Normae befindet sich der offene Sternhaufen NGC 6143 (linker oberer Bildrand). Ein weiterer offener Sternhaufen ist NGC 6167, oberhalb der Bildmitte nach links zwischen NGC 6143 und NGC 6188. Und am Bildrand unten rechts der offene Sternhaufen NGC 6204.

Beobachtungshinweise für NGC 6541

Der Kugelsternhaufen (Pfeil) befindet sich im Sternbild Südliche Krone, das auf Seite 84 beschrieben wird. Als Hilfe zum Aufsuchen eignet sich recht gut der helle Stern ϑ Scorpii. Von ihm aus sucht man das Objekt etwa in der Mitte der Linie nach α Telescopii.

Die Sterndichte ist in diesem Feld noch beträchtlich. Die Nähe der Milchstraßenebene ist nicht zu übersehen. Es wird geschätzt, dass unser Milchstraßensystem insgesamt 200 Milliarden Sterne hat, von denen allerdings nur einige Milliarden mit dem Fernrohr feststellbar sind. Bis zur 6. Größenklasse ist die Zahl der Sterne noch bescheiden: Etwa 6000 Sterne sind mit bloßen Augen am Himmel zu unterscheiden. Bis zur 7. Größe sind es bereits 10 000, bis zur 8. Größe 20 000. Die Zahl der Sterne bis zur 16. Größenklasse erreicht 2 Millionen. Und bei 20ᵐ sind es 2 Milliarden!

Die hellen Sterne

β Arae;
RA 17ʰ25ᵐ3;
Dekl. −55° 32′;
2,9ᵐ

α Arae;
RA 17ʰ31ᵐ8;
Dekl. −49° 53′;
2,9ᵐ

λ Scorpii (Shaula);
RA 17ʰ33ᵐ6;
Dekl. −37° 06′;
1,6ᵐ

θ Scorpii;
RA 17ʰ37ᵐ3;
Dekl. −43° 00′;
1,9ᵐ

26 Fernrohr, Mikroskop und Südliche Krone

In den hellen Sternwolken der südlichen Milchstraße beobachtet man häufig Dunkelwolken als Anzeichen von interstellarer Materie. Auch im Sternbild Südliche Krone sind dunkle Materieansammlungen zu sehen. Berühmt ist der »Kohlensack« bei dem Sternbild Kreuz des Südens.

Sichtbarkeit Um Mitternacht über Nordhorizont (Mittlere Ortszeit): Juli. – Die Sterne im Kartenausschnitt stehen jeden Monat ungefähr 2 Stunden früher über dem Nordhorizont: August 22^h, September 20^h.

Fernrohr (Telescopium) Der Name des Sternbilds stammt von Abbé Lacaille. Er deutete es als »la grande lunette astronomique, suspendue à un mat«. Er hatte dabei wohl die langen Teleskope jener Zeit vor Augen, die in der Tat an Masten hochgezogen worden sind.

Mikroskop (Microscopium) Ein unscheinbares Sternbild zwischen Schütze und Kranich.

Südliche Krone (Corona australis) Die Sterne bilden einen deutlich ausgeprägten Bogen, ähnlich wie das Sternbild Nördliche Krone zwischen den Sternbildern Herkules

Stern 1. Größe	Stern 2. Größe	Stern 3. Größe	Stern 4. Größe	Stern 5. Größe	Doppelstern	Doppel- und var. Stern	variabler Stern

	offener Sternhaufen	Kugelsternhaufen	Spiralnebel	diffuser Nebel	planetar. Nebel

NGC 6752
Kugelförmiger Sternhaufen;
RA 19^h10^m9;
Dekl. $-59°59'$;
$5,4^m$.
Der verhältnismäßig helle kugelförmige Sternhaufen NGC 6752 müsste in dem Feld lichtschwacher Sterne, das ihn umgibt, mit bloßen Augen aufzufinden sein (scheinbare Helligkeit um 5^m).

γ Coronae australis
Doppelstern;
RA 19^h06^m4;
Dekl. $-37°04'$;
$4,8^m$ bzw. $5,1^m$; $1,8''$.
Das Sternbild Südliche Krone ist bereits von Spanien oder Griechenland aus bequem zu beobachten. In den Hochsommermonaten steht es in den Stunden vor Mitternacht unterhalb des Sternbildes Schütze über dem Horizont.

und Bootes. Im Sternbild Südliche Krone kann man noch einige Ausläufer der Milchstraße beobachten.

Beobachtungshinweise für NGC 6752

Der Stern links oben am Rand des Bildausschnittes ist λ Pavonis. Er liegt in der Mitte auf der Linie zwischen dem Sternpaar β und γ Arae und dem Stern α Pavonis. Hat man λ Pavonis im Gesichtsfeld des Feldstechers, so erblickt man auch den Sternhaufen.

Die Konzentration der Sterne ist in den kugelförmigen Sternhaufen nicht gleich. Grundsätzlich gilt allerdings, dass die Sterne im Zentrum so dicht stehen, dass dort eine Auflösung des Haufens in Einzelsterne auch in großen Fernrohren nicht gelingt. Dagegen ist die Wahrnehmung von Einzelsternen am Rand im kleinen Fernrohr ohne weiteres möglich. Die Beobachtung kugelförmiger Sternhaufen in einer klaren, mondscheinlosen Nacht ist für den Sternfreund immer wieder ein Erlebnis, insbesondere in einem Gebiet, wo das Objekt nicht durch Feldsterne oder gar Milchstraßenwolken beeinträchtigt wird.

Beobachtungshinweise für γ Coronae australis

Der Doppelstern γ Coronae australis ist der Stern in der Bildmitte des Ausschnittes (Pfeil), der unterste der 3 Sterne mit »Heiligenschein« (dieser ist die Folge der Verwendung von Platten mit nicht ausreichendem Lichthofschutz). H. Vehrenberg macht auf die links davon stehenden Sterne aufmerksam: »Sie haben keinen solch ausgeprägten Reflexionsring, weil sie in Nebel gebettet sind und für die Aufnahmeoptik keine scharfe Begrenzung haben.« In dem Gebiet links von unserem Doppelstern findet sich noch ein zum Sternbild Schütze gehörender Kugelsternhaufen (NGC 6723). Der angegebene Doppelstern besteht aus 2 Sternen mit jeweils der scheinbaren Helligkeit 5^m. Die Distanz beträgt 1,8 Bogensekunden. Der fehlende Helligkeitsunterschied zwischen den Komponenten macht den Doppelstern zu einem Testobjekt für einen optisch einwandfreien Dreizöller (= 80 mm Öffnung).

Die hellen Sterne

α Pavonis (Peacock); RA 20^h25^m6; Dekl. $-56°44'$; $2,0^m$	α Coronae australis; RA 19^h06^m1; Dekl. $-37°59'$; $4,1^m$

27 Inder, Kranich, Oktant und Tukan

»Ahnen des Universums« sind die kugelförmigen Sternhaufen, weil sie aus den ältesten Sternen (10 und mehr Milliarden Jahre) bestehen. Der Kugelhaufen 47 Tucanae nahe der Kleinen Magellan'schen Wolke ist einer der schönsten.

Sichtbarkeit Um Mitternacht über Nordhorizont (Mittlere Ortszeit): September. – Die Sterne im Kartenausschnitt stehen jeden Monat ungefähr 2 Stunden früher über dem Nordhorizont: Oktober 22^h, November 20^h.

Inder (Indus) Ein schmales Sternbild zwischen Pfau (Pavo) und Tukan.

Kranich (Grus) Das Sternbild mit den Hauptsternen 2. Größenklasse schließt an das Sternbild Südlicher Fisch nach Süden an. Stern β Gruis liegt auf der Linie zwischen den Sternen Fomalhaut (Südlicher Fisch) und α Tucanae.

Oktant (Octans) Das die Polarregion überdeckende Sternbild Oktant ist arm an helleren Sternen. Ein dem Sternbild Kleiner Bär vergleichbares Sternbild am südlichen Himmelspol fehlt. Das zu Orientierungszwecken benützte Sternbild Kreuz des

Stern 1. Größe	Stern 2. Größe	Stern 3. Größe	Stern 4. Größe	Stern 5. Größe	Doppelstern	Doppel- und var. Stern	variabler Stern

offener Sternhaufen	Kugelsternhaufen	Spiralnebel	diffuser Nebel	planetar. Nebel

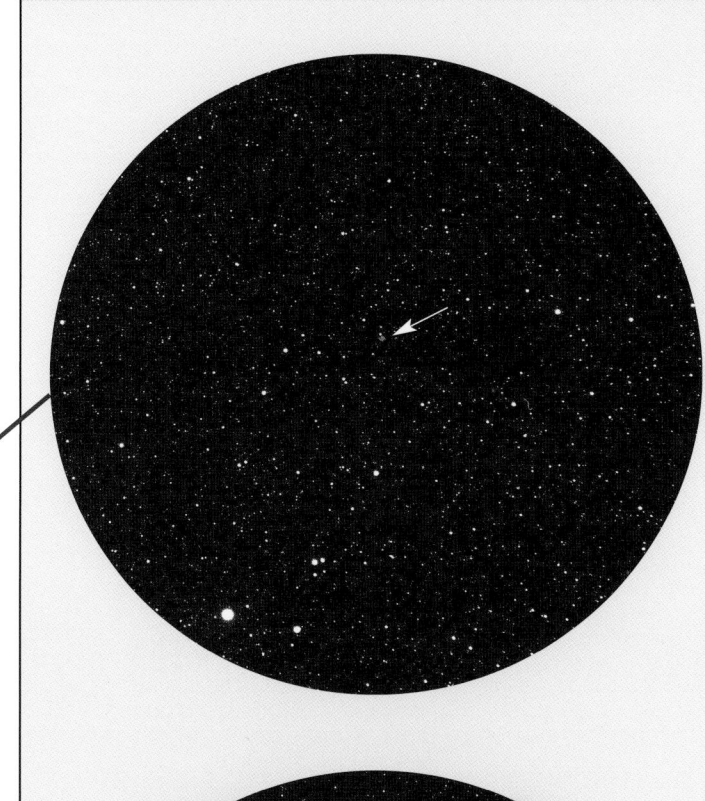

IC 5148–50
Planetarischer Nebel;
RA 21^{h}59^{m}5;
Dekl. –39° 23′.
Das insgesamt objekt-
arme Feld macht es gar
nicht so einfach, geeig-
nete Beobachtungs-
vorschläge zu machen.
So geht es denn auch in
diesem Ausschnitt um
ein Objekt, das als
schwierig bezeichnet
werden muss.

σ Gruis
Optischer Doppelstern;
RA 22^{h}37^{m}0;
Dekl. –40° 35′.
In der Bildmitte des
Ausschnitts stehen 2
ungefähr gleich helle
Sterne, σ^1 Gruis und
σ^2 Gruis. Sie bilden einen
sog. optischen Doppel-
stern, wie übrigens
δ Gruis auch.

Südens (siehe S. 78) hat einen Polabstand,
der dem des Großen Wagens (Großer Bär)
am Nordhimmel gleichkommt.
Tukan (Tucana) Das Sternbild mit der
Kleinen Magellan'schen Wolke (siehe S. 71).

Beobachtungshinweise für IC 5148–50

Der Beobachter braucht zum Auffinden
nicht nur sehr gute Sichtbedingungen und
eine lichtstarke Optik (Feldstecher 14 × 100
oder astronomisches Fernrohr mit 5-Zoll-
Öffnung), sondern auch genügend Aus-
dauer, um sich Stern für Stern an das Objekt heranzupirschen. IC 5148–50 hat die
scheinbare Helligkeit 13,0^m und einen
Durchmesser von 120 Bogensekunden.
Ausgangsstern ist γ Gruis, ein Stern mit 3^m;
im Bildausschnitt ist es links unten am
Rand der hellste Stern. Von dort führt der
Weg zu λ Gruis, der hellste Stern rechts
oberhalb der Bildmitte. Er ist nur ca. 2 Grad
vom planetarischen Nebel entfernt, der nahe
der Bildmitte markiert ist (Pfeil!). Keine
Milchstraße und geringe Sterndichte in dieser Gegend sind kleine Erleichterungen.

Beobachtungshinweise für σ Gruis

Wie der Ausdruck optischer Doppelstern
schon ahnen lässt, handelt es sich hierbei
um Sternpaare, deren Nähe am Himmel eine
perspektivische Täuschung von unserem
Standort Erde aus ist. In Wirklichkeit handelt es sich um 2 Sterne, die im Weltraum nichts miteinander zu tun haben, im
Gegensatz zu den physischen Doppelsternen, die nach den Newton'schen Gravita-
tionsgesetzen (siehe S. 147) ihre Bahn umeinander beschreiben.
σ Gruis bildet mit den hellen Sternen α und
β Gruis ein rechtwinkeliges Dreieck (rechter
Winkel bei β Gruis!).
Der rechte Stern unseres optischen Doppelsterns – er führt die Bezeichnung
σ^2 Gruis – ist ein echter Doppelstern mit
einem Begleiter, der nur 10,4^m hell ist
(Hauptstern 5,8^m). Dieser Helligkeitsunterschied und die Distanz von 2,6 Bogensekunden machen das Objekt für kleine Fernrohre schwierig. Zur Auflösung muss man
schon ein 6-zölliges Fernrohr zur Verfügung
haben.

Die hellen Sterne

α Gruis (Alnair);
   RA 22^{h}08^{m}2;
   Dekl. –46° 58′;
   1,7^m

β Gruis;
   RA 22^{h}42^{m}7;
   Dekl. –46° 53′;
   2,1^m

α Tucanae;
   RA 22^{h}18^{m}5;
   Dekl. –60° 16′;
   2,9^m

Himmelsobjekte innerhalb des Sonnensystems

Das Tagesgestirn: die Sonne

Die Sonne ist ein ganz gewöhnlicher Fixstern. Bei Nacht sehen wir schon mit bloßen Augen Tausende davon. Für unser Leben ist aber der Fixstern Sonne von ganz besonderer Bedeutung. Als Teil des Planetensystems der Sonne wird die Erde in vielfacher Hinsicht von ihrem Zentralgestirn beeinflusst. Das gilt nicht nur – wie wir bereits gesehen haben – für Tageslänge und Jahreszeiten, sondern auch für den Energiehaushalt (die Grundlage für die Ent-

stehung von Leben) und andere Parameter. Die Sonne ist ein Gasball mit dem gewaltigen Durchmesser von 1 392 000 km. In seinem Inneren vollzieht sich eine atomare Umwandlung: Wasserstoff verwandelt sich in Helium. Dadurch wird Energie erzeugt, die als Wärmestrahlung und sichtbares Licht, aber auch als Röntgen-, Ultraviolett- und Radiostrahlung in den Weltraum geschickt wird. So gelangt sie zur Erde.

Sonnenenergie für die Erde

Die Sonnenenergie ist Lebensspender auf der Erde. Die Einstrahlung in für den Menschen nutzbare Energie umzusetzen wird eine immer dringlichere technische Aufgabe für die Zukunft. Für das persönliche Wohlbefinden ist Sonnenschein unentbehrlich. Er belebt den Kreislauf und stärkt das Immunsystem des Menschen. Ein Zuviel aber kann krank machen, löst zum Beispiel Hautkrebs aus.

Planeten des Sonnensystems in einer nicht maßstabsgetreuen Darstellung des Künstlers Shigemi Numazawa. Zwischen Erde (unten) und Sonne (Mitte) die Planeten Venus und Merkur, oberhalb der Sonne (von links) Saturn, Mars, Jupiter und Uranus.

Daten über die Sonne

Durchmesser:	1 392 530 km (Erde: 12 756 km)
Oberfläche (in Erdoberflächen, Erde: 510 Millionen km^2):	11 957
Masse (in Erdmassen, Erde: 5973 Trillionen Tonnen):	332 950
Rotationsperioden in Tagen (am Sonnenäquator):	
siderisch:	25,38
von der Erde aus gesehen:	27,27
Häufigste chemische Elemente der Fotosphäre in Massen-Prozent:	
Wasserstoff:	78,4
Helium:	19,8
Sauerstoff:	0,863
Kohlenstoff:	0,395
Eisen:	0,140
Mittlere Dichte:	1410 kg/m^3 (Erde: 5515 kg/m^3)
Temperatur an der Oberfläche (Photosphäre):	6050 Kelvin
Temperatur im Zentrum:	15 Millionen Kelvin
Geschätzes Alter:	4,6 Milliarden Jahre
Entfernung von der Erde:	
mittlere	149,6 Millionen km
größte	152,1 Millionen km
kleinste	147,1 Millionen km
Schwerebeschleunigung an der Oberfläche	274 m/s^2
Entweichgeschwindigkeit von der Oberfläche	617,7 km/s
Äquatorneigung gegen die Ekliptikebene	7° 8′
Helligkeit:	scheinbar absolut
visuell	− 26^{m}70 + 4^{m}87
bolometrisch	− 26^{m}83 + 4^{m}74
Leuchtkraft	3,847 · 10^{26} W
Spektralklasse	G2
Leuchtkraftklasse	V

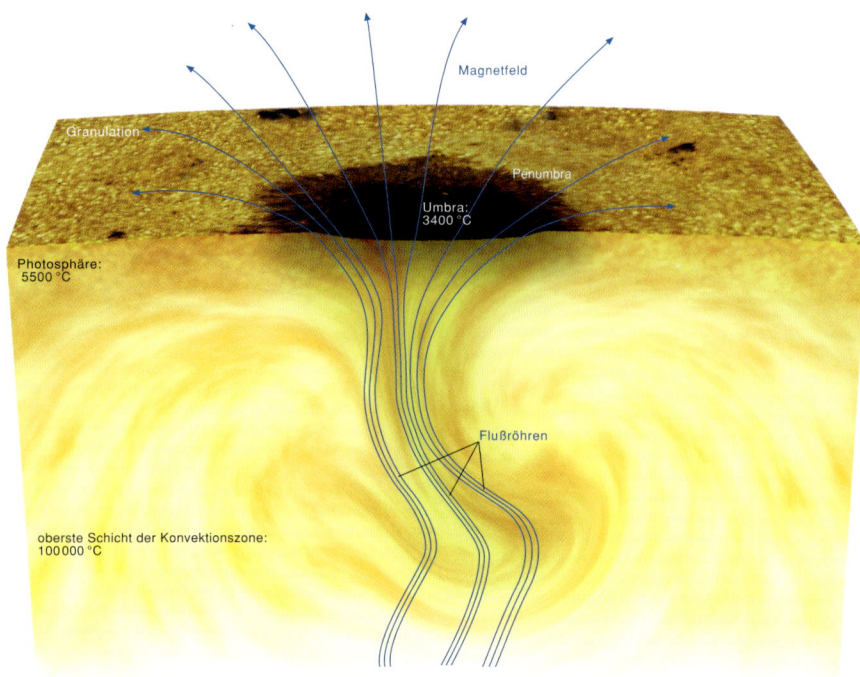

Labels on illustration:
Magnetfeld
Granulation
Penumbra
Umbra: 3400 °C
Photosphäre: 5500 °C
Flußröhren
oberste Schicht der Konvektionszone: 100000 °C

Schnitt durch einen Sonnenfleck. Ein Sonnenfleck ist Aus- und Eingang für das Magnetfeld der Sonne, das tief aus dem Sonneninneren stammt und in »gebündelten Flussröhren« an die Sonnenoberfläche gelangt.

Rätselhafte Sonnenneutrinos

Es gibt inzwischen Beobachtungen, die die Ergebnisse der Computermodelle stützen. So ist der Nachweis gelungen, dass die Sonne Schwingungen im 5-Minuten-Rhythmus ausführt. Diese Schwingungen pflanzen sich im Sonneninneren fort und machen dabei Beobachtungen möglich, zum Beispiel betreffend die Temperaturabhängigkeit von der Tiefe. Man kann das vergleichen mit Erdbebenwellen, die auch Aufschlüsse über den Zustand im Inneren der Erde geben.
Bei der Fusion von Wasserstoff zu Helium entsteht ein neutrales Elementarteilchen: das Neutrino. Diese Teilchen entstehen im Zentrum der Sonne. Sie gelangen ohne Wi-

Große Sonnenfleckengruppe, aufgenommen mit einem mittelgroßen Amateurfernrohr. Zum Größenvergleich ist das Bild der Erde einkopiert.

Neue Kenntnisse über die Sonnenaktivität haben Sonnenmissionen mit Hilfe von Satellitenteleskopen geliefert, besonders die europäisch-amerikanische Raumsonde Soho und der Nasa-Satellit Trace. Seit Ende 1995 arbeitet Soho nahezu raumfest zwischen Sonne und Erde. Die Sonde bleibt voraussichtlich bis 2007 in Betrieb. Trace startete im April 1998 in einen Erdorbit. Beide Missionen machen fast permanent Bilder der Sonne in ausgewählten Spektralbereichen. Die gesamte Sonnenaktivität von Sonnenflecken bis zu Sonneneruptionen ist gekoppelt an das globale Magnetfeld der Sonne. Bewegungszustände im Sonneninneren lassen sich anhand des riesigen Datenflusses dieser Satellitenbeobachtungen heute sehr gut darstellen. Unterstützung bekommen die Sonnenphysiker von einem weltweiten Netzwerk erdgebundener Messinstrumente.
Überraschenderweise kennen sich die Astrophysiker im Sonneninneren besser aus als in der Sonnenatmosphäre, dort wo das »Sonnenwetter« stattfindet mit Magnetfeldern, Fleckenbildung, heißer Korona und Sonnenwind. Der Computer hat die Simulation der Sternentstehung möglich gemacht, auch die zeitliche Entwicklung der Sonne mit ihren Kernreaktionen. Der Vorrat an Kernenergie reicht noch für rund 10 Milliarden Jahre.

Detailaufnahme der Fleckengruppe am 23. 10. 2003 im Hα-Licht mit einer Digitalkamera des Typs Olympus 5050 Z, dem Hα-Filter Coronado T-Max 40 und einem Herschelprisma. 13h11 WZ. In der Sonnenmitte mit hellen Resten des M-Flares und Gasfilamenten.

Weitere Detailaufnahme einer Fleckengruppe um 13h07 WZ nahe dem Sonnenrand mit aktiven bogenförmigen Protuberanzen.

Die größte Fleckengruppe (Typ F) seit 13 Jahren. Die Aufnahme entstand am 27. 10. 2003 um 9h32 WZ, 2 Tage vor der maximalen Ausdehnung. Zu dieser Zeit betrug die Fläche der Gruppe mehr als 2 Promille der sichtbaren Hemisphäre. Zahlreiche kleine Flecken weisen auf die großräumige magnetische Struktur in diesem Gebiet hin. 180-mm-Starfire-Apo-Refraktor, Äquivalentbrennweite 12 m (Bild Rüdiger Buggenthien).

Visuelle Beobachtung der großen Sonnenfleckengruppe am 26. 10. 2003 um 11h WZ mit einem 6-zölligen Refraktor, 69-fache Vergrößerung und Baader-Folie (G. D. Roth).

Selbstbau-Sonnenfilter mit Filterfolie.

derstand bis in die Atmosphäre der Sonne und weiter zur Erde. Die Strecke Sonne–Erde überwinden sie in rund 8 Minuten. Auch die Erde ist für sie kein Hindernis, sie dringen überall ein und durch. Weil die Neutrinos mit anderen Teilchen der Materie kaum reagieren, ist ihre Erforschung schwierig. Interessant wäre eine Antwort auf die Frage, ob das Neutrino einem Lichtteilchen ohne Ruhemasse ähnelt oder wie das Elektron eine immer vorhandene Ruhemasse besitzt.

Zur Erklärung der Ruhemasse: Das bewegte Elektron hat einen Massenanteil, der seiner Bewegungsenergie gleich ist. Und es hat einen Massenanteil, den es auch dann besitzt, wenn es sich nicht bewegt, die Ruhemasse. Wenn wir Endgültiges über die Sonnenneutrinos wissen, bekommen wir wichtige Informationen über Nebenreaktionen, die parallel zur Kernfusion im Sonneninneren ablaufen.

Die Sonne im Fernrohr

Was gibt es auf der Sonne zu sehen? Bereits mit bloßen Augen – geschützt durch das Blendglas – sehen wir die runde Scheibe, die am Rand von geringerer Helligkeit ist als in der Mitte. Bei der Beobachtung des Randes der Sonnenscheibe sehen wir in Schichten von geringerer Tiefe als beim Beobachten der Scheibenmitte. Die Temperatur nimmt in der Fotosphäre nach

Vorsicht bei der Beobachtung der Sonne!

Nie mit ungeschützten Augen in die Sonne schauen. Das grelle Sonnenlicht ist ohne weiteres in der Lage, die Augen schwer zu schädigen.

Ohne Fernrohr betrachtet man die Sonne am besten durch die so genannte Sofi-Brille, wie sie bei der Beobachtung von Sonnenfinsternissen verwendet wird.

Für Beobachtungen mit dem Fernrohr und Feldstecher lässt sich mit einer Sonnenfilterfolie eine Filterkappe basteln (siehe Bild rechts), die vor die Eintrittsöffnung gesetzt wird. Käuflich gibt es optisch geschliffene Glassonnenfilter. Man achte auf gute Qualität!

Einfach ist die Projektionsmethode mit der Sonne auf einem weißen Schirm hinter dem Okular. Dieses Verfahren ist preiswert und gefahrlos.

Aufnahme der Protuberanzen mit einem Spezialfernrohr. Protuberanzen sind glühende Gasmassen, die bei Sonnenfinsternissen und im Koronografen zu beobachten sind. Höhe bis zu 500 000 km.

höher gelegenen Schichten der Sonnenatmosphäre rasch ab. Die Folge ist ein Helligkeitsabfall zum Rand der Sonnenscheibe hin, die so genannte Randverdunkelung der Sonne. Sehr deutlich ist diese Randverdunkelung bei Beobachtung des auf weißem Pappkarton projizierten Sonnenbildes zu sehen. In den äußeren Schichten der Sonnenatmosphäre steigen die Temperaturen wieder an und erreichen in der Korona etwa 1–2 Millionen Kelvin.

Auch die Gashülle der Sonne ist eine Atmosphäre. Sehr heiß allerdings (etwa 6000 Kelvin in der Schicht, aus der die sichtbare Strahlung kommt, der Fotosphäre) und von anderer Zusammensetzung als die Erdatmosphäre. Ab und zu kann es gelingen, mit bloßen Augen noch dunkle Flecken auf der Sonnenscheibe zu sehen. Es handelt sich dabei um extrem großformatige Sonnenflecken. Doch solche Beobachtungen haben Seltenheitswert. Besser ist es dann schon, den Feldstecher zu Hilfe zu nehmen. Mit ihm sieht man Sonnenflecken schon viel häufiger.

Was sind das für Flecken? Sie erreichen erstaunliche Durchmesser zwischen einigen tausend bis 50 000 km und treten meistens in Gruppen auf. Die Sonnenflecken kennzeichnen Stellen besonderer Bewegung in der gasförmigen Oberfläche der Sonne. Sie sind deshalb dunkel, weil ihre Temperatur

Totale Sonnenfinsternis vom 3. November 1994, aufgenommen in Brasilien mit einem Schmidt-Cassegrain von Meade. Öffnung 254 mm, Brennweite 1400 mm, Belichtung $\frac{1}{30}$ s auf Kodak Ektar 1000. Deutlich sichtbar ist die fast farblose Korona.

1000–2000 Grad geringer ist als die der umgebenden Schicht, aus der die sichtbare Sonnenstrahlung stammt, der Photosphäre. Bei genauerem Hinschauen offenbart das Fernrohr außer dem Kerngebiet der Flecken (Umbra) noch den umgebenden etwas helleren Halbschatten (Penumbra). Das Foto links macht das recht eindrucksvoll deutlich.

Die Aktivität der Sonnenflecken folgt einem 11-jährigen Rhythmus. Das letzte Fleckenmaximum war Ende 2001, das letzte Minimum im Sommer 1996. Demnach wird um das Jahr 2007 die Sonnenoberfläche wieder sehr fleckenreich sein – vorausgesetzt, dass der Atomreaktor Sonne mitspielt, denn Abweichungen von einigen Jahren von dem angegebenen Rhythmus sind keine Seltenheit. Auffällig ist der meist rasche Anstieg der Sonnenfleckenzahl nach dem Minimum. Das Maximum wird 3–4 Jahre später erreicht. Der Abstieg dauert länger (ca. 6–7 Jahre). Sicher scheint zu sein, dass die Sonnenflecken von aus dem Sonneninneren aufbrechenden Eruptionen ausgelöst werden. Für die Unterschiede im 11-jährigen Fleckenzyklus gibt es bis jetzt keine einfache physikalische Deutung. Ebenso wenig gibt es Beweise für Beziehungen zwischen Sonnenflecken, Planetenkonstellationen und Katastrophen auf der Erde.

Neben Umbra und Penumbra beobachten wir in Sonnenflecken »Lichtbrücken«: helle Streifen, die einzelne Flecken durchziehen und optisch teilen. Diese Materieströme verändern sich oft kurzfristig. Ihre Erfassung ist auch eine Aufgabe für Amateurbeobachter.

Die Atmosphäre der Sonne

3 Schichten bilden die Atmosphäre der Sonne: Die Photosphäre ist die unterste, etwa 400 km stark. Sie hat im Fernrohr eine reiskornartige Struktur (Granulation). Hier entstehen auch die Sonnenflecken. Die nächsthöhere Schicht ist die Chromosphäre, rund 20 000 km stark. Hier treten in Störgebieten Eruptionen auf (Fackeln, Filamente), die am Sonnenrand während einer Finsternis oder mit einem Spezialfernrohr als Protuberanzen zu sehen sind. Die äußerste Schicht ist die Korona. Sie reicht weit in den interplanetaren Raum hinaus. Die Korona ist ein sehr dünnes und heißes Gas (mehrere Millionen Kelvin).

Auf sehr eindrucksvolle Art und Weise können wir Vorgänge auf der Sonne während einer totalen Sonnenfinsternis beobachten. Der Mond bedeckt dabei den größten Teil der Sonnenscheibe. Es werden Korona, Chromosphäre (dünne, rötlich leuchtende Schicht) und Protuberanzen (rötlich leuchtende Gasausbrüche) erkennbar.

Unser Trabant: der Mond

Obwohl oder gerade erst recht weil der Mond bereits von bemannten Raumschiffen erreicht worden ist, bleibt der Erdtrabant ein beliebtes Beobachtungsobjekt. Wer zum ersten Mal durch ein Fernrohr den Mond sieht, wird gepackt von dem abwechslungsreichen Spiel von Licht und Schatten. Jeder kennt ja das ewige Zu- und Abnehmen des Mondes:
● Neumond
● Erstes Viertel
● Vollmond
● Letztes Viertel

Und dann eben wieder Neumond. Es ist das Licht der Sonne, das uns die Fülle von Einzelheiten auf dem Mond erst sichtbar macht. Ununterbrochen wandert das Sonnenlicht über den Mond, je nach Bahnlage eine schmale Sichel beleuchtend oder – bei Vollmond – die ganze der Erde zugewandte Oberfläche (vgl. Grafik S. 99).

Am interessantesten ist die Zone zwischen der Tag- und der Nachtseite; der Fachmann bezeichnet sie als den »Terminator«. Dort vollzieht sich für den Beobachter jenes stets aufs Neue faszinierende Naturphänomen: Sonnenaufgang über den Mondbergen, Sonnenuntergang hinter Mondgebirgen. Zunächst erstrahlen nur die allerhöchsten Spitzen im Sonnenlicht. Allmählich folgt der ganze Mondberg und wird in seiner Gestalt deutlich. In wenigen Stunden verändert sich die Lichtgrenze. Immer neue Krater strahlen im reflektierten Sonnenlicht auf und sinken zurück in das Schwarz der Mondnacht. Der plastische Eindruck der Mondoberfläche ist nur am Terminator so überwältigend, schon im Feldstecher.

Zusammenfassend lässt sich sagen, dass wir auf der Mondoberfläche 3 typische Gebilde sehen:
● die Mondmeere (Maria),
● die Terrae mit Kratern und Gebirgen,
● die hellen Strahlen.

Die Mondbahn ist um 5 Grad gegen die Erdbahnebene geneigt und deshalb ändert sich die Lage des Mondes in Bezug auf die Ekliptik ständig. In den 4 Darstellungen rechts sind jeweils 2 mögliche Mondbahnen bzw. Positionen des Mondes eingezeichnet. Bedingt durch die unterschiedliche Lage der Ekliptik im Verlauf eines Jahres (vgl. S. 20) und damit auch der unterschiedlichen Position der Sonne ergeben sich auch ganz verschiedene räumliche Lagen der Mondsichel am Himmel (z. B. »Kahnlage« im Frühjahr).

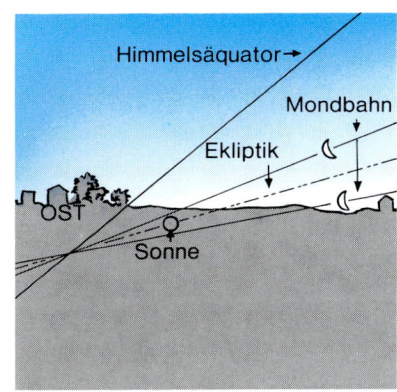

Abnehmender Mond am Morgenhimmel im Frühjahr

Zunehmender Mond am Abendhimmel im Frühjahr

Abnehmender Mond am Morgenhimmel im Herbst

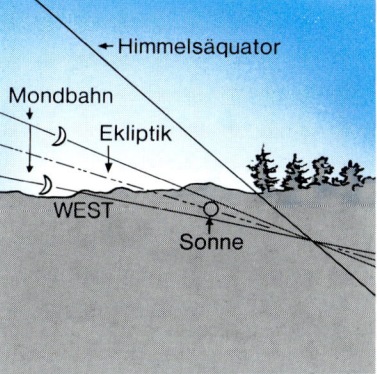

Zunehmender Mond am Abendhimmel im Herbst

Mondalter 2 Tage
(zunehmender Mond)

Mondalter 5 Tage
(zunehmender Mond)

Mondalter 7 Tage
(zunehmender Mond)

Mondalter 10 Tage
(zunehmender Mond)

Namen von Gebilden der Mondoberfläche

1 de la Rue	31 Orontius	63 Riccioli
2 Endymion	32 Cuvier	64 Hevelius
3 Atlas	33 Maurolycus	65 Otto Struve
4 Messala	34 Stöffler	66 Kepler
5 Gauss	35 Gemma Frisus	67 Copernicus
6 Geminus	36 Rabbi Levi	68 Erathostenes
7 Cleomedes	37 Zagut	69 Archimedes
8 Proclus	38 Piccolomini	70 Autolycus
9 Tarantius	39 Sacrobosco	71 Aristillus
10 Langrenus	40 Catharina	72 Plato
11 Vendelinus	41 Cyrillus	73 Pythagoras
12 Petavius	42 Theophilus	74 J. Herschel
13 Furnerius	43 Walter	75 Fontenelle
14 Metius	44 Regiomontanus	76 Epigenes
15 Janssen	45 Purbach	77 W. C. Bond
16 Rosenberg	46 Aliacensis	78 Aristoteles
17 Vlacq	47 Arzachel	79 Eudoxus
18 Hommel	48 Alphonsus	80 Callipus
19 Manzinus	49 Ptolemäus	81 Gärtner
20 Moretus	50 Mösting	82 Posidonius
21 Clavius	51 Hipparchus	83 Le Monnier
22 Blancanus	52 Albategnius	84 Fracastor
23 Scheiner	53 Parrot	85 Pitatus
24 Bailly	54 Pitatus	86 Riphäen
25 Schiller	55 Fra Mauro	87 Karpathen
26 Schickard	56 Piazzi	88 Apenninen
27 Longomontanus	57 Lagrange	89 Kaukasus
28 Wilhelm	58 Darwin	90 Alpen
29 Tycho	59 Mersenius	91 Haemusgebirge
30 Maginus	60 Gassendi	92 Hyginusrille
	61 Letronne	93 Ariadaeusrille
	62 Grimaldi	94 Altaigebirge

Mondalter 15 Tage
(kurz nach Vollmond)

Mondalter 21 Tage
(abnehmender Mond)

Mondalter 23 Tage
(abnehmender Mond)

Mondalter 26 Tage
(abnehmender Mond)

Die Namen der einzelnen Mare erscheinen auf den Mondkarten meistens in lateinischer Sprache:

Mare Australe	Südmeer
Mare Crisium	Kritisches Meer
Mare Foecunditatis	Fruchtbares Meer
Mare Frigoris	Kaltes Meer
Mare Humorum	Feuchtes Meer
Mare Imbrium	Regenmeer
Mare Nectaris	Nektarmeer
Mare Nubium	Wolkenmeer
Mare Serenitatis	Heiteres Meer
Mare Tranquillitatis	Ruhiges Meer
Mare Vaporum	Dampfendes Meer
Oceanus Procellarum	Stürmischer Ozean
Sinus Medii	Zentralbucht

Die großen dunklen Flächen, die als »Mondmeere« bezeichnet werden, haben weder mit Wasser noch mit Meeren das Geringste zu tun – davon konnten sich ja inzwischen die Astronauten persönlich überzeugen. Aber vor Jahrhunderten glaubten die Astronomen an eine Ähnlichkeit mit irdischen Verhältnissen, und so entstand der irreführende Name. Der Vollmond macht die großräumigen Strukturen der Oberfläche besonders schön sichtbar. Da sind außer den genannten dunkel erscheinenden tief liegenden Ebenen – den Marelandschaften – die hell erscheinenden hoch liegenden Flächen – Gebirgslandschaften. Dann sind da die berühmten »hellen Strahlen«, die augenfällig von den Kratern Kopernikus, Tycho und Kepler (siehe Mondkarte) ihren

Ausgang nehmen. Weiterhin sind zu nennen auffällige helle und dunkle Einzelobjekte, so der brillant glänzende Krater Aristarchus – der hellste Punkt der sichtbaren Mondoberfläche überhaupt! Angesichts aller dieser Einzelheiten sollte sich der mit dem Feldstecher beobachtende Sternfreund ruhig einmal »in die Lage des Aerogeologen versetzen, der bemüht ist, vom Flugzeug aus einen ersten Überblick über die Geologie eines unerforschten Teiles der Erde zu gewinnen«. So Kurd von Bülow in seinem Buch »Die Mondlandschaften«.

Der Mond im Fernrohr

Aber nicht nur die Oberfläche ist bei Vollmond bemerkenswert. Auf Grund der himmelsmechanisch ein wenig verschlungenen Mondbahn können wir von der Erde aus bis zu 60 % der Mondoberfläche sehen, obwohl der Mond ja der Erde stets die gleiche Seite zukehrt. Es sind kleine Schwankungen – in der Fachsprache »Librationen« genannt –, die das Mehr an Sichtbarem möglich machen. Ein sorgfältiger Beobachter kann feststellen, dass die Objekte am Mondrand von Vollmond zu Vollmond nicht stets gleich sichtbar sind. Wer sich für das Problem näher interessiert, findet im »Handbuch für Sternfreunde« ins Einzelne gehende Hinweise (siehe Literaturverzeichnis S. 187). Bei Feldstecherbeobachtungen kommt es darauf an, dass der Vollmond das Gesichtsfeld gut ausfüllt, ohne jedoch den gerade im bi-

Die Mondphasen

Die von der Erde aus beobachtbare Beleuchtungsform des Mondes wird als Mondphase bezeichnet. Eine so genannte Lunation ist der vollständige Ablauf aller Mondphasen bis zur nächsten Anfangsphase. Sie dauert 29 Tage 12 Stunden 44 Minuten, entsprechend einem synodischen Monat. Das Mondalter ist die seit dem letzten Neumond vergangene Zeit. Der Vollmond entspricht einem halben synodischen Monat. Der Terminator, das ist die Grenze zwischen dem beleuchteten und dem unbeleuchteten Teil der Mondscheibe, wandert während einer Lunation zweimal von West nach Ost über die Mondscheibe. Im Bereich des Terminators sind die Mondformationen besonders gut sichtbar.

nokularen Fernrohr so verblüffenden »Weltkugel-Effekt« zu nehmen.
Feldstecher, die stärker vergrößern (10 x und mehr), in Verbindung mit einem Stativ sind die richtige Ausrüstung. Wer einen Feldstecher mit Bildstabilisierung besitzt (z. B. 12 x 36 IS von Canon), beobachtet bequem ohne das Stativ.
Schwierigkeiten bereitet mitunter die Helligkeit des Vollmondes. Die Verwendung von grauen oder gelben Dämpfgläsern, die in Aufsteckfassung für Feldstecher handelsüblich sind, macht das Beobachten angenehmer.
Große Mondkarten enthalten rund 33 000 Krater allein auf der Vorderseite des Mondes. Ausgedehnte Mondkrater, sie heißen

Oben rechts: Auf Grund unterschiedlicher Entfernung zwischen Erde und Mond auf dessen elliptischen Bahn ändert sich der scheinbare Monddurchmesser. Zur Zeit des Perigäums (= Erdnähe), rechts, beträgt er 33'30'', zur Zeit des Apogäums (= Erdferne), links, sind es nur 29'22''.

Die Libration

Wir sehen 59% der Mondoberfläche von der Erde aus. Das bewirken kleine scheinbare Verdrehungen des Mondes gegen seine mittlere Position in Bezug auf die Erde. Es gibt 4 Librationen:

Libration in Breite, weil die Umdrehungsachse des Mondes nicht senkrecht auf der Umlaufbahn steht. Während einer halben Lunation neigt der Mond seinen Nordpol, während der anderen Hälfte seinen Südpol der Erde zu. Das Foto oben links zeigt im Vergleich zum Foto Mitte deutlich die Hinwendung des Südpols zum Beobachter.

Libration in Länge als Folge ungleichmäßiger Bewegung des Mondes auf seiner Bahn. Ein Beispiel zeigt das Bildpaar darunter. Foto rechts sind die Randgebiete rechts vom Mare Crisium besser zu sehen als auf dem Foto links.

Die parallaktische Libration, weil der Beobachter auf der rotierenden Erde aus wechselnden Richtungen auf den Mond blickt, und die physische Libration, weil der Mond keine ideale Kugel ist, sind für Beobachter weniger augenfällig.

auch Wall-Ebenen, erreichen Durchmesser über 100 km. Benannt sind sie nach Astronomen und Naturforschern. Die wichtigsten Rundformen der Terrae auf der Mondvorderseite mit den Namen zeigt die Karte auf Seite 94.

Will man mehr von der zackigen Kraterwelt sehen, empfiehlt sich die Beobachtung mit einem kleinen astronomischen Fernrohr und Vergrößerungen zwischen 50- und 100fach. Auch für astronomische Fernrohre gibt es binokulare Ansätze (z. B. Baader und Pentax), die das Beobachten mit beiden Augen möglich machen. Höhen von 6000, 7000 und 8000 m sind für Mondberge keine Seltenheit. So sind die auf der Mondkarte (S. 94) mit den Nummern 88 und 89

bezeichneten Mondgebirge Apenninen und Kaukasus 5500 m bzw. 5900 m höher als die Umgebung. Das höchste Mondgebirge, das Leibnitz-Gebirge, ist rund 11 350 m hoch (häufig werden die Namen bekannter Wissenschaftler zur Benennung der Mondobjekte verwendet).

Geeignete Objekte für das 2- bis 4-zöllige astronomische Fernrohr (50–100 mm Öffnung):

● Krater Clavius, zu beobachten 1–2 Tage nach dem ersten Viertel und 1–2 Tage nach dem letzten Viertel.

● Krater Copernicus, zu beobachten 1,5 Tage nach dem ersten Viertel und 1,5 Tage nach dem letzten Viertel.

● Krater Theophilus, zu beobachten 5 Tage nach Neumond und 5 Tage nach Vollmond.

● Alpen mit Alpental, zu beobachten kurz vor dem ersten und letzten Viertel.

● Ariadaeusrille, zu beobachten 1 Tag vor dem ersten Viertel und 1 Tag vor dem letzten Viertel.

Mondfoto, das die Gegend um das Alpental (Nr. 90 der Mondkarte Seite 94) am Ostrand des Mare Imbrium zeigt. Das Alpental ist ein Quertal von 130 km Länge mit einer Rille in der Talsohle. Aufgenommen wurde das Bild am 14. Januar 1981, 18h10 UT mit einem Schmidt-Cassegrain von 35 cm Öffnung (C14). Die Pfeile markieren Objekte an der Grenze des Auflösungsvermögens.

● Hyginusrille, zu beobachten 1 Tag vor dem ersten Viertel und 1 Tag vor dem letzten Viertel.

Alle genannten Objekte findet man auf der Mondkarte Seite 94. Die Beobachtungszeit bezieht sich auf den Sonnenaufgang (erstes Viertel) bzw. Sonnenuntergang (letztes Viertel) über dem Objekt. Mehr Informationen für Mondbeobachter bietet der »Atlas of the Moon« von Antonín Rükl, den es auch in einer deutschen Ausgabe gibt.

Die Erforschung des Mondes

Zahlreiche Rillen auf dem Mond erinnern an Flussläufe auf der Erde. Aber zu keiner Zeit hat es Wasser auf dem Mond gegeben. Die oft über 100 km langen und mehrere Kilometer breiten Rillen sind von Lavaströmen gebildet worden, die aus Kratern flossen. Der Mond ist nicht, wie oft angenommen wird, ein erkalteter Himmelskörper. Vielmehr besitzt das Mondinnere eine hohe Temperatur. Messungen, die während der Apollo-Missionen durchgeführt wurden, ergaben einen Temperaturanstieg in 2 m Tiefe um 1 Grad.

In Verbindung mit den Erkundungen durch Raumfahrtunternehmen (Apollo 11 brachte im Juli 1969 die ersten Menschen auf den Mond) sind Bodenproben zur Erde gebracht worden. Die meisten Krater auf dem Mond sind Einschlagkrater. Daneben gibt es auch Vulkankrater. Die Mondoberfläche ist mit einer z. T. mehrere Meter dicken Schicht aus Gesteinsschutt und Staub bedeckt. Die Hälfte des Mondstaubs besteht aus Glaskörnern. Die häufigsten Mondminerale sind Pyroxen, Plagioklas, Olivin und Ilmenit.

Auf dem Mond gibt es Mondbeben, dagegen keine nachweisbare Atmosphäre. Die Trümmerschicht auf der Oberfläche ist einmal entstanden durch Meteoriteneinschläge, zum anderen durch Erosion als Folge der kosmischen Strahlung und der Teilchenstrahlung des Sonnenwindes.

Trotz der sehr umfassenden Erkundungen des Mondes durch Lunar Orbiter und die bemannten Apollo-Missionen bis 1972 gab es bis zum Mondforschungsflug »Clementine« 1994 weiße Flecken auf der Mondkarte. Diese Mission lieferte der Wissenschaft die erste zuverlässige, fast global topografische Karte des Mondes. Die aus den Messungen gewonnene Schwere- und Dichtekarte der äußeren Mondschichten dokumentiert, wie stark sich die Form des Mondes durch Einschläge aller Größen im Laufe der Zeit geändert hat. Diese Einschläge haben die Mondkruste an manchen Stellen sehr dünnwandig werden lassen. Die mittlere Dicke der Mondkruste von 70 km hat sich unter dem Südpol auf 12 km verringert.

Mit Hilfe der Abstrahlung von Radiowellen wurde auch die Gezeitenwirkung von Erde und Sonne auf den Mond bestimmt. Deformationen des Mondkörpers zeigen Magmabereiche im Mondinneren an. Vielleicht der endgültige Hinweis auf den flüssigen Mondkern in Form von geschmolzenen Mineralien.

Die Frage, ob es Eis auf dem Mond gibt, hat Clementine nicht hundertprozentig beantwortet. Der Grund einiger polnaher Mondkrater liegt so tief, dass er nie von der Sonne beschienen wird. Gase in gefrorenem Zustand könnten hier vorhanden sein. Messungen von Radiowellenechos bestärken immerhin die Vermutung, dass Wassereis in Spuren erwartet werden kann. 1998 bestätigte dann die Sonde Lunar Prospector Wassereis an den Mondpolen. Seine Her-

Unten: Apollo 17. Astronaut und Geländewagen auf dem Mond im Dezember 1972.

Oben: Die abgebildeten Rillensysteme sind Testobjekte für kleine und mittlere Amateurfernrohre. Leicht erkennbar die Rillen Hyginus und Ariadaeus. Schwieriger das System der Triesneckerrillen (Pfeile).

Entstehung

Die Sonde Lunar Prospector hat bis zu ihrem Sturz auf die Mondoberfläche im Juli 1999 zahlreiche Messungen zur Bestimmung des Schwere- und Magnetfeldes des Mondes gemacht. Sie stützen u. a. die Annahme, dass der Metallkern nur 1–3 % der Masse des Mondes ausmacht. Zum Vergleich: Der Erdkern enthält $1/3$ der Erdmasse. Der kleine Mondkern ist ein Anhaltspunkt für die Entstehung des Mondes durch einen Rieseneinschlag (»Giant-Impact-Theorie«). In einem späten Stadium der Erdentstehung stieß ein anderer Proto-Planet in der Größe 10–15 % der Erdmasse streifend mit der Erde zusammen und wurde dabei zerrieben. Der metallische Kern des Proto-Planeten trennte sich vom Mantel und fiel auf die Erde zurück. Aus den silikatischen Bruchstücken des Mantels entstand der Mond. Es wird darüber diskutiert, ob es sich bei Mond und Erde um ein Doppelplanetensystem handelt.

Der Mond wirkt stabilisierend auf die Lage der Rotationsachse der Erde, die um 23,3 Grad gegenüber der Umlaufbahn der Erde um die Sonne geneigt ist. Das wiederum

kunft ist noch nicht eindeutig geklärt. Pläne, wieder bemannte Flüge zum Mond zu starten, gibt es in den USA, Europa und Japan. Bekanntlich endete schon 1972 mit Apollo 17 die erste Phase der bemannten Mondflüge. Ob und wann es wieder bemannte Unternehmen bis hin zu Forschungsstationen auf dem Erdtrabanten geben wird, ist heute noch unbekannt. Dafür sind jetzt unbemannte Missionen unterwegs, die weniger kosten und ebenfalls wertvolle Erkenntnisse über den Mond liefern. So beispielsweise die Mondsonde der ESA, Smart-1, die 2005 in eine Mondumlaufbahn einschwenkt und dann die gesamte Mondoberfläche multispektral kartieren soll, um Informationen über die mineralogisch-chemische Zusammensetzung der Oberfläche zu erhalten. Die Apollo-Missionen vor mehr als 30 Jahren konnten aus bahnmechanischen Gründen nur die äquatornahen Gebiete des Mondes im Detail erforschen. Übrigens dient Smart-1 auch zum Test von Ionentriebwerken für den im Jahre 2011 geplanten Start der Raumsonde Bepi–Colombo zum sonnennächsten Planeten Merkur.

Oben: Krater Copernicus, umgeben von hellen Strahlen, abgelagertes Auswurfmaterial aus der Zeit der Kraterentstehung vor 900 Millionen Jahren.

Das aschgraue Mondlicht. Es ist zu sehen kurz vor oder nach Neumond, wenn die Mondsichel nicht zu hell ist.

stabilisiert das Erdklima und die Ökosysteme. Anders z. B. beim Mars. Hier fehlt der große Mond und es kommt deshalb zu größeren Schwankungen der Neigung der Rotationsachse (0° bis 60°). Aus diesem Grund werden auf Mars große Klimaschwankungen angenommen.

Das frühe Leben auf der Erde, das vermutlich in den Ozeanen entstanden ist, war innerhalb der Gezeitenzone (Ebbe und Flut) Belastungen ausgesetzt. Vielleicht war das eine Ursache für den Schritt des Lebens vom Meer auf das Festland.

Finsternisse

Ist die Mondsichel bei zu- oder abnehmendem Mond ganz schmal, entdeckt der aufmerksame Naturfreund ein zunächst sonderbares Phänomen: Er sieht am Himmel nicht nur die leuchtende Sichel, sondern die ganze übrige Mondscheibe in einem sehr fahlen, aschgrauen Schimmer. Ganz besonders eindrucksvoll ist das im Feldstecher. Dieses »aschgraue Licht« – wie es in der Fachsprache heißt – hat folgende Ursache: Die schmale Sichel strahlt im Sonnenschein. Dort, wo das aschgraue Licht schimmert, ist auf dem Mond Nacht. Nun wird aber auch die Erde vom Sonnenlicht bestrahlt, und die Erde strahlt einen Teil dieses Lichtes wieder in den Weltraum hinaus, so auch auf den Mond. Und dieser Rest Sonnenlicht genügt, um auf dem noch (oder wieder) unbeleuchteten Teil des Mondes einen matten, grauen Reflexschimmer zu erzeugen. Er ist so schwach, dass er bei größer werdender Mondphase unsichtbar wird (vgl. Abb. S. 98).

Auf seiner Bahn um die Erde kommt der Mond dann und wann genau zwischen die Sonne und die Erde, sodass er für uns Erdenbewohner die Sonne ganz oder teilweise verdeckt. Das verursacht eine totale oder partielle Sonnenfinsternis. Es kann aber auch vorkommen, dass die Erde zwischen die Sonne und den Mond gerät: Wir haben dann eine Mondfinsternis, weil der Mond kein Sonnenlicht mehr bekommt. Sonnenfinsternisse entstehen nur bei Neumond, Mondfinsternisse nur bei Vollmond (vgl. nebenstehende Grafik). Weitere Angaben zu den Finsternissen im Kapitel »Aktuelle Himmelsereignisse« ab Seite 177 und auf der hinteren Umschlagklappe.

Wegen ihrer Neigung von 5 Grad gegen die Erdbahnebene wechselt die Mondbahn ständig zur Ekliptik. Das führt zu oft sonderbaren Stellungen der Mondphasen zum Horizont. 4 Beispiele für mittlere nördliche Breite geben die Zeichnungen auf Seite 93.

Entstehung der Mondphasen. 1 = Neumond, 2 = zunehmender Mond, 3 = zunehmender Mond erstes Viertel, 4 = zunehmender Mond, fast Vollmond, 5 = Vollmond, 6 = abnehmender Mond, noch fast Vollmond, 7 = abnehmender Mond letztes Viertel, 8 = abnehmender Mond, 1 = wieder Neumond.

Mondfinsternis. Der Mond wandert durch den Schattenkegel der Erde, die dann genau zwischen der Sonne und dem Mond steht.

Sonnenfinsternis. Der Mond befindet sich zwischen Sonne und Erde und wirft seinen Schatten auf die Erde in Form einer Schattenlinie begrenzter Ausdehnung. Die Finsternis ist total, wenn der Mond die Sonne ganz verdeckt. Eine ringförmige Sonnenfinsternis entsteht, wenn der Mond auf Grund der Bahnlage die Sonne nicht voll abdecken kann.

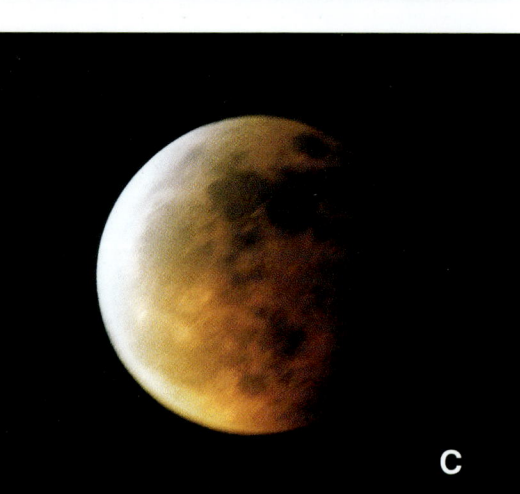

Totale Mondfinsternis am 9. Januar 2001

A 20h45 MEZ Der Mond ist fast vollständig in den Kernschatten der Erde eingetaucht. Finsternismitte 21h21m.

B 21h55 MEZ Die totale Mondfinsternis ist beendet. Ein kleines Gebiet am östlichen Mondrand hat den Kernschatten bereits verlassen.

C 22h15 MEZ Die kernschattenfreie Zone ist größer geworden, der Austritt aus dem Kernschatten erfolgte gegen 23h.

Aufnahmen mit einem 4-zölligen Refraktor 1:10, Belichtung 8 sek (A), 1/30 sek (B), 1/125 sek (C), ISO 400/27 Kodak (G. D. Roth).

Merkur	280-fach (6,5")
Venus	70-fach (25")
Mars	70-fach (25")
Jupiter	40-fach (48")
Saturn	100-fach (21")
Uranus	500-fach (4")
Neptun	750-fach (2,5")

Der in Klammern angegebene scheinbare Durchmesser (in Bogensekunden) der einzelnen Planeten ist nicht stets der gleiche. Er hängt ab von der Entfernung des Planeten von der Erde. Die angegebenen Werte sind für Merkur und Venus zur Zeit der größten Elongation (Winkel zwischen Sonne und Planet) gültig, für die übrigen Planeten zur Zeit der Opposition. Man sieht also: Wenn Einzelheiten auf Planeten gesehen werden sollen, genügt der Feldstecher allein nicht mehr – was aber nicht ausschließt, dass uns der Feldstecher doch ein

Jedem Naturfreund ist im Frühjahr schon einmal die »Kahnlage« der zunehmenden Mondsichel über dem Horizont aufgefallen. In jeder Zeichnung auf Seite 93 erscheint der Mond 2-mal, entsprechend den Möglichkeiten, die durch die Neigung der Mondbahn gegen die Erdbahnebene gegeben sind.

Nachbarn im Weltraum: Beobachtung der Planeten

Wer zum ersten Mal in seinem Leben den Planeten Jupiter mit einem 3-zölligen Fernrohr und 100-facher Vergrößerung betrachtet, wird rasch herausbekommen, dass es nicht ganz einfach ist, Einzelheiten auf dem ach so winzigen Scheibchen zu erkennen. Dabei macht Jupiter es uns noch verhältnismäßig leicht. Der Anfänger tut gut daran, sich anhand eines einfachen Vergleichs den Bedarf an Vergrößerung bei der Planetenbeobachtung klar zu machen. Dieser Vergleich sieht so aus: Der Beobachter betrachtet ohne Fernrohr den Vollmond.
Er sieht dunkle und helle Stellen. Alles ist mehr oder minder grob umrissen, undeutlich. Genauere Einzelheiten bringt erst der Feldstecher. Trotzdem lohnt es, das mit bloßem Augen Gesehene zu skizzieren und mit der Übersichtskarte des Mondes auf Seite 94 zu vergleichen. Um nun im Fernrohr für die einzelnen Planeten wenigstens den gleichen scheinbaren Durchmesser zu bekommen, wie ihn der Vollmond für das freie Auge bietet, bedarf es folgender Vergrößerungen:

Die Planeten im Überblick

Mittlere Entfernung von der Sonne (in 10^6 km)
Mittlere Entfernung von der Sonne (in AE)
Kleinste Entfernung von der Sonne (in AE)
Größte Entfernung von der Sonne (in AE)
Kleinste Entfernung von der Erde (in AE)
Größte Entfernung von der Erde (in AE)
Umfang der Bahn (in Millionen km)
Mittlere Umlaufgeschwindigkeit (in km/s)
Bahnneigung gegen die Ekliptik (in Grad)
Exzentrizität der Bahn (siehe auch S. 183)
Äquatordurchmesser (in km)
Durchmesser in Erddurchmessern
Abplattung (siehe auch S. 182)
Masse in Erdmassen (ohne Monde)
Entweichgeschwindigkeit, bezogen auf den Planetenäquator (in km/s)
Schwerebeschleunigung an der Oberfläche, Äquator (in m/s)
Rotationsperiode (Vorzeichen – bedeutet retrograd)
Tag-Nacht-Zyklus
Äquatorneigung
Geometrische Albedo (siehe auch S. 182)
Größte scheinbare visuelle Helligkeit (m)
Temperaturbereich (in °C)

wenig behilflich ist: Die Phasen der Venus zeigt er uns und das faszinierende Bewegungsspiel der Jupitermonde.

Für die Planeten – und übrigens auch für die Mondbeobachtung – gelten folgende optimale Vergrößerungen:

- Fernrohr zwischen 5 und 10 cm Öffnung: 100- bis 150-fach,
- Fernrohr zwischen 10 und 15 cm Öffnung: 150- bis 250-fach,
- Fernrohr zwischen 15 und 20 cm Öffnung: 200- bis 300-fach.

Bewusst muss sich der Naturfreund auch darüber sein, dass er die volle Sehleistung seiner Augen plus Fernrohrleistung nie sofort zur Verfügung hat. Es ist ähnlich wie mit einem fabrikneuen Auto: Es will eingefahren sein. So muss auch der Neuling am Fernrohr seine Augen systematisch auf Sehen, auf teleskopisches Sehen trainieren. Die Übung

am Vollmond mit bloßen Augen ist dazu übrigens ein guter Anfang! Erst viele Abende am Fernrohr bringen die notwendige Sehleistung. Und nur mit dieser Sehleistung macht die Beobachtung richtig Freude!

Merkur

Sein Namenspatron ist der römische Gott des Handels, entsprechend dem Götterboten Hermes der alten Griechen. Merkur bewegt sich auf einer sehr exzentrischen Bahn um die Sonne. Mit 7 Grad besitzt er die größte Bahnneigung zur Ekliptik nach dem Planeten Pluto (vgl. Tabelle). Der sonnennächste Planet Merkur bewegt sich in nur 88 Tagen um die Sonne. Seine Bahngeschwindigkeit ist mit 48 km/s die schnellste unter den Planeten.

Der sonnennahe Merkur ist ein schwieriges Objekt, und es gibt sicher viele Menschen, die ihn noch nie gesehen haben. Am Äquator steht er verhältnismäßig steil über dem Horizont. In mittleren Breiten dagegen macht die Horizontnähe mit meist reichlich Streulicht das Auffinden zu einem Geduldspiel. Praktisch können wir Merkur nur in der Dämmerung beobachten. Dabei erreicht der Planet zur Zeit seines größten Glanzes eine scheinbare Helligkeit von fast -2^m, also heller als der hellste aller Fixsterne: Sirius, im Sternbild Großer Hund. Merkur bewegt sich innerhalb der Erdbahn und lässt Phasen erkennen wie Venus und Mond: »zunehmender Merkur« am Morgenhimmel (westliche Elongation) und »abnehmender Merkur« am Abendhimmel (östliche Elongation). Auf Grund der Lage der Ekliptik zum Horizont und unter Berücksichtigung der

1) Für die Erde von der Sonne aus gesehen
2) An der festen Oberfläche
3) An der Wolkenobergrenze
4) Im Bereich der reflektierenden Schichten der Atmosphäre

Merkur	Venus	Erde	Mars	Jupiter	Saturn	Uranus	Neptun	Pluto
57,909	108,209	149,598	227,941	778,38	1424,3	2866,6	4492,3	5887,3
0,387	0,723	1,000	1,524	5,203	9,521	19,162	30,029	39,354
0,31	0,72	0,98	1,38	4,95	9,00	18,27	29,71	29,7
0,47	0,73	1,02	1,67	5,45	10,04	20,06	30,34	49,1
0,53	0,27	–	0,38	3,95	8,00	17,29	28,71	28,7
1,47	1,73	–	2,67	6,45	11,04	21,07	31,31	50,1
60	680	940	1400	4900	9000	18000	28000	37000
47,9	35,0	29,8	24,1	13,1	9,6	6,8	5,4	4,7
7,005	3,395	–	1,850	1,305	2,487	0,772	1,771	17,147
0,2056	0,0068	0,0167	0,0934	0,0482	0,0550	0,047	0,010	0,246
78	12104	12756,280	6786,8	142796	120000	50800	48600	≈2400
0,382	0,949	1,000	0,532	11,19	9,41	3,98	3,81	0,19
0	0	1/298	1/192	1/15	1/10	1/33	1/39	?
0,05527	0,8150	1	0,10745	317,8	95,16	14,50	17,20	0,0023
4,2	10,4	11,2	5,0	59,6	35,6	21,4	23,7	1,2
3,71	8,85	9,78	3,72	24,80	10,50	9,00	11,60	0,6
58,6462d	−243,01d	23h56m4s	24h37m23s	9h56m	10h30m	−17h15m	16h07m	−153h17m
176d	116,75d	1d	1,027d	0,41d	0,43d			
0°	177°20′	23°26′	25°11′	3°08′	26°43′	97°51′	29°34′	117°34′
0,106	0,65	0,367	0,150	0,52	0,47	0,51	0,41	0,52
−1,9	−4,28	−3,86[1]	−2,52	−2,7	−0,6	+5,5	+7,5	+14,3
35 bis +525[2]	+455 bis +525[2]	−65 bis +60[2]	−140 bis +15[2]	−135 bis −125[3]	−190 bis −180[3]	−210[4]	−220[4]	−235[2]

101

Sensationell waren die Aufnahmen der Raumsonde Mariner 10 von Merkur 1974: Sie zeigen eine von Kratern zerklüftete Oberfläche, die stark an den Erdmond erinnert.

Neigung der Bahn des Merkur gegen die Ekliptik gibt es Zeiten günstigerer Sichtbarkeit:

● Nordhalbkugel der Erde: im Frühjahr am Abend und im Herbst am Morgen.
● Südhalbkugel der Erde: im Herbst am Abend und im Frühjahr am Morgen.

Seine größte Helligkeit erreicht der Planet zur Zeit der oberen Konjunktion. Es ist durchaus möglich, Merkur bei nur geringem Winkelabstand von der Sonne aufzufinden. Dabei kann es dienlich sein, wenn die Sonne gerade von Wolken abgedeckt wird. Auch sind Beobachtungen bei vollem Tageslicht erfolgreich, wenn der Planet 5 oder 10 Grad Sonnenabstand hat.

Wichtig: streulichtarme Sonnenumgebung und Vermeiden jeder direkten Beobachtung in das grelle Sonnenlicht! Deshalb: Suche von Merkur am Taghimmel nur im Schatten eines Hauses!

Zur Suche am Morgen- oder Abendhimmel benützt man am besten den Feldstecher. Für Tagbeobachtungen ist ein 2- bis 3-zölliges Fernrohr mit 40facher Vergrößerung besser. Für die Beobachtung stehen zur Zeit der Elongation etwa 5 Wochen zur Verfügung. Dann beträgt der scheinbare Durchmesser des Planeten zwischen 5 und 9 Bogensekunden. Unter guten Luftbedingungen lassen sich auf Merkur zarte Schattierungen bereits im 4-zölligen Fernrohr (= 100 mm Öffnung) erkennen.

Über den jeweiligen Stand des Planeten geben die astronomischen Jahrbücher Auskunft (siehe S. 187). Ins Einzelne gehende Beobachtungstipps enthalten das »Handbuch für Sternfreunde« und das Buch »Planeten beobachten« (siehe Literaturhinweise S. 187).

Im März 1974 schickte die Raumsonde Mariner 10 die ersten Bilder von Merkur zur Erde. Bilder mit vielen Kratern, ähnlich wie auf dem Erdmond und gleichfalls durch Einschläge kosmischer Körper entstanden (siehe nebenstehendes Foto).

Schon vor der Raumfahrt vermuteten Astronomen auf Grund von fotometrischen und polarimetrischen Beobachtungen von der Erde aus eine Ähnlichkeit der Merkuroberfläche mit der Mondoberfläche. Auch auf Merkur gibt es große Becken mit Durchmessern von 1000 km und kleine Krater mit 100 m Durchmesser. Letztere entsprechen der Auflösungsgrenze der Fotos, die von der Sonde Mariner 10 aus gemacht wurden. Übrigens haben die entdeckten Krater zum Teil bereits Namen bekannter Künstler bekommen. So erhielt der größte Krater den Namen Beethoven.

Die Ähnlichkeit der Oberfläche von Merkur und Erdmond erlaubt die Annahme, dass in der Entstehungszeit des Planetensystems überall im inneren Sonnensystem Meteoriten vorhanden waren. Das Bombardement von Merkur und Mond erfolgte wahrscheinlich während der gleichen Zeit. Es löste vulkanische Aktivitäten aus. Lava füllte Krater und Becken, die in der Frühzeit entstanden waren. Neue Kraterbildungen markieren die Entstehungsgeschichte dieses Planeten.

Merkur besitzt eine dünne Atmosphäre. Zum Teil besteht sie aus dem von der Sonnenatmosphäre kommenden Sonnenwind. Zum Teil auch aus Gas, das der Sonnenwind aus dem Oberflächengestein löst. Darauf deutet die Entdeckung von Natrium und Kalium in der Merkuratmosphäre.

Lange Zeit nahmen die Astronomen die Umdrehung des Merkur mit 88 Tagen an, also gleich der Umlaufzeit. Das Studium von Radarsignalen führte 1965 zum überraschenden Ergebnis von 58,6 Tagen. Die Rotationszeit wird von den Gezeitenkräften der Sonne beeinflusst, die auf den länglichen Merkurkörper einwirken. Hinzu kommt die stark elliptische Umlaufbahn.

Die Sonne scheint während des langen Merkurtages heiß auf die Oberfläche, und die Mittagstemperaturen erreichen Spitzenwerte von annähernd 430 °C (700 Kelvin). In der Nacht dagegen sinken die Temperaturen auf Werte unter – 180 °C (100 Kelvin). Merkurdurchgänge, das sind Vorübergänge des Planeten vor der Sonnenscheibe, sind häufiger als Venusdurchgänge. Trotzdem

Morgen- und Abendsichtbarkeit des Planeten Merkur. Der Abstand von der Erde vergrößert sich mit zunehmender Phase und der scheinbare Durchmesser wird geringer. Elongation = Winkelabstand des Planeten von der Sonne.

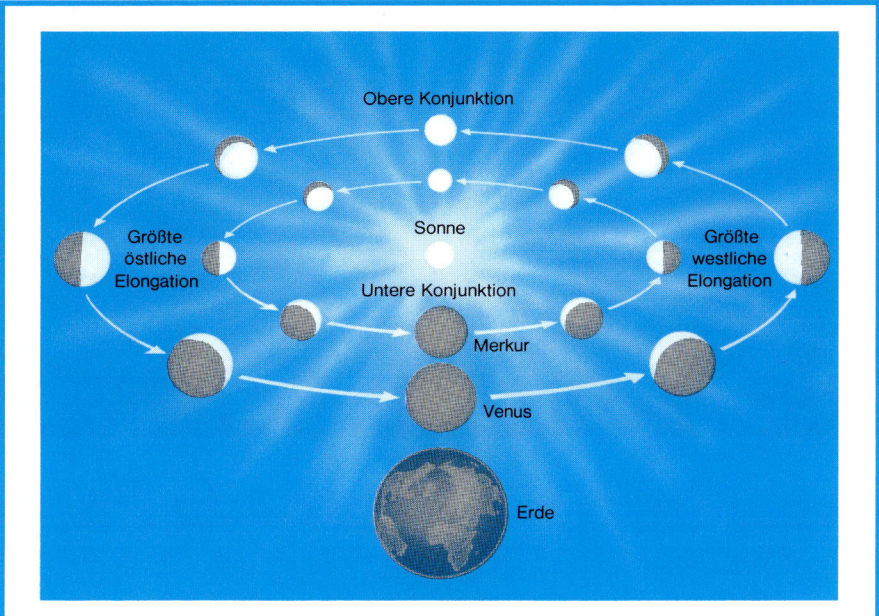

Phasenbildung der inneren Planeten Merkur und Venus. Größter Sonnenabstand bei Merkur 27 Grad, bei Venus 47 Grad. Beste Beobachtungsmöglichkeit der beiden Planeten in der Zeit um die Elongationen.

für Monat mit bloßen Augen wahrnehmen. Die Abstände Erde–Venus während einer synodischen Umlaufzeit sind nicht konstant (unter synodischer Umlaufzeit versteht man den Zeitraum zwischen 2 oberen Konjunktionen mit der Sonne, von unserem Planeten, der Erde, aus gesehen: 583,92 Tage. Die siderische Umlaufzeit dagegen ist der Zeitraum eines ganzen Umlaufs des Planeten um die Sonne: 224,7 Tage). Der scheinbare Durchmesser des Planeten ist bei den einzelnen Phasen verschieden, am größten in den Wochen vor und nach der unteren Konjunktion, am kleinsten zur Zeit der oberen Konjunktion.

Zur Zeit der oberen Konjunktion befindet sich die Venus – genau wie Merkur – in größter Erdferne; zur Zeit der unteren Konjunktion ist sie der Erde am nächsten (siehe Abb. links). Was ist eine Konjunktion? In der Astronomie bezeichnet man damit den Zustand, wenn sich 2 Gestirne, etwa Sonne und Venus, auf dem gleichen Längenkreis befinden. Eine andere wichtige Stellung (Aspekt) ist die Opposition oder der Gegenschein: 2 Gestirne stehen zueinander mit einem Längenunterschied von 180 Grad (vgl. Grafiken S. 110). Weder Merkur noch Venus können jemals in Opposition stehen. Das können nur die äußeren Planeten: Mars, Jupiter usw.

Wir beobachten Merkur und Venus niemals in einem sehr großen Winkelabstand von der Sonne (Elongation). Der größte Winkelabstand beträgt bei Venus 48 Grad, bei Merkur nur etwa 28 Grad. Also ist die Sichtbarkeit stets entweder auf den Abend- oder den Morgenhimmel beschränkt. Der bei Venus doch wesentlich größere Winkelabstand macht es indessen möglich, den Planeten noch mehrere Stunden nach Sonnenuntergang oder vor Sonnenaufgang zu sehen. Dazu kommt die enorme scheinbare Helligkeit. Der Planet Venus kann also schon zu einem beherrschenden und augenfälligen Himmelsobjekt werden.

zählen sie zu den seltenen astronomischen Ereignissen. Ursache ist die schwach geneigte Bahn des Merkur zur Ekliptik. Der Planet zieht dann meistens während seiner unteren Konjunktion nördlich oder südlich an der Sonne vorbei. Die nächsten Merkurdurchgänge finden am 9. Mai 2016 (Dauer etwa 7^1/$_2$ Stunden) am 11. November 2019 (Dauer etwa 5^1/$_2$ Stunden) statt. Siehe auch das Buch »Mondfinsternisse, Sonnenfinsternisse, Planetendurchgänge bis zum Jahr 2020« von H. Lutz (siehe Literaturverzeichnis S. 187).

einmal von Konstellationen ab, wo andere helle Planeten (Merkur, Mars und Jupiter) den Abend- oder Morgenhimmel beherrschen. Den größten Glanz von Venus (in üblichen Klassen der scheinbaren Helligkeitsskala ausgedrückt: –4,3^m!) erreichen sie indessen niemals.

Auch die Venus bewegt sich innerhalb der Erdbahn um die Sonne, ist also wie Merkur ein »innerer« Planet. Genauso wie der Merkur gelangt sie auf ihrer Bahn zwischen Erde und Sonne und zeigt – schon im Feldstecher sichtbar – die zu- und abnehmenden Sichelgestalten, wie wir sie am Mond Monat

Venus: der »Morgen- und Abendstern«

Ihn haben Sie, liebe Leserin/lieber Leser, sicher schon gesehen: den strahlend hellen »Abendstern« oder Planet Venus. Übrigens meinen viele Menschen, dass die Venus der Abendstern sei und zu anderen Zeiten nicht gesehen werden kann. Es gibt überraschte Gesichter bei der Feststellung, dass der Planet Venus sowohl heller Abend- als auch nicht minder heller Morgenstern sein kann und keinen Doppelgänger hat – sieht man

Aspekte und Phasen bei der Venus (vgl. Text)

Aspekt	Phase
Untere Konjunktion	Neuvenus
Größte westliche Elongation (Morgenhimmel)	Erstes Viertel (abnehmende Phase)
Obere Konjunktion	Vollvenus
Größte östliche Elongation (Abendhimmel)	Letztes Viertel (abnehmende Phase)
Untere Konjunktion	Neuvenus

Die Phasen der Venus vom 16. Februar bis zum 2. Juni 2004, aufgenommen mit einem 20-Zoll-Teleskop.

Die Venus im Fernrohr

Wichtig bei der Planetenbeobachtung ist es, die Bewegungsverhältnisse unter 2 verschiedenen Bedingungen zu erkennen:

Venus aus 59 000 km, aufgenommen aus der Raumsonde Pioneer-Venus-Orbiter am 28. Mai 1979. Deutlich zu erkennen sind die Wolkenwirbel in den oberen Schichten der Atmosphäre.

1. die Bewegung des Planeten um die Sonne,
2. die Bewegung des Planeten in Bezug auf die sich ja selbst um die Sonne bewegende Erde.

Daraus ergeben sich Aspekte und Phasen. Wie das für die Venus aussieht, zeigt die Tabelle unten links. Um die verschiedenen Phasen zu beobachten, genügt bereits der Feldstecher oder ein kleines Fernrohr. Über den jeweiligen Stand am Himmel geben die schon mehrfach zitierten astronomischen Jahrbücher Auskunft (siehe S. 187). Es ist möglich, dass Venus in unterer Konjunktion etliche Grade nördlich oder südlich der Sonne vorbeizieht. Dann lohnt es sich zu versuchen, ob man die ganz schmale Sichel über die Konjunktion hinweg mit dem Fernrohr erkennen kann. Dass es geht, haben zahlreiche Beobachter in der Vergangenheit bewiesen. Bei Tagbeobachtungen und in der hellen Dämmerung unterstützt die Verwendung von Gelb-, Orange- und Rotfiltern die Wahrnehmung der Phase und von Schattierungen in den oberen Wolkenschichten der Venusatmosphäre.

Wegen der großen scheinbaren Helligkeit der Venus bietet sich die Beobachtung am Tag an. Das ist bereits mit bloßen Augen möglich. Man muss nur wissen, wo etwa der Planet am Himmel steht: auf dem Tierkreisbogen vor oder nach der Sonne (Winkelabstand siehe Jahrbuch!). Und dann empfiehlt es sich, aus dem Schatten eines Gebäudes heraus den Himmel abzusuchen. Werner Sandner schreibt in seinem an Erlebnisberichten reichen Buch »Planeten – Geschwister der Erde« dazu: »Schon oftmals hat es, wenn Venus zufällig von Personen, die nicht wussten, um was es sich handelt, am Himmel erkannt wurde, Aufsehen erregt und zu abergläubischen Vorstellungen geführt. So wurde im Mai des Jahres 1609 Venus an vielen Orten in Frankreich bei Tage gesehen und dies nachträglich als ein Vorzeichen auf die Ermordung König Heinrichs IV. gedeutet. Auch 1798 erregte Venus in Paris durch ihre Sichtbarkeit am Tage die Aufmerksamkeit des Volkes, und kein Geringerer als Kaiser Napoleon I. erklärte sie für seinen Schicksalsstern ... «

Einzelheiten auf der Oberfläche des Planeten Venus im Fernrohr zu erkennen, ist nicht möglich. Inzwischen haben es ja die zur Venus geschickten Raumsonden bestätigt, dass der Planet von einer dichten, undurchsichtigen Atmosphäre eingehüllt ist, die alles

Die 1990 begonnenen Radarkartierungen der Oberfläche des Planeten Venus von der Raumsonde Magellan aus zeigen eine stark von Vulkanismus geprägte Oberfläche.

andere ist als beobachtungsfreundlich. Die Messungen der Venera-Sonden deuten auf einen hohen Gehalt an Kohlendioxid, einen hohen Luftdruck auf der Oberfläche und Bodentemperaturen zwischen 400 und 500 Grad! Sieht der Beobachter in einem 4-zölligen Fernrohr bei 100- und 150facher Vergrößerung tatsächliche helle und dunkle Schattierungen, hat er es mit den höchsten Wolkenschichten der Venusatmosphäre (bis zu 70 km) und auf keinen Fall mit festen Einzelheiten der Oberfläche zu tun. Auf der Oberfläche des Planeten herrscht eine Stimmung wie bei uns an einem grau verhangenen Regentag. Nur viel, viel heißer ist es. Die Beschaffenheit der Oberfläche ist mit der Wüste vergleichbar, dazu Gebirge, Krater und Vulkane.

Die Wolkendecke besitzt mehrere Schichten von schwefelhaltigen Wolken. Die größte Dichte und die größten Teilchen befinden sich in der untersten Schicht. Bis in eine Höhe von etwa 30 km ist die Atmosphäre klar, weil die herrschende Hitze alle Teilchen verdampft. Während auf der Erde die Wolkendecke gerade 6 km stark ist, erreicht sie auf der Venus 40 km.

Die Oberfläche

Auf der Venusoberfläche ist die Windbewegung sehr gering. Die Windgeschwindigkeit nimmt mit der Höhe zu und erreicht in den oberen Atmosphäreschichten bis 360 km/h. Die Winde wehen von Ost nach West (retrograd). Während also in der hohen Atmosphäre stürmische Winde herrschen, vergleichbar mit den Jet-Strömen in der Erdatmosphäre, ist es auf der Oberfläche fast windstill und wegen des Treibhauseffekts mehrere hundert Grad Celsius heiß. Flüssiges Wasser würde unter diesen Umständen sofort verdampfen. Trotzdem ist nicht auszuschließen, dass es früher einmal viel Wasser auf der Venus gegeben hat.

Den bisherigen Höhepunkt der Raumfahrt zur Venus bildet die amerikanische Raumsonde Magellan, die den Planeten erstmals 1990 umkreiste. Wir verdanken den wolkendurchdringenden Radarbildern der Magellan-Sonde eine umfassende Topografie der Venusoberfläche. Generell ist die Oberfläche eben. Mehr als 80 % weichen nicht mehr als 1000 m vom Planetenradius (6052 km) ab. Ausströmende Lava hat diese Ebenen geformt. Dazwischen gibt es Vulkane verschiedener Größe. Und es gibt Berge, die bis zu 11 000 m gegenüber dem Umland ansteigen. Sie dominieren Hochplateaus, die zum Teil recht ausgedehnt sind. Die beiden größten, Aphrodite Terra und Ischtar Terra, haben die Ausdehnung von Afrika bzw. der Vereinigten Staaten von Nordamerika. Wie könnte es anders sein: Alle bedeutenderen Geländeformationen auf Venus tragen Namen von Frauen, die in der Mythologie der Antike einen festen Platz haben. Das Oberflächengestein besteht aus basaltischer Lava.

Die Messdaten der Magellan-Sonde erbrachten auch die Information, dass Venus mit geringerer Geschwindigkeit rotiert als alle übrigen Planeten. In 243 Erdentagen dreht sie sich einmal um ihre Achse. Damit dauert die Rotation länger als die Bewegung um die Sonne. Ein Umlauf um die Sonne erfordert nur 225 Erdentage. Und noch etwas Besonderes: Die Sonne geht auf dem Planeten Venus im Westen auf, nicht im Osten.

Der Planet Venus gehört zu den meistbeobachteten Himmelsobjekten – längst vor der Erfindung des Fernrohrs. Die Planetenbewegungen haben die alten Völker aus sehr nahe liegenden Gründen interessiert – dienten sie doch als Basis für die Zeitrechnung, für den Terminkalender festlicher Veranstaltungen und auch für Saat und Ernte. Bei den Maya in Südamerika gab es sogar einen regelrechten Venus-Kalender und das Venusjahr zu 584 Tagen. Diese astronomische Tradition führt immerhin in eine Epoche zurück, die noch etliche Jahrtausende vor unserer Zeitrechnung ihren Anfang genommen hat. Nicht umsonst wird Astronomie als die älteste unter den Wissenschaften bezeichnet.

Sicher sehr frühzeitig ist den Menschen aufgefallen, dass die Planeten zwar generell an der täglichen Umdrehung der Himmelskugel von Osten nach Westen teilnehmen, dass sie daneben aber auch noch höchst eigenwillige und ungleichförmige Bewegungen am Himmel ausführen. Alle möglichen Theorien sind entwickelt worden, um das zu deuten. Wie die Bewegungen tatsächlich zustande kommen, illustrieren die Abbildungen auf Seite 109.

Venusdurchgänge sind seltener als die des Planeten Merkur. In einem Jahrhundert finden nur 2 Venusdurchgänge statt. Das erste Ereignis in diesem Jahrhundert wurde am 8. Juni 2004 beobachtet. Bei teilweise gutem Wetter war der Durchgang in seiner ganzen Länge zu sehen. Der 2. Venusdurchgang findet in der Nacht vom 5. Zum 6. Juni 2012 statt. In Mitteleuropa ist nur sein Ende beobachtbar. In Nordskandinavien zur Zeit der Mitternachtssonne ist das seltene Ereignis in ganzer Länge, ca. 6 1/2 Stunden, zu beobachten. Siehe auch H. Lutz »Mondfinsternisse, Sonnenfinsternisse, Planetendurchgänge bis zum Jahr 2020«. (Siehe Literaturverzeichnis Seite 187)

Mars: der Rote Planet

Für die Völker der Antike war der Planet wegen seiner rötlichen Färbung das Gestirn des Krieges. Nirgal, Ares und Mars nannten die Babylonier, Griechen und Römer ihre Kriegsgötter. Mit der Erfindung des Teleskops entdeckten die Astronomen eine Reihe von Merkmalen, die vergleichbar sind mit ähnlichen Erscheinungen auf der Erde: atmosphärische Objekte, Polkappen und Jahreszeiten. Auch ist der Marstag mit 24 Stunden, 37 Minuten und 22,6 Sekunden einem Erdentag ähnlich. Das Marsjahr, also die Umlaufzeit des Planeten um die Sonne, ist mit 687 Erdentagen fast doppelt so lang wie das Jahr auf der Erde.

Der erste Beobachter, der die Länge des Marstages bestimmte, war Christian Huygens. Er entdeckte 1669 ein dunkles dreieckiges Gebilde auf der Marsoberfläche, heute die Große Syrte (Syrtis Maior) genannt, und leitete aus Meridiandurchgangsbeobachtungen die Rotationsdauer ab. Beobachter nach Huygens stellten Veränderungen der hellen und dunklen Gebiete auf dem Mars mit Änderungen der Jahreszeiten fest. Allmählich wurde deutlich, dass Strömungen in der Marsatmosphäre hierbei eine Rolle spielen. Winde verwehen Oberflächenstaub, sammeln Staub an der einen Stelle und legen an einer anderen Marsboden frei.

Vielleicht die bislang verblüffendsten Ergebnisse der Raumfahrt zu unseren kosmischen Nachbarn lieferten die Mariner-Sonden vom Planeten Mars. Das war doch eine echte Sensation: Fast ein ganzes Jahrhundert lang beschäftigten sich Generationen von Planetenbeobachtern mit den Mars-Kanälen, die ihnen der Italiener Schiaparelli 1877 als sozusagen »letzten Schrei« der Wissenschaft präsentierte – ja, und dann kommen plötzlich die Mariner-Fotos mit den Mars-Kratern. Wie schön hat sich doch mit den Kanälen spekulieren lassen, wiewohl die Wissenschaft noch zu Schiaparellis Lebzeiten viel Skepsis zeigte und die Marsmenschen den Schlagzeilen der Zeitungen überließ. Doch dass es Krater dort oben gibt, erstaunlich ähnlich denjenigen auf dem Mond, hat manches Modell von einem Tag auf den anderen über den Haufen geworfen. Das war 1965. Und die Mariners flogen weiter. 1971 brachten sie Kunde von den beiden Monden des Mars: Die Fotos mit den kartoffelförmigen Trabanten sind überraschend (siehe S. 112).

Karte des Planeten Mars nach Beobachtungen von Giovanni Schiaparelli 1886 auf der Sternwarte Nizza mit zahlreichen »Kanälen«.

Ein Steilhang auf dem Mars: Abbruchkante am Olympus Mons, dem größten Vulkan des Mars.

Viking I und II schließlich setzten Lander auf die Marsoberfläche. Das war Mitte des Jahres 1976. Die Ergebnisse der Raumfahrt-Missionen zeigen einen Planeten, der einige Ähnlichkeiten mit dem Erdmond hat, z.B. Krater als Folge der Einschläge kosmischer Körper. Anders als auf dem Mond haben die großen Vulkane z.T. beachtliche Dimensionen. Der Vulkan Olympus Mons etwa erreicht einen Durchmesser von 600 km und eine Höhe von 27 km über dem mittleren Niveau des Planeten Mars. Im Vergleich zum Vulkan Mauna Kea auf Hawaii ist das die doppelte Höhe, wenn man die Höhe des irdischen Vulkans vom Meeresboden aus misst. Weiter wurden auf Mars großartige Tallandschaften entdeckt, die am ehesten mit dem Grand Canyon in Arizona vergleichbar sind.

Die Oberfläche

Die »canali« von Schiaparelli spornten nicht nur die Beobachter an, sondern auch die Fantasien vieler Menschen. Es sei hier nur an den 1897 erschienenen Roman »Auf zwei Planeten« von Kurd Lasswitz erinnert, ein Ahne des Science-Fiction. Mars ist seither der meistbeobachtete und -beachtete Planet, der allerdings, wie bereits erwähnt, auch im Altertum wegen seiner auffälligen rötlichen Farbe eine Rolle gespielt hat. Man deutete ihn als den »Feuerstern« und bezeichnete ihn als den Gott des Feuers und schließlich des Krieges.

Ganz ohne Zweifel flossen in vergangenen Zeiten Flüsse auf der Marsoberfläche. Ausgetrocknete Flussbette und Stromtäler zeigen die Fotos der Raumsonden. Man vermutet, dass Eismassen im Marsboden geschmolzen und Wasser führende Flüsse so entstanden sind. Sehr wahrscheinlich ist auch heute noch Eis im Marsboden vorrätig. Auf die Dicke von rund 1000 m wird die Bodenschicht geschätzt, die ähnlich der arktischen Tundra ganzjährig gefroren ist. Andere Eisspeicher befinden sich an den Polen. Während des Mars-Winters bilden sich am Nordpol Eisdecken aus atmosphärischem Kohlendioxid. Im Sommer sublimiert Trockeneis in die Atmosphäre. Für die Beobachtung zugänglich wird dann eine Schicht, die aus Wassereis besteht. Ähnlich sind die Verhältnisse am Südpol.

Der Marsboden und die dort fotografierten Steine und Staubansammlungen gehören zu einer Schicht vulkanischen Gesteins, das durch chemische und mechanische Einflüsse zertrümmert worden ist. Und die rote Färbung? Sie wird von mineralischen Eisenverbindungen verursacht, die

Computererzeugte Radarkarten von Venus, Erde und Mars.
Oben: Topografische Karte der Venus in Mercatorprojektion. Jede Farbe entspricht einem Höhenintervall von 500 m, die Auflösung am Äquator ist etwa 100 km. Die Daten für diese Karte wurden vom Radar-Mapper-Experiment des Pionier-Venus-Orbiters gewonnen.
Mitte: Topografische Karte der Erde in Mercatorprojektion mit demselben Höhenintervall wie auf der Venuskarte. Die Auflösung am Äquator ist rund 111 km. Die Daten für diese Karte wurden von der Rand Corporation, Scripps Institute of Oceanography und der US Defence Mapping Agency zusammengestellt.
Unten: Topografische Karte von Mars in Mercatorprojektion mit demselben Höhenintervall wie auf der Venuskarte. Die Auflösung am Äquator ist rund 600 km. Die Daten für diese Karte wurden vom US Geological Survey, von verschiedenen Raumsonden-Missionen und erdgebundenen Radarexperimenten zusammengestellt.

Oben links: Die Mars-Sonde Pathfinder (1997) landete in einem Gebiet des Roten Planeten, das Erosionsformen zeigt, wie man sie auch auf der Erde findet.

Oben rechts: Mars, aufgenommen im Februar 1995 vom Hubble Space Telescope aus. Entfernung Mars–Erde 103 Millionen km.

Bahnen des Planeten Mars (rot) und der Erde (blau). Der unterschiedliche Abstand (in Millionen Kilometer, weiße Zahlen) des Planeten zur Erde während der Oppositionen wird deutlich, desgleichen auch der wechselnde Abstand von der Sonne. Es gibt sonnenfernere Oppositionen (Aphelpositionen) und sonnennähere Oppositionen (Periheloppositionen). Rote Zahlen geben die Deklination des Planeten an.

weite Teile des Marsbodens als rostbraune bis orangefarbene Wüste erscheinen lassen. Die Staubansammlungen sind oft wie Wanderdünen, die sich langsam über die Oberfläche bewegen. Heftige Sandstürme toben gelegentlich auf Mars und hüllen den Planeten in einen gelben Schleier.

Bahnschleifen am Himmel

Mars ist der der Erde zweitnächste Planet. Seine Bahnlage führt dazu, dass die Schwankungen des Abstandes Mars–Erde und die damit verknüpften Änderungen des scheinbaren Scheibendurchmessers größer sind als beim Planeten Venus. Bemerkt muss dazu werden: Der innere Planet Venus kann die Winkelausdehnung nicht voll in Helligkeit umsetzen. Venus zeigt uns, wenn sie der Erde am nächsten steht, zum größeren Teil ihre unbeleuchtete Seite. Beim Planeten Mars liegen die Verhältnisse völlig anders. Er gelangt ja in Oppositionsstellung (siehe Abbildung S. 110), steht der Sonne gegenüber und gleichzeitig in Erdnähe. Von der Erde aus schauen wir dem Planeten geradewegs ins Gesicht, auf die voll erleuchtete Scheibe. Mars hat aus diesem Grund unter allen Planeten die stärksten Helligkeitsschwankungen. Die scheinbare Helligkeit bewegt sich zwischen $-2,5^m$ und $2,0^m$. Der Planet Mars kann damit heller werden als der hellste Fixstern, Sirius im Sternbild Großer Hund.

Mars ist ein äußerer Planet, seine Bahn führt ihn außerhalb der Erdbahn um die Sonne. Zur Zeit der Opposition steht er der Erde nicht nur am nächsten, er ist dann auch die ganze Nacht zu beobachten. Das sind also wesentlich günstigere Bedingungen als bei den beiden inneren Planeten Merkur und Venus. Die Marsbahn ist von einer verhältnismäßig großen Exzentrizität (= Abweichung vom Kreis und Annäherung an die Ellipse) gekennzeichnet. Was bedeutet das praktisch? Die Entfernung zwischen Mars und Sonne nimmt Werte an zwischen 207 Millionen km (sonnennächster Punkt der Bahn, auch Perihel genannt) und 249 Millionen km (sonnenfernster Punkt der Bahn, auch Aphel genannt). Folglich ist auch der Abstand Mars–Erde nicht zu jeder Opposition der gleiche. Hier gibt es Schwankungen zwischen 56 Millionen km und 101 Millionen km. Nächste Folge: Der scheinbare Durchmesser der Marsscheibe kann von 14 Bogensekunden (Durchmesser in den beobachtungsungünstigen Apheloppositionen) auf 25,5 Bogensekunden (Durchmesser in den Periheloppositionen) anwachsen. Periheloppositionen sind be-

Verfolgt man die Bewegung von Merkur und Venus am Himmel, so stellt man sonderbare scheinbare Bewegungen fest. Sie ergeben sich, weil sowohl der Planet wie auch die Erde in Bewegung sind und sich der innere Planet immer in Sonnennähe (von der Erde aus gesehen) bewegt.

Auch die äußeren Planeten machen am Himmel scheinbar schleifenartige Bewegungen, wenn man sich die Mühe macht, einen von ihnen über ein paar Wochen oder Monate hinweg zu beobachten. Am auffälligsten ist das bei Mars. Neben der gewohnten Rechtläufigkeit kommt es scheinbar plötzlich zum Stillstand und dann gar zur rückläufigen Bewegung. Alles erklärt sich aus der einfachen Tatsache, dass sich Planet und Erde in Bewegung befinden und die Erde sich rascher um die Sonne bewegt als die äußeren Planeten.

sonders gut auf der Südhalbkugel der Erde zu beobachten, sehr zum Leidwesen der Astronomen auf den Sternwarten in nördlichen Breiten. Der Planet befindet sich dann nämlich in den Sternbildern Steinbock und Wassermann und erreicht nur eine geringe Höhe über dem Horizont. Bekanntlich sind die Sichtbedingungen in Horizontnähe viel schlechter – zur Luftunruhe kommen der lange Weg des Lichtes durch die Atmosphäre und die dort besonders spürbare Luftverschmutzung.

Die Bahn des Planeten weist auf noch eine Besonderheit hin, die zu eigenartigen Naturschauspielen führt. Grundsätzlich gilt, dass die Erde zur Zeit der Opposition einen

äußeren Planeten überholt. Dadurch entsteht am Himmel der Eindruck, als ob der Planet seine übliche west-östliche Bewegungsrichtung ändert. Der Fachmann sagt: »Der Planet wird rückläufig.« Diese Erscheinung ist bei Mars am auffälligsten, bedingt durch die geringe Entfernung zur Erde. Also ist das rückläufig am Himmel zurückgelegte Bahnstück verhältnismäßig lang. Hinzu kommen schließlich Bewegungen senkrecht zur Ekliptik. Ergebnis: Der staunende Beobachter stellt Bahnschleifen beachtlichen Ausmaßes fest, die umso eindrucksvoller sind, je mehr helle Sterne sich gerade in der Nähe befinden. So kann man die Veränderung von Woche zu Woche im Ver-

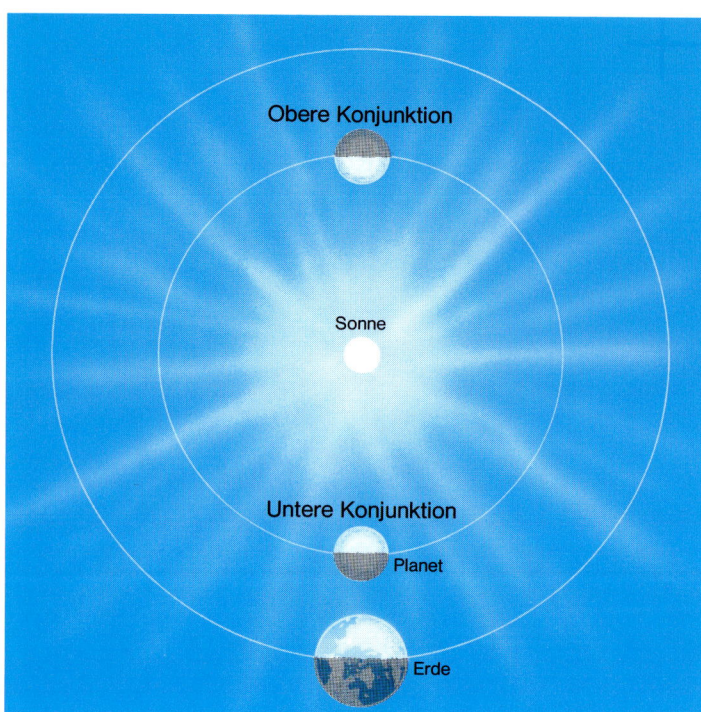

Die beiden Planeten Merkur und Venus kreisen innerhalb der Erdbahn um die Sonne. Befinden sie sich auf ihrer Bahn zwischen Erde und Sonne, spricht man von unterer Konjunktion; befinden sie sich hinter der Sonne – also zwischen Planet und Erde steht dann die Sonne –, ist der Zustand der oberen Konjunktion erreicht.

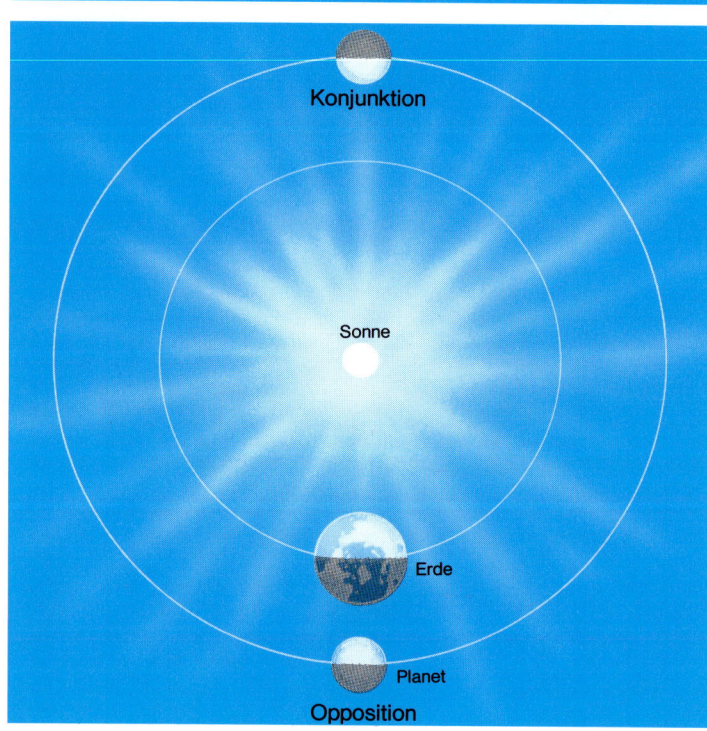

Mars, Jupiter, Saturn, Uranus, Neptun und Pluto umkreisen die Sonne auf Bahnen, die außerhalb der Erdbahn liegen. Befindet sich die Erde zwischen Planet und Sonne, steht der Planet in Opposition und ist gut die Nacht über zu sehen. Steht zwischen Erde und Planet die Sonne, ist der Planet in Konjunktion und unsichtbar.

gleich zu der fixen Position der Sterne gut wahrnehmen.

Diese Schleifen am Himmel, die die äußeren Planeten – und bei Mars so stark ausgeprägt – ziehen, sind schon den Astronomen der hellenistischen Welt aufgefallen. Sie haben sich den Kopf darüber zerbrochen, wie man so ungereimte Bewegungen mit der ersehnten Harmonie der Natur in Einklang bringen kann. Sie gingen ja von der Vorstellung aus, dass die Gestirne Götter seien, denen nur die vollkommenste Bewegung eigen ist: die gleichförmige Bewegung in Kreisen. So kam es zu künstlichen und komplizierten Planetentheorien, deren bekannteste diejenige des ägyptischen Astronomen, Geografen und Mathematikers Claudius Ptolemäus (85–160 n. Chr.) ist. Sie behielt eineinhalbtausend Jahre amtliche Gültigkeit, bis Kopernikus vom geozentrischen auf das heliozentrische Weltbild, also vom Mittelpunkt der Erde auf den Mittelpunkt der Sonne umschaltete. Kepler kam der Ursache der Planetenschleifen auf die Spur, indem er den Kreis durch die Ellipse ablöste. Gerade Marsbeobachtungen haben ihm dabei geholfen. Seinem Kaiser, Rudolf II., berichtete Kepler: »Auf Geheiß Ew. Majestät führe ich endlich einmal den hochedlen Gefangenen zur öffentlichen Schaustellung vor, dessen ich mich vor einiger Zeit in einem beschwerlichen und mühevollen Krieg bemächtigt habe. Durch die Mutter Natur übermittelte er mir das Eingeständnis meines Sieges. Nachdem er sich Freiheit innerhalb der freiwilligen Fesseln ausbedungen hatte, ging er alsbald, begleitet von Arithmetik und Geometrie, munter und aufgeräumt in mein Lager über.« Soweit Kepler. Die Bewegungen des Planeten Mars, des »hochedlen Gefangenen«, erklären die Kepler'schen Gesetze:

1. Gesetz: Die Planeten bewegen sich in Ellipsen, in deren einem Brennpunkt die Sonne steht,

2. Gesetz: Der Leitstrahl oder Radiusvektor, das heißt die Verbindungslinie Sonne–Planet, überstreicht in gleichen Zeiten gleiche Flächen.

3. Gesetz: Die Quadrate der Umlaufzeiten der Planeten verhalten sich wie die Kuben ihrer mittleren Entfernung von der Sonne.

Selbstverständlich, sagen wir heute. Aber es war nicht immer so. Bei der Beobachtung des Planeten Mars – und der anderen Planeten natürlich auch – hat jeder Gelegenheit, sich auf Keplers Spuren zu bewegen!

Die meisten Jahrbücher enthalten Übersichtskarten mit den Planetenbewegungen am Himmel (vgl. auch »Aktuelle Himmelsereignisse« ab S. 177).

Der Mars im Fernrohr

Was sieht der Sternfreund in seinem Fernrohr, wenn er den Mars beobachtet? Der Planet bietet den unbestreitbaren Vorzug, dass man auf ihm auch schon mit kleinem Fernrohr (2–3 Zoll) Einzelheiten erkennen kann, die zur festen Oberfläche gehören – also anders als bei Venus, anders als bei Jupiter und Saturn, wie an anderer Stelle in diesem Himmelsführer erklärt wird (siehe S. 104 und S. 115). Die Scheibe zeigt die typische gelbrote Färbung. Auffällig auf ihr sind neben den so genannten Dunkelgebieten ein paar helle fleckenartige Gebilde und dann natürlich die Polkappen mit ihren jahreszeitlichen Veränderungen: Im Mars-Herbst und -Winter nehmen sie an Größe zu und können bis zu 10 % der Oberfläche bedecken; im Mars-Frühling und -Sommer werden sie wieder kleiner. Das hat viel Nahrung für Spekulationen gegeben. Man dachte sofort an Schnee und Eis und entsprechende Schmelzvorgänge, wenn es auf dem Planeten jahreszeitlich bedingt wieder wärmer wird.

Da die feste Oberfläche beobachtbar ist,

Diese am 5. Juni 1999 von Friedrich Sussmann um 18h55, 20h03 und 20h55 Weltzeit aufgenommenen Fotos des Planeten Mars lassen sehr deutlich die Rotation erkennen. Aufnahmeoptik ein Spiegelteleskop System Newton mit 300 mm Öffnung und 14 000 mm Brennweite in Verbindung mit einer LCCD11-Kamera.

wurden schon frühzeitig Karten der Marsoberfläche angefertigt. Im Großen und Ganzen erweisen sich die Gebilde ja recht konstant. Werden sie in einer Opposition weniger gut sichtbar und zum Teil unsichtbar, so sind in der Regel Vorgänge in der Marsatmosphäre – Trübungen, Staubstürme – daran schuld. Solche Erscheinungen

lassen sich bereits mit einem 4- bis 5-zölligen Amateurfernrohr nachweisen. Ja, auf dem Mars gibt es Wetter. Vorsicht jedoch mit dem Vergleich zur Erde! Es fehlen zum Beispiel die mächtigen Ozeane und großen Landmassen, die auf der Erde das Wettergeschehen maßgeblich beeinflussen. Die Marsatmosphäre ist ausgesprochen tro-

Rechts: Aufnahme des Planeten Mars mit dem Weltraumteleskop Hubble am 27. August 2003.

Mars am 26. August 2003, beobachtet mit einem 6-Zoll-Refraktor bei 274-facher Vergrößerung. Das Gebiet entspricht etwa der Hubble-Aufnahme vom 27. August (rechtes Bild).

cken. Mariner-Messungen weisen auf viel Kohlendioxid, ein wenig Wasserdampf und dazu Kohlenmonoxid und etwas atomaren Sauerstoff hin. Wichtig war die Entdeckung von Stickstoff durch direkte Messungen der Viking-Lander. Der atmosphärische Bodendruck auf Mars erreicht nicht einmal ein Hundertstel desjenigen auf der Erde. Vergessen wir endlich nicht, dass Mars von der Sonne ein gutes Stück weiter weg ist als die Erde. Zahlenmäßig drückt sich das in der gemessenen mittleren Temperatur von −40 °C aus, wobei es Spitzenwerte zwischen +30 °C und 100 °C gibt.

Gab oder gibt es Leben auf dem Mars? Die vielleicht bewegendste Frage für alle, die sich mit ihm beschäftigen. So viel ist sicher: Die Viking-Sonden fanden keine Anhaltspunkte für Mikroorganismen. Bleibt die umstrittene Analyse des Antarktis-Meteoriten ALH 84001, der vom Mars stammen und Lebensspuren enthalten soll. Neue Ergebnisse brachten die Landemission Mars Pathfinder mit dem Rover Sojourner und die

Einer der beiden Monde des Planeten Mars: Deimos. Kennzeichen ist die von Kratern zerfurchte Oberfläche. Manches spricht dafür, dass die Marsmonde aus dem Asteroidengürtel zwischen Mars und Jupiter stammen.

Orbiter-Sonde Mars Global Surveyor: Die Beweise für die Wirkung von flüssigem Wasser oder Wassereis bei der Formung der Marsoberfläche sind vielfältig und unzweifelhaft. Am 2. Juni 2003 startete die erste europäische Marsmission mit Orbiter und Landegerät Beagle-2. Mit der stationären Einheit Beagle-2 konnte kein Kontakt aufgenommen werden. Aber der Orbiter wurde ein voller Erfolg. Ein komplexes Kamerasystem erfasste die Oberfläche des Planeten multispektral und dreidimensional. Endgültiges dazu wird man erst wissen, wenn bemannte Missionen auf dem Mars landen. Unter dem Namen Aurora planen NASA und ESA für das Jahr 2030 eine internationale Mission. Bis dahin sollen eine Reihe von Robotermissionen Informationen einholen und neue Technologien erproben, ohne die eine bemannte Marslandung nicht möglich wäre.

Deimos und Phobos

Die Vorstellung, dass zum Mars 2 Monde gehören, gab es schon in den Jahrhunderten vor ihrer Entdeckung. Johannes Kepler schloss die Möglichkeit nicht aus. Jonathan Swift beschrieb in seinem Buch »Gullivers Reisen« 2 Marsmonde, deren Umlaufbahnen der Wirklichkeit erstaunlich nahe kamen. Entdeckt wurden die Trabanten tatsächlich dann 1877 am Asaph Hall am U.S. Naval Observatory in Washington.

Sie erhielten die Namen der Begleiter des Kriegsgottes Mars in Homers »Illias«: Deimos und Phobos – Schrecken und Angst. Wieder waren es die Raumsonden, die genauere Informationen über diese seltsamen Gebilde lieferten, deren Schwerkraft viel zu klein ist, um eine richtige Kugel zu werden und eine Atmosphäre zu halten. Die kartoffelförmigen Himmelskörper bekamen während der Entstehung des Planetensystems viele Meteoritentreffer ab. Die mit Kratern übersäte und zerfurchte Oberfläche gibt davon Zeugnis. Phobos unterliegt stark den Gezeitenkräften des Mars und nähert sich in spiralförmigen Bewegungen der Oberfläche des Planeten. Er wird in etwa 100 Millionen Jahren aufschlagen. Alles deutet darauf hin, dass die Marsmonde ihrer Herkunft nach aus dem Asteroidengürtel zwischen Mars und Jupiter stammen.

Die Kleinen Planeten oder Planetoiden

Zwischen den Planeten Mars und Jupiter bewegen sich höchst seltsame Himmels-

körper, seltsam sowohl nach ihrer Größe als auch nach ihren Bewegungsverhältnissen im Sonnensystem. Wegen ihrer Kleinheit sind sie verhältnismäßig spät entdeckt worden, doch ist es Astronomen längst vor der Entdeckung des ersten dieser so genannten Kleinen Planeten (Asteroiden, Planetoiden) mit Namen Ceres im Jahre 1801 aufgefallen, dass rein rechnerisch zwischen Mars und Jupiter eine Lücke klafft. Untersucht man eine mögliche Gesetzmäßigkeit im Verhältnis der Planetenabstände von der Sonne, stößt man sofort auf diese Lücke. Im 17. und 18. Jahrhundert wurde viel über einen möglichen noch unentdeckten Planeten zwischen Mars und Jupiter diskutiert, und das belebte die Beobachtung. Die Entdeckung des wesentlich weiter entfernten Planeten Uranus 1781 ist mittelbar ein Ergebnis dieser Diskussion. Zu Beginn des 19. Jahrhundets wurde dann Ceres entdeckt, und dieser erste der Planetoiden passte bereits tadellos in die störende Lücke. Doch blieb es nicht bei diesem einen Kleinen Planeten. Rasch mehrten sich die Entdeckungen, sodass wir heute über 6000 Planetoiden kennen, deren Bahnen gesichert sind. Der weitaus größte Teil wurde fotografisch entdeckt, was nicht verwunderlich ist: Nur 73 Planetoiden erreichen oder überschreiten bei einer Perihelopposition die scheinbare Helligkeit 9,5^m. Die größte scheinbare Helligkeit erreicht der Kleine Planet Vesta mit 6,0^m.

Auf ungefähr 50 000 schätzen Astronomen die Zahl der Planetoiden mit einem Durchmesser größer als 1 km. Davon haben etwa 250 eine Ausdehnung über 100 km. Auf sie konzentriert sich auch die überwiegende Gesamtmasse (ca. 90 %) des Planetoidengürtels.

Felsen im Weltraum

Helligkeitsmessungen verraten etwas über die Rotation und die Figur der Planetoiden. Die schnellsten unter ihnen drehen sich in wenigen Stunden um ihre Achse. Die beobachteten unregelmäßigen Lichtkurven deuten auf unregelmäßige Figuren, kartoffelförmig oder zigarrenförmig muss man sich Kleine Planeten vorstellen. Die Raumsonde Galileo kam im Oktober 1991 auf ihrem Weg zu Jupiter dem Planetoiden Gaspra so nahe, dass Fotos von der Oberfläche möglich wurden. Auf dem Bild Seite 114 ist Gaspra abgebildet. Auffällig sind sofort die vielen Krater. Wie ein Felsstück im Weltraum sieht der Körper aus. Es bestätigte sich das unregelmäßige Aussehen der Planetoiden.

Bei Ceres haben wir es noch mit einem Himmelskörper von knapp 1000 km Durchmesser zu tun; bei den anderen nimmt die Größe rasch ab. Die Planetoiden sind eher Planetensplitter als Planeten. Das mit den Splittern ist gar nicht so abwegig. Eine ernst zu nehmende Theorie führt die Entstehung des Planetoidenschwarms auf die Explosion eines größeren Planeten bzw. auf die Entwicklung aus Protoplaneten im Frühstadium des Planetensystems zurück.

Vielleicht war es der Einfluss des Planeten Jupiter und seiner Schwerkraft, der kleine Protoplaneten auf stark elliptische Bahnen drängte. Dort gab es immer wieder Zusammenstöße. Die kleinen Protoplaneten zerbrachen und es bildete sich der Gürtel der Asteroiden zwischen Mars und Jupiter.

Alle Planetoiden wandern, wie die großen Planeten, rechtläufig um die Sonne. Auch zeichnet sich der Hauptteil aller Planetoiden durch sehr kreisnahe Ellipsen in Bezug auf die Bahn um die Sonne aus. Aber es gibt etliche Kleine Planeten mit geradezu extremen Abweichungen von der Norm. Da sind Planetoiden mit höchst exzentrischen Bahnen, was dazu führt, dass diese Kleinen Planeten ihre Abstände zur Sonne, zur Erde und zu anderen großen Planeten merklich ändern können. Die Bahnen der Kleinen Planeten Eros und Icarus greifen beispielsweise über die Marsbahn hinaus. Eros nähert sich zur Zeit seiner Opposition relativ dicht der Erde; Icarus schneidet in Perihelnähe die Merkurbahn! Ein extremes Gegenstück ist der Planetoid Hidalgo, den seine stark exzentrische Bahn jenseits der Jupiterbahn in die nächste Nähe der Saturnbahn bringt.

Dann gibt es eine Reihe von Planetoiden, deren Abstand von der Sonne gleich ist mit dem Abstand des Planeten Jupiter. Es besteht der begründete Verdacht, dass der Sonderfall der »Trojaner« – so nennt man diese Gruppe – durch Bahnstörungen bedingt ist, die von Jupiter ausgehen und Planetoiden in den Bereich der Jupiterbahn einfangen. Zusätzlich kann Bremsmaterie in Form meteorischer Partikel zwischen den Planeten wirken, was die Ablenkung der Bahnen massearmer Planetoiden in das Einzugsgebiet des so viel massemächtigeren Planetenriesen Jupiter begünstigt. Es ist also etwas los im Weltraum – auch dort, wo man alles in Ordnung wähnt. Die Planetoiden zählt die Wissenschaft zur interplanetaren Materie, zu der auch bestimmte Meteorströme, Kometengruppen und die Zodiakallicht gehören. Sehr aufschlussreich sind Beziehungen, die zwischen Meteoriten und Kleinen Planeten aufgedeckt worden

Größenbeispiele kleiner Planeten im Verhältnis zum Mond. Die links abgebildeten Planetoiden entsprechen den 4 größten; von oben nach unten: Ceres (Durchmesser 940 km), Pallas (Durchmesser 588 km), Vesta (Durchmesser 516 km) und Juno (Durchmesser 248 km).

sind. Die Analyse von Meteoriten, die auf die Erde gestürzt sind, legt den Schluss nahe, dass es die Bruchstücke eines Planeten sein können.

Für die visuelle Beobachtung der helleren unter den Kleinen Planeten genügt bereits der Feldstecher oder ein 2- bzw. 3-zölliges Astro-Fernrohr. Auch fotografische Experimente sind dem Sternfreund möglich. Neben Helligkeitsschätzungen sind es Positionsbestimmungen, die der geduldige Beobachter ausführen kann. Ratschläge dazu geben sowohl das »Handbuch für Sternfreunde« als auch das Taschenbuch »Planeten beobachten«.

Planetoiden interessieren auch Nichtastronomen aus 2 Gründen ganz besonders. Da stellt sich einmal die Frage nach einer Gefährdung der Erde durch Einschläge von Planetoiden. Immerhin kreuzen etwa 1300 Kleine Planeten mit 1000 und mehr Metern Durchmesser die Erdbahn. So sind Zusammenstöße von vornherein nicht auszuschließen. Schlägt einer dieser Kleinkörper auf der Erde ein, verursacht das einen Krater, der sehr viel größer wäre als der Pla-

netoid selbst. Wissenschaftler haben ausgerechnet, dass ein Planetoid mit dem Durchmesser 1000 m die Energie von 1000 Atombomben mit einer Sprengkraft von je 100 Megatonnen erzeugt. Mittlerweile hat man auf der Erde eine Reihe von Kratern entdeckt, deren Verursacher Himmelskörper waren: Planetoiden, Meteorite, Kometen. Die größten Krater stammen von Zusammenstößen der Erde mit einem Planetoiden. Der jüngste und gut erhaltene Krater befindet sich im Nördlinger Ries. Er ist in etwa 14,5 Millionen Jahre alt und misst 24 km im Durchmesser. Aber die Wahrscheinlichkeit, dass ein größerer Planetoid (Durchmesser 10 km und mehr) die Erde trifft, ist gering. Eine solche Naturkatastrophe tritt nur einmal in 100 Millionen Jahren ein! Ein kosmisches Geschoss vernichtete vor 65 Millionen Jahren die Dinosaurier. Anlass, den erdnahen Asteroiden Aufmerksamkeit zu schenken. Es sind die so genannten Near-Earth-Asteroids, abgekürzt Neas, von denen mittlerweile einige tausend bekannt sind und deren Bahnen überwacht werden. So sollen für die Erde gefährliche

Der Kleine Planet (951) Gaspra, wie er von der Jupiter-Sonde Galileo am 29. Oktober 1991 aus 5300 km Entfernung gesehen wurde. Die Sonne scheint von rechts. Die Gesamtlänge des beleuchteten Teils beträgt 18 km. Die Kraterbildung auf dem Kleinen Planeten gibt der Wissenschaft Rätsel auf.

Neas rechtzeitig aufgespürt werden, um sie noch im Weltraum zu zerstören, bevor es zur Katastrophe kommt. Die Neas-Suchprogramme haben dazu geführt, dass die Zahl der bekannten Planetoiden auf über 200 000 gestiegen ist. Die tatsächliche Zahl aller Asteroiden geht wohl in die Millionen.

Der zweite Grund für das Interesse gilt besonders den so genannten Metall-Asteroiden. Es sind Planetoiden, auf denen Metalle dominieren, angefangen mit Eisen bis zu Nickel und Kupfer. Schon ein kleiner Metall-Asteroid mit nur 1000 m Durchmesser hat mehrere Milliarden Tonnen Metalle an Bord. Mit entsprechend konstruierten Weltraumfähren ließe sich das Metall auf die Erde bringen. Die Metalle befinden sich an der Oberfläche der Metall-Asteroiden und können verhältnismäßig einfach abgebaut werden. Immer vorausgesetzt, dass Raumtechnik und Raumfahrt auf der Erde einen bestimmten Standard erreicht haben.

200 Kleinplaneten sind mit dem 3,6-m-Canada-France-Hawaii-Teleskop auf dem Mauna Kea nach möglichen Monden untersucht worden. Tatsächlich wurde bei dem Planetoiden Eugenia ein Mond entdeckt. Die Überwachung der Kleinplaneten wird auf Hawaii fortgesetzt. Der entdeckte Mond umkreist den 214 km großen Asteroiden innerhalb von 4,7 Tagen auf einer nahezu kreisförmigen Bahn.

Jupiter: der Gigant unter den Planeten

Jupiter ist der größte unter den 9 großen Planeten. Er ist ein äußerer Planet wie Mars; er gelangt also in Opposition zur Sonne und ist dann die ganze Nacht über zu sehen. Im Gegesatz zu Mars, der nur alle 2 Jahre für ein paar Monate sichtbar ist, kann Jupiter jedes Jahr mehrere Monate hindurch beobachtet werden. Trotz seiner im Vergleich zu Mars viel größeren Entfernung von der Erde wächst der scheinbare Durchmesser des Planetenscheibchens zur Zeit der Opposition auf über 40 Bogensekunden an – also auch unter diesem Gesichtspunkt bestehen günstige Voraussetzungen für die Beobachtung (vgl. Tabelle S. 100/101). Jupiter bringt tatsächlich mit der geringsten Vergrößerung den Anblick, den der Vollmond dem freien Auge bietet.

Deutlich als Scheibe präsentiert sich Jupiter dem Feldstecher-Beobachter. Dieser hat dann noch die Freude, das ständig wechselnde Bewegungsspiel der 4 großen Jupitermonde verfolgen zu können: Einmal stehen alle 4 auf einer Seite vom Planeten, bald stehen 2 rechts und 2 links. Hier kann man sich selbst überzeugen: Alles im Kosmos ist in Bewegung. Die Zebrastreifung der Jupiterscheibe selbst verlangt dagegen wenigstens einen Zweizöller. Fast parallel wechseln helle und dunkle Streifen ab. Das schaut schon ganz anders aus als etwa auf dem Mars.

Nun, mit Jupiter begegnet uns offensichtlich ein neuer Typ von Planet. Ein Gigant mit dem respektablen Äquatordurchmesser von 142 800 km – das ist mehr als das Zwanzigfache von Mars und mehr als das Zehnfache von Erde und Venus. Die Masse ist gar 318-mal größer als diejenige der Erde. Merkur, Venus, Erde und Mars sind nach Größe, Gestalt, Masse und Dichte durchaus ähnlich. Für sie gibt es deshalb die Bezeichnung »terrestrische Planeten« (lat. »terra« = Erde)

Die völlig andere kosmische Landschaft gegenüber den terrestrischen Planeten machten die Nahaufnahmen von Jupiter und einigen seiner Monde durch die amerikanischen Voyager-Raumsonden 1979 deutlich. Die Fotos zeigen eine an Strömungen und Turbulenzen reiche Atmosphäre. Dazu kommen die mächtige Masse und der damit verbundene größere Energievorrat. Die Astronomen sprechen von den »jupiterähnlichen Planeten«, weil Saturn und die noch weiter von der Sonne entfernten Planeten Uranus und Neptun ähnliche Merkmale haben.

Da ist also die zebraartige Streifung der Jupiterscheibe, von der sich jeder im kleinen Fernrohr ab 40facher Vergrößerung selbst überzeugen kann. Was ist das? Es handelt sich ausschließlich um Wolkengebilde der dichten Planetenatmosphäre. Hat man ein etwas größeres Fernrohr zur Hand mit Vergrößerungen zwischen 100- und 200-fach und dazu gute Sichtbedingungen, so lassen sich innerhalb der Streifen allerlei helle und dunkle Flecken, runde, ovale und längliche erkennen – wiederum alles Wolken. Der geübte Beobachter sieht, besonders im Spiegelfernrohr oder apochromatischen Refraktor, verschiedene Farbtönungen: Orange, Braun, Gelb, Creme, Hellblau und Rötlich.

Der Große Rote Fleck

Ein ganz besonders bekanntes, ja berühmtes wolkiges und farbiges Objekt ist der so genannte »Große Rote Fleck« (abgekürzt

Zonen (hell)   Süd   Bänder (dunkel)

SPR
SAZ   SPB
STZ   SAB
STrZ   STB
   GRF   SEB
EZ   EB
    NEB
NTrZ   NTB
NTZ   NAB
NAZ   NPB
NPR

Nord

Jupiter im Fernrohr

Die hellen Zonen und dunklen Bänder fallen bei der Beobachtung des Planeten Jupiter schnell auf. Unser Bild zeigt den Anblick im umkehrenden astronomischen Fernrohr, dabei ist Süden oben und Norden unten im Bild. Die Bezeichnung der Zonen und Bänder ist englisch. Die Abkürzungen bedeuten folgendes: SAZ = South Arctic Zone (südliche arktische Zone), STZ = South Temporate Zone (südliche gemäßigte Zone), STrZ = South Tropical Zone (südliche tropische Zone), EZ = Equatorial Zone (Äquatorzone), SPR = South Polar Region (südliche Polarregion), SPB = South Polar Belt (südliches Polarband), SAB = South Arctic Belt (südliches arktisches Band), STB = South Temporate Belt (südliches gemäßigtes Band), SEB = South Equatorial Belt (südliches Äquatorialband), EB = Equatorial Belt (Äquatorband). Am schnellsten rotiert die Äquatorzone (EZ) mit 9h50m. Die Rotationszeit nimmt mit der jovigrafischen Breite etwas zu (9h55m). Rotationsrichtung ist von rechts nach links (= von West nach Ost).

Analog ist die Zuordnung auf der Nordhemisphäre des Planeten, wo die entsprechenden Zonen und Bänder mit N = North (nördlich) gekennzeichnet werden. Mit GRF ist der Große Rote Fleck markiert, der zu einem der interessantesten Objekte auf einem Planeten unseres Sonnensystems überhaupt gehört.

Der Planetenriese Jupiter aus der Sicht des Hubble Space Telescope (HST). Aufnahme am 18. Mai 1994. Entfernung Jupiter–Erde 670 Millionen km. Der schwarze Punkt ist der Schatten des Mondes Io, der links des Schattens als gelbe Scheibe zu erkennen ist. Verschiedenfarbige Wolkenbänder bilden die obere Atmosphäre. Was wir sehen, sind Sturmwolken, die von der raschen Rotation des Planeten in die Länge gezogen werden. Gewitter mit gewaltigen Blitzentladungen beherrschen die Atmosphäre.

Seit Dezember 1995 schickte die Raumsonde Galileo Daten über den Planeten zur Erde. Sie bestätigten orkanartige Stürme in der dichten Atmosphäre, die aber trockener sein soll und weniger reich an Gewittern als angenommen. Galileo verglühte am 21. September 2003 in der Jupiteratmosphäre.

GRF) auf der südlichen Hemisphäre des Planeten, etwa in –25° Breite. Für ein Wolkengebilde ist er erstaunlich langlebig: Zum ersten Mal wurde der GRF bereits im Jahre 1664 beobachtet! Seit 1831 wird er regelmäßig von den Planetenbeobachtern festgestellt, gezeichnet und – seit das möglich ist – fotografiert. Der amerikanische Planetenforscher G. P. Kuiper hat ein Modell entwickelt, das den Zustand des GRF erläutert und gleichzeitig einen Einblick gestattet in die Vorgänge, die sich innerhalb der Jupiteratmosphäre abspielen.

So wird die Annahme wohl richtig sein, dass es sich beim GRF mit um die höchste Wolkensäule der Atmosphäre überhaupt handelt. Zwischen 1831 und 1970 hat der GRF in unregelmäßiger Geschwindigkeit 3-mal den Planeten umrundet. Die Energie, die notwendig ist, dem Gebilde diese Stabilität zu verleihen, wird geliefert durch die ständige Bereitschaft in der Atmosphäre zu Gewittern ungeahnten Ausmaßes. Ein Vergleich zu den Verhältnissen auf der Erde beiderseits des Äquators ist dabei durchaus am Platz, nur dass die Gewitterwolken auf der Erde viel weniger beständig sind.

Die anderen Wolkengebilde sind wesentlich kurzlebiger; doch lassen sich auch hier einzelne Objekte über Monate, sogar Jahre hinweg verfolgen.

Der Jupiter im Fernrohr

Bei der systematischen Beobachtung eines hellen oder dunklen Flecks fällt dem Beobachter schon nach einigen Stunden etwas auf: Der Fleck ändert deutlich seine Position, er bewegt sich also; im umkehrenden astronomischen Fernrohr wandert er in der Breite von rechts nach links und mit ihm andere etwa in der Nähe befindliche Objekte – Anzeichen für eine Rotation des Planeten, und zwar eine überraschend schnelle. Ja, der Planetengigant dreht sich in etwas weniger als 10 Stunden einmal um seine Achse! Ein Punkt am Äquator des Jupiter legt dabei in der Sekunde 12,5 km zurück (zum Vergleich der Wert auf der Erde: 0,46 km). Diese große Drehgeschwindigkeit des Planeten mit 142 800 km Durchmesser ist auch die Ursache, dass kaum Wolkenbewegungen vom Äquator nach den Polen hin zu beobachten sind. Die hellen und dunklen Wolkenstreifen umschließen fast immer den ganzen Parallelkreis, unterbrochen nur von mannigfaltigen Strömungen und Störungen, die auf die Turbulenz in der mächtigen Atmosphäre schließen lassen.

Für die zum Teil prächtige Färbung der Wolken gibt es Erklärungen. Wir sehen in diesen Farben das Spiel chemischer Prozesse. Sie werden beherrscht vom Wasserstoff. Bei genauen Untersuchungen stößt man immer wieder auf Wasserstoffverbindungen in der Atmosphäre: Methan, Ammoniak, auch H_2O und Schwefelwasserstoff. Unter dem Einfluss der Ultraviolettstrahlung der Sonne treten chemische Umwandlungen ein. Ammoniak und Schwefelwasserstoff zum Beispiel verbinden sich und polymerisieren zu Ammoniumpolysulfiden, die gelb und auch orange gefärbt sein können. Sinkt die Temperatur, kommt es zu weißen Verfärbungen. Ist die Polysulfidreihe genügend lang, besteht Neigung zu einer ausgesprochen rötlichen Farbe.

Jupiter ist – neben Mars – sicher ein ebenfalls sehr häufig beobachteter Planet. Vor allem haben ihn die Amateurbeobachter über viele Jahrzehnte hinweg überwacht und der Wissenschaft dabei wertvolles Datenmaterial zur Verfügung gestellt. Neben die Zeichnung tritt immer häufiger die Fotografie. Dass Amateure auf diesem Gebiet gleichfalls etwas zu leisten vermögen, beweist die Saturn-Aufnahme auf Seite 120 oben. Sieht man einmal von systematischen Positionsbestimmungen – dem Hauptaufgabengebiet des Sternfreundes – ab, so ist es für jeden Naturfreund ein fesselndes Erlebnis, während der Zeit der Op-

position – der Planet steht dann die ganze Nacht am Himmel – eine ganze Umdrehung zu verfolgen. Das dauert nicht länger als von abends bis morgens, weil ja der Planet in 9^h55^m rotiert. An den hellen und dunklen Flecken kann man verhältnismäßig einfach feststellen, wie weit sich der Gigant unter den Planeten von einer Stunde auf die andere gedreht hat. In einer solchen »Astronomen-Nacht« gibt es zusätzlich am Sternenhimmel manches Interessante zu sehen. Das ist übrigens eine Gelegenheit, um auch die scheinbare Drehung der Himmelssphäre, die von der Rotation der Erde verursacht wird, mitzuerleben.

Das Innere des Planeten

Die Atmosphärenkapsel der Jupiter-Sonde Galileo lieferte am 7. Dezember 1995 wichtige Informationen: Dichte und Temperatur der oberen Jupiteratmosphäre sind höher als erwartet. Eine zusätzliche Wärmequelle neben der Sonnenstrahlung muss vorhanden sein. Die Temperaturen in der Atmosphäre unter den sichtbaren Wolken lassen eine trockenere Atmosphäre vermuten. Bis in eine Tiefe von rund 200 km unterhalb der von der Erde aus sichtbaren Wolken hat die Atmosphärenkapsel Druck und Hitze standgehalten und brauchbare Daten geliefert.

Die Windgeschwindigkeit auf Jupiter nimmt mit der Tiefe nicht ab. Sie bleibt bei 540 km/h konstant. Die tiefsten von der Kapsel noch erreichten atmosphärischen Schichten sind sehr turbulent. Kräftig strömt der Wind vertikal auf und ab. Die obersten von der Erde aus beobachtbaren Wolkenschichten weisen offenbar immer wieder Lücken auf. Eine Wolkenschicht aus Wasser und Wassereis war nicht nachweisbar. Gewitter sind seltener als auf der Erde, aber die Blitze sind erheblich stärker als die irdischen.

So sehen Jupiter und seine 4 größten und hellsten Monde im kleinen Fernrohr aus. Eigentlich müsste man diese 4 Monde schon mit bloßen Augen sehen, aber die Überstrahlung des hellen Planeten verhindert das. Im Feldstecher lassen sich die Bewegungen der Monde und ihre verschiedenen Stellungen zueinander und zum Planeten schön beobachten.

Element	Relative Häufigkeit
Wasserstoff	1,0
Helium	0,1
Methan	1×10^{-3}
Ammoniak	2×10^{-3}
Wasser	2×10^{-3}
Neon	2×10^{-5}
Organische Verbindungen	1×10^{-5}
Phosphine	5×10^{-7}
Schwefelwasserstoff	2×10^{-5}
Argon	5×10^{-6}
Krypton	1×10^{-8}
Xenon	1×10^{-8}

Zusammensetzung der Jupiteratmosphäre. Die Werte wurden beim Abstieg der Atmosphärensonde am 7. Dezember 1995 bestimmt (aus: Sterne und Weltraum).

Über die Häufigkeit von Atomen und Molekülen in der Jupiteratmosphäre (relativ zum Wasserstoff) gibt die Tabelle Auskunft. Dass Wasserstoff dominiert, war schon vor Galileo bekannt. Von Helium und besonders von den Spurengasen ist weniger nachweisbar als vermutet wurde. Nicht vergessen darf man, dass die Atmosphärensonde unter Umständen ortsgebundene Ergebnisse gemeldet hat, die nicht für die ganze Atmosphäre verbindlich sind. Ein abschließendes Urteil über die Auswertung ist heute noch nicht möglich.

Unter der Atmosphäre vermuten die Wissenschaftler eine Schicht aus flüssigem Wasserstoff. Weiter aufs Planeteninnere zu steigt der Druck, und es bildet sich metallischer Wasserstoff. Die Kompression ist so stark, dass die Atome und Elektronen frei beweglich sind. Die sehr gute elektrische und Wärmeleitfähigkeit führte zu der Bezeichnung metallischer Wasserstoff. Es gibt einen festen Planetenkern mit 20 000 km Durchmesser. Er setzt sich aus Eisen- und Siliziumverbindungen zusammen.

Der metallische Wasserstoff ist mitverantwortlich für die starke Radiostrahlung und das Magnetfeld. Die notwendigen elektrischen Ströme werden von der inneren Wärme und der hohen Rotationsgeschwindigkeit erzeugt. Messungen von den Raumsonden Pioneer und Voyager aus kommen zu einer viel größeren Magnetfeldstärke als auf der Erde: am Jupiteräquator 12-mal größer und an den Polen das Fünfundzwanzigfache derjenigen der Erde.

Ausschnitt aus der besten Jupiteraufnahme der Cassini-Sonde am Tag der größten Annäherung, 30. Dezember 2000. Bildauflösung ca. 60 km/Pixel. Im Bild unten der Große Rote Fleck (GRF).

Einschlag eines Teils (Fragment H) des zertrümmerten Kometen Shoemaker-Levy 9 in die Atmosphäre des Planeten Jupiter. Die Aufnahmen wurden mit dem 3,6-m-Teleskop der Europäischen Südsternwarte (ESO) am 18. Juli 1994 gemacht. Die Entwicklung der mächtigen Explosionswolke (von oben nach unten):
19h36 WZ,
19h39 WZ,
19h42 WZ,
19h48 WZ,
20h15 WZ.
Die maximale Helligkeit dieser Explosionswolke erreichte die 50fache Helligkeit der Jupiteroberfläche, als Temperatur wurden 300 Kelvin gemessen. Die andere kreisförmige Erscheinung auf den Fotos stammt vom Einschlag des Fragments G von Shoemaker-Levy 9, der etwa 12 Stunden vorher erfolgt war.

Das starke Magnetfeld verursacht eine weit in den Weltraum hinausreichende Magnetosphäre, deren äußere Teile den Einwirkungen des Sonnenwindes ausgesetzt sind. Ionen und Elektronen des Sonnenwindes gelangen auch in den inneren Bereich der Magnetosphäre. Der innerste Jupitermond mit dem Namen Io unterliegt dem ständigen Einfluss der hochenergetischen Teilchen der Magnetosphäre. So werden Natriumatome aus der Oberfläche des Satelliten herausgelöst und erzeugen eine leuchtende Wolke, die mit größeren Teleskopen von der Erde aus im optischen Spektralbereich (589 Nanometer) nachgewiesen werden kann.

Jupitermonde und Jupiterring

Von den 4 großen Jupitermonden war bereits kurz die Rede. Insgesamt sind derzeit 39 Monde bekannt. Es ist durchaus möglich, dass einige von ihnen eingefangene Planetoiden (siehe S. 112) sind. Nur die 4 hellen Monde sind mit den teleskopischen Hilfsmitteln des Amateurs zu sehen. Die Entdeckung dieser 4 Monde ist ein Gesellenstück des eben erfundenen Fernrohrs gewesen. Das war im Jahr 1610, und die Entdecker waren Galilei in Italien und Marius in Deutschland. Die ersten »Fernröhren« waren zwar ziemlich ausladende Konstruktionen, in ihrer optischen Kraft jedoch einem Feldstecher von heute kaum überlegen. In ihren Dimensionen sind die 4 hellen Jupitermonde, die die Namen Io, Europa, Ganymed und Kallisto tragen, recht ausgewachsene Exemplare ihrer Art: Sie haben Durchmesser zwischen 4000 und etwas über 5000 km (zum Vergleich der Erdmond: 3480 km). In allen im Literaturverzeichnis auf Seite 187 angeführten astronomischen Jahrbüchern

Dreifache Sonnenfinsternis auf Jupiter
Mit dem Weltraumteleskop Hubble gewonnene Infrarotaufnahme am 28. März 2004 und deshalb etwas gewöhnungsbedürftig. Das Besondere: Schatten von den 3 Jupitermonden Ganymed (links am Rand), Io (links in der Mitte) und Kallisto (rechter Rand oben). Zwei der schattenwerfenden Monde sind mit im Bild: Ganymed als blauer Punkt und Io als weißer oberhalb der Bildmitte und rechts von seinem Schatten.

Jupitermond Io. Auf dem Bild ist ein Vulkanausbruch zu erkennen. Die blauweiße Stelle unten im Bild ist der Vulkan. Mond Io hat nahezu die gleiche Dichte und Größe wie der Erdmond. Anstelle der Einschlagskrater gibt es aktive Vulkane.

findet der Leser Angaben über die Sichtbarkeit dieser Jupitermonde.

Zum Programm von Galileo gehörten nahe Vorbeiflüge an den Jupitermonden Ganymed, Callisto und Europa in den Jahren 1996 und 1997. Die ersten Auswertungen zeigen eine Fülle von Details. Bereits beim Anflug auf Jupiter wurden auf Jupitermond Io, dessen Vulkanismus schon bekannt war, ein Eisenkern und ein Magnetfeld entdeckt. Auch der größte Mond, Ganymed, scheint ein Magnetfeld zu besitzen, dazu eine Oberfläche, die von einer Vielzahl von Einschlagskratern geformt wurde. Auf dem Jupitermond Europa müssen große Mengen an Wasser vorhanden sein. Fotos zeigen schwimmende Eisfelder, die durch die Hitze von Vulkanen oder Geysiren freigesetzt sein könnten. Unter der Eisdecke dieses Mondes, der etwa so groß ist wie der Erdmond, könnte es sogar einen Ozean geben. Die Sonde war bei ihren Vorbeiflügen an den Jupitermonden einer starken Strahlenbelastung ausgesetzt, die im Zusammenhang mit der vulkanischen Aktivität z. B. des Mondes Io zu suchen ist. Noch bis Mitte 2001 bleibt die Sonde aktiv. Gemeinsam mit der Saturnsonde Cassini führte sie im Dezember 2000 dreidimensionale Magnetosphärenuntersuchungen durch.

Mit mittelgroßen Amateurfernrohren kann man unter guten Sichtbedingungen die 4 Galilei'schen Monde als Scheibchen erkennen. Beobachter mit Instrumenten von 30 cm Öffnung aufwärts können auf Ganymed, dem größten Mond, sogar Oberflächenschattierungen wahrnehmen.

Die übrigen 35 Monde sind sehr viel kleiner: Mond V und Mond VI bringen es noch auf 160 km Durchmesser; die Maße aller anderen Monde liegen zwischen 30 und 60 km. Im März 1979 bestätigte Voyager 1 eine alte Vermutung: Jupiter ist von einem dünnen Ring umgeben. Der Ring hat eine Breite von 600 km, ist aber nur 30 km dick. Bis zu 5000 km ober- und unterhalb der Ringebene dehnt sich ein Halo aus, hervorgerufen durch feinen Staub, der beim Zusammenstoß der winzigen Ringteilchen (einige tausendstel Millimeter!) mit Mikrometeoriten entsteht.

Saturn: der Planet mit den Ringen

Wieder ein Stück weiter von der Sonne entfernt zieht Saturn seine Bahn um das Zentralgestirn. Er ist der fernste mit freiem Auge bequem sichtbare Planet und vervollständigt die Zahl der seit alten Zeiten den Menschen aller Kulturkreise bekannten Planeten: Merkur, Venus, Mars, Jupiter und Saturn. Je nach der Ringöffnung erreicht er eine Oppositionshelligkeit zwischen $-0,3^m$ und $+0,9^m$, auf jeden Fall eine scheinbare Helligkeit, die den Planeten zu einem auffälligen Objekt am Himmel macht.

Mit bloßen Augen und im Feldstecher fällt am Saturn noch nichts Ungewöhnliches auf. Höchstens ärgert sich der unerfahrene Beobachter bei Benutzung eines Glases, das 15–20fach vergrößert, dass eine Scharfeinstellung offenbar nicht gelingen will: Der Planet sieht immer ein wenig länglich aus.

Das ist auch schon Galileo Galilei 1610, als er Saturn zum ersten Mal durch sein Fernrohr betrachtete, aufgefallen. Dabei sah Ga-

Wechselnder Anblick der Saturnringe
Von oben: 1 = Ringsystem von der Kante (Erde geht von Nord nach Süd durch die Bahnebene der Ringe, Anblick 1995); es folgen 2 Zwischenstellungen (2 und 3) mit Blick auf die Südseite; 4 = größte Ringöffnung Südseite (Anblick 2002); 5 und 6 = Zwischenstellungen Südseite; 7 = Ringsystem von der Kante (Erde geht von Süd nach Nord durch die Bahnebene der Ringe, Anblick 2009); 8 und 9 = Zwischenstellungen Nordseite; 10 = größte Ringöffnung Nordseite; 11 und 12 = Zwischenstellungen Nordseite; 13 = Ringsystem von der Kante (Erde geht von Nord nach Süd durch die Bahnebene der Ringe). Etwa je 15 Jahre dauert die nördliche bzw. südliche Sichtbarkeit der Ringe. Also treten in rund 30 Jahren alle möglichen Anblicke der Saturnringe einmal auf, entsprechend der Umlaufzeit des Planeten um die Sonne (in 29 Jahren und 167 Tagen).

Saturn am 13. September 1999, aufgenommen mit einem 300-mm-Newton-Teleskop (f = 14 000) und CCD-Kamera LCCD 11. Belichtung 500 ms. Am kürzesten ist die Rotationszeit am Äquator (EZ) mit 10^h14^m. Sie wird polwärts mit 10^h 38^m deutlich länger.

lilei henkelförmige Ausbuchtungen an beiden Seiten des Planeten, die er sich nicht erklären konnte. Überraschenderweise verschwanden diese »Henkel« nach ein paar Jahren wieder. Erst Jahrzehnte später entdeckte Christian Huygens mit einem stärker vergrößernden Fernrohr den Ring um den Planeten. 1675 bemerkte Jean Dominique Cassini eine Teilung im Ring, die später nach ihm benannt wurde: die Cassini-Teilung.

Deutlich wird der Ring im kleinen Astro-Fernrohr bei Vergrößerungen ab 50fach. Um Enttäuschungen gleich vorzubeugen: der Anblick des Saturnrings wechselt. Leicht ist die Beobachtung, wenn wir von »unten« oder von »oben« auf den Ring schauen, den wir dann in seiner ganzen Größe sehen. Schwierig wird die Sache beim Blick auf die Kante: Da sieht man allenfalls eine dünne, helle Linie. Der Wechsel hat seine Ursache darin, dass die Ringebe-

F-Ring   **Enckesche Teilung**   **Cassinische Teilung**   **Planetenschatten auf den Ringen**   **Südpol**   **C-Ring**   **B-Ring**   **A-Ring**

Saturn am 7. März 2003, aufgenommen vom Weltraumteleskop Hubble im ultravioletten und sichtbaren Licht im Bereich zwischen 270 nm und 470 nm. Gut erkennbar sind die Strukturen der Ringe und die Bänder und Zonen der Atmosphäre.

ne genau in der Äquatorebene des Planeten liegt und wie diese rund 27 Grad gegen die Bahnebene des Saturn geneigt ist. Die Zeichnungen auf Seite 119 machen die sich daraus ergebenden Veränderungen deutlich und zeigen alle möglichen Ringanblicke. Die astronomischen Jahrbücher enthalten Angaben zur jährlichen Sichtbarkeit des Saturnrings.

Genau genommen haben wir es nicht mit einem, sondern mit mehreren Ringen zu tun. Ist die Ringöffnung genügend groß, erlaubt ein 3-zölliges Fernrohr bei 100-facher Vergrößerung mühelos die Wahrnehmung einer dunklen Trennungslinie, die den Ring in einen äußeren und einen inneren Ring teilt, die bereits erwähnte »Cassini-Trennung«. Seither ist dem Ringsystem viel Aufmerksamkeit gewidmet worden. Weitere, nicht so leicht sichtbare Trennungslinien wurden gefunden. Dazu stellte man unterschiedliche Helligkeiten der einzelnen Ringpartien oder Teilringe fest.

Die große Sensation aber brachte der Vorbeiflug von Voyager 1 an Saturn im November 1980. Die Auswertung der Aufnahmen zeigte ein Ringsystem mit Hunderten von Einzelringen. Horst W. Köhler schrieb dazu: »Der Vergleich des Saturn-Ringsystems mit einer ›kosmischen Schallplatte‹ ist durchaus zutreffend.« Auf den ersten Blick sehen die Ringe aus wie Rillen einer Schallplatte. Doch sind die Strukturen keineswegs gleichförmig. Materieanhäufungen bilden »Knoten« und andere Unregelmäßigkeiten. Untersuchungen, nach denen die festen Teilchen der Ringe von Staubkorngröße bis zur Größe von Gesteinsbrocken reichen, scheinen sich zu bestätigen. Dynamische Wechselwirkungen zwischen diesen Partikeln und Saturnmonden gilt es zu erforschen.

Das war, mehr noch als die Entdeckung der vielen Einzelringe, die eigentliche Sensation der Sondenaufnahmen. Selbst in den von der Erde aus beobachteten detaillosen Lücken, z. B. in der Cassini-Teilung, fanden sich ringförmig angeordnete Materieansammlungen. Wenn heute der Sternfreund mit den ihm zur Verfügung stehenden Instrumenten das Ringsystem beobachtet, sieht er selbst bei weit geöffnetem Ring nur 3 Ringe und 5 Teilungen. Die ganze Vielfalt

Der Saturnmond Titan. Mehrere Aufnahmen der Raumsonde Cassini am 26. Oktober 2004 aus 650 000–300 000 km Abstand wurden zu einem Mosaik vereinigt. Die Atmosphäre Titans dokumentiert der blaue Rand.

Karte von der Oberfläche des Saturnmonds Titan nach Beobachtungen mit dem Very Large Telescope (VLT) der ESO (siehe S. 23) in den Nächten vom 14. bis 16. Januar 2005.

des ausgedehnten Ringsystems demonstriert die auf Seite 120 stehende Aufnahme vom Weltraumteleskop Hubble.

Die Dicke der Ringe wird derzeit mit maximal 500 m angegeben. Die Gesamtmasse der Ringe erreicht nur $\frac{1}{25\,000}$ der gesamten Masse des Saturn.

Im Sonnensystem ist der Ring um den Saturn nicht mehr einmalig. Auch Jupiter, Uranus und Neptun haben Ringsysteme. Es gibt vernünftige Gründe dafür, dass die Entstehung von Ringsystemen um Planeten auf die Zertrümmerung von Monden und Planetoiden zurückzuführen ist. Es gibt ein Gesetz über eine Gefahrenzone, innerhalb der ein größerer Körper nicht bestehen kann, weil er von den Gezeitenkräften zerrieben wird. Tatsächlich entspricht die Entfernung des Saturnringes vom Planeten der dem Gesetz zugrunde liegenden Entfernung. Werner Sandner macht in dem schon zitierten Buch »Planeten – Geschwister der Erde« auf die Untersuchung des Astronomieprofessors Bucerius von der Sternwarte München aufmerksam: »Bucerius hat diese Frage eingehend diskutiert und kommt zu dem Ergebnis, dass die Saturnringe ihre Entstehung der Gezeitenwirkung des Planeten auf einen vordem existierenden Urmond verdanken. Bei der niederen Temperatur, die mit −180 ºC angenommen wird, ist das Material brüchig, d. h. die molekulare Kohäsion ist so gering, dass dieser Urmond durch die Gezeitenkräfte, die von Saturn ausgehen, gegen seine Eigengravitation in einen Haufen unzusammenhängender Teilchen zerfallen muss.«

Alles deutet darauf hin, dass die Teilchen der Ringe aus Eis bestehen oder dass sie Gesteinspartikel mit einem Eisüberzug sind. Entstehung und dauerhafte Existenz dieser Vielzahl von Ringen kann man wahrscheinlich nur mit der sehr komplexen Wechselwirkung der Gravitationskräfte von Saturn und seinen Monden erklären. Ringe um Planeten könnten Reste von Monden sein, die in einen bestimmten gravitativen Bereich (»Roche-Grenze«) gerieten und sich bei Zusammenstößen zerrieben haben. Es gibt auch die Annahme, dass bei der Ringentstehung niemals Monde Pate standen, sondern Urmaterieteilchen nach der Planetenbildung sich zu Ringen formierten.

In Zusammenhang mit der Darstellung des Planeten Jupiter ist auf die physikalischchemische Verwandtschaft der Planeten Jupiter, Saturn, Uranus und Neptun hingewiesen worden. Saturn steht Jupiter in der Größe nicht viel nach: Sein Durchmesser beträgt am Äquator 120 800 km. Die Rotationszeit ist etwas länger: zwischen 10 und 11 Stunden. Die Atmosphäre ist dicht, und die Abplattung ist sogar noch größer. Mit $\frac{1}{10}$ ist es die stärkste Abplattung von allen Planeten überhaupt. Die Planetenscheibe erscheint im Fernrohr nicht kreisrund, sondern deutlich elliptisch – davon kann sich jeder im kleinen Fernrohr bei Saturn und Jupiter selbst überzeugen. Die Abplattung ist das Ergebnis der raschen Umdrehung beider Planeten.

Ähnlich wie auf Jupiter sind auf Saturn helle und dunkle Streifen zu beobachten. Nur ist das hier schwieriger, weil Saturn doch einen erheblich kleineren scheinbaren Durchmesser hat, maximal 21 Bogensekunden zur Zeit der Opposition. Um helle und dunkle Flecken innerhalb der Streifen feststellen zu können, braucht man mindestens mittlere Optik, 5- bis 10-zöllige Fernrohre und Vergrößerungen zwischen 200- und 300-fach. Ähnlich wie auf Jupiter streckt die rasche Rotation die Wolken zu äquatorparallelen Bändern und Zonen. In Äquatornähe erreichen die Windgeschwindigkeiten extreme Werte mit bis zu 1800 km/h – nahezu das Vierfache im Vergleich zu Jupiter!

Das Innere Saturns ist ähnlich aufgebaut wie bei Jupiter. Auch Saturn besitzt eine innere Wärmequelle, die aus Restwärme aus der Zeit der Planetwerdung und noch aktiver Energieproduktion stammt. Während bei Jupiter ein Energieüberschuss allein aus Restwärme möglich zu sein scheint, benötigt der kleinere und mit weniger Masse versehene Saturn zusätzlich Energie, um doppelt so viel Energie abstrahlen zu können, wie er von der Sonne bekommt. Diese Energie wird ähnlich gewonnen wie bei der Erwärmung von Regentropfen, wenn sie auf die Erde fallen. Dabei wird aus der Gravitation gewonnene Bewegungsenergie in Wärme umgesetzt. Auf Saturn entmischen sich in einer bestimmten Schicht der Atmosphäre bei hohem Druck und hohen Temperaturen Helium und Wasserstoff. Dabei fallen Heliumtropfen in Richtung Planetenmittelpunkt.

Interessanterweise ist das Magnetfeld von Saturn trotz einer jupiterähnlichen Rotationszeit 20-mal kleiner. Wahrscheinlich wird in der weniger mächtigen Schicht des metallischen Wasserstoffs weniger Strom erzeugt. Ähnlich wie bei Jupiter erzeugt das Zusammentreffen von Magnetosphäre und Sonnenwind eine magnetische Stoßfront, die die Bahn des größten Saturnmonds Titan kreuzt. Dabei gelangt Wasserstoff aus der Atmosphäre des Titan in eine Bahn um den Saturn. Das führt zur Entstehung eines ausgedehnten Wasserstoffrings. Wichtige Informationen lieferten bereits die 3 ersten Sonden, die Saturn einen Besuch abstatteten: Pioneer 11, Voyager 1 und Voyager 2 in den Jahren zwischen 1979 und 1981. Nach einer fast 7-jährigen Reise durch das Sonnensystem (Start 1997) erreichte das Raumsondenpaar Cassini-Huygens am 1. Juli 2004 Saturn. Die Sonde Cassini wird über 4 Jahre hinweg Daten über die Atmosphäre, den inneren Aufbau, die Monde, das Ringsystem und das Magnetfeld beschaffen. Die an Cassini angedockte »Eintauchsonde« Huygens landete am 14. Januar 2005 in einer dunklen, mit abgerundeten Eisbrocken übersäten Gegend Titans.

Die hellen Saturnmonde sieht man in größeren Amateurfernrohren. Das gilt für 5 von insgesamt 30 derzeit bekannten Monden: Titan, Rhea, Japetus, Thethys und Dione. Mond Titan hat mit einem Durchmesser von fast 5150 km die Größenordnung der hellen Jupitermonde. Nun bringt es die größere Entfernung mit sich, dass sogar dieser mächtigste der Saturnmonde nur die scheinbare Helligkeit von 8,3^m erreicht. Immerhin kann man nach ihm bereits mit einem 2- bis 3-zölligen Fernrohr Ausschau halten. Wegen der genauen Daten zur Sichtbarkeit wird wieder auf die astronomischen Jahrbücher verwiesen.

Wie die Jupitermonde auch, sind die größeren Monde des Saturn von den Voyager-Sonden fotografiert worden. Waren es die Vulkane auf den Jupitermonden, die für Überraschungen sorgten, befindet sich unter den Saturnmonden der einzige des Sonnensystems mit einer Atmosphäre. Es ist der Mond Titan, dessen Atmosphäre zum größten Teil aus molekularem Stickstoff besteht. Die kleinen Monde kennzeichnet die unregelmäßige Gestalt (Saturnmond Hyperion ist fast scheibenförmig!) und eine von Kratern übersäte Oberfläche.

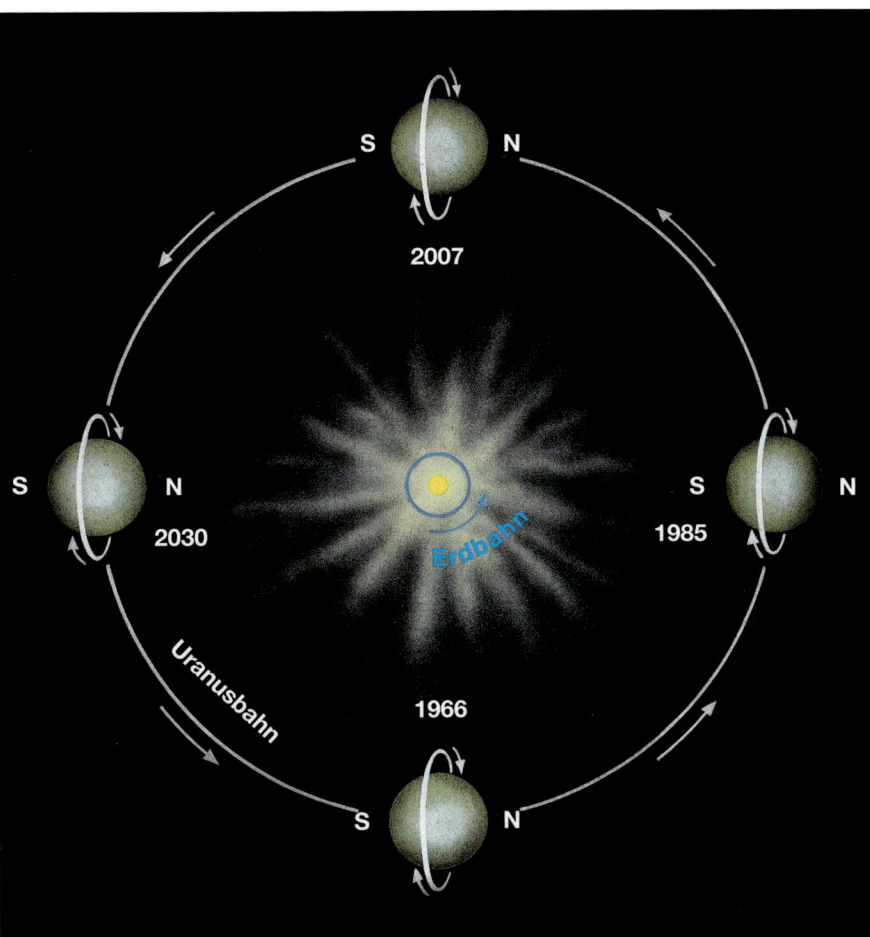

Die Rotationsachse von Uranus ist um 98 Grad gegen die Senkrechte der Bahnebene geneigt. Der Planet zeigt uns einmal pro Umlauf den Anblick auf seinen Südpol, 21 Jahre später auf die Äquatorgegend, weitere 21 Jahre später auf den Nordpol und dann wieder auf die Äquatorregion.

Saturnmond Enceladus von Voyager 2 aus fotografiert. Die Oberfläche ist Eis und reflektiert fast 100 % des auftreffenden Sonnenlichts.

Uranus, Neptun, Pluto: Planeten am Rand des Sonnensystems

Saturn ist der fernste noch mühelos mit bloßen Augen zu sehende große Planet. Die Vermutung eines Planeten auf einer Bahn zwischen Mars und Jupiter hat die Planetenbeobachter im 18. Jahrhundert angeregt, nach noch unentdeckten Planeten Ausschau zu halten. Es wurde zwar nicht der gesuchte Planet zwischen Mars und Jupiter gefunden, jedoch ein neuer Planet jenseits der Bahn des Saturn: Am 13. März 1781 entdeckte W. Herschel den Planeten Uranus, den er zunächst für einen Kometen

hielt. Eigentlich ist es verwunderlich, dass es nicht schon früher zu dieser Entdeckung gekommen ist. Uranus erreicht in der Opposition eine scheinbare Helligkeit von etwa 5,5^m und ist demzufolge gerade noch mit freiem Auge erkennbar. Interessanterweise ist Uranus im 17. und frühen 18. Jahrhundert schon ein paarmal beobachtet, aber für einen Fixstern gehalten worden.

Uranus

Uranus ist mit 50 800 km Durchmesser kein kleiner Himmelskörper, aber die Entfernung macht die Beobachtung schwierig: Der scheinbare Durchmesser der Planetenscheibe erreicht bestenfalls knapp 4 Bogensekunden. In Bezug auf Abplattung, Dichte und rasche Umdrehung weist er bereits von Jupiter und Saturn her bekannte Merkmale auf. Ganz wesentlich unterscheidet er sich aber von diesen beiden und allen anderen Planeten durch die Tatsache, dass seine Rotationsachse nahezu genau in seiner Bahnebene liegt. Da die Bahnneigung des Uranus gegen die Ekliptik unbedeutend ist, steht der Äquator des Planeten fast senkrecht auf der Ekliptik. Ein Sonderfall unter den Planeten: Uranus wälzt sich auf seiner Bahn! Die Annahme bietet sich an, dass ein Zusammenstoß mit einem anderen Himmelskörper diese außergewöhnliche Lage geschaffen hat.

Am 24. Januar 1986 flog Voyager 2 in 93 000 km Entfernung an Uranus vorbei. Die von der Sonde gewonnenen Bilder zeigen eine strukturlose Atmosphäre, zurückzuführen auf einen starken Dunstschleier, der den Planeten umgibt. Filteraufnahmen weisen in tieferen Schichten der Atmosphäre Wolken nach, die sich mit einer Geschwindigkeit von 100 m/s bewegen. Jetstreams auf der Erde in 9 km Höhe haben die gleiche Geschwindigkeit. Die Westwinde auf Saturn erreichen in äquatornahen Breiten bis 500 m/s.

An der Obergrenze der Atmosphäre existiert eine Wolkenschicht aus gefrorenem Methan. Das Methangas absorbiert den roten Anteil des Sonnenlichts. Das verursacht die blau-grüne Farbe, von der sich der Beobachter bereits mit einem kleinen Fernrohr überzeugen kann. Die Wolken tiefer in der Atmosphäre bestehen aus Ammoniak und Wasser. Oberhalb der sichtbaren Wolkendecke umgibt den Planeten eine weit in den Weltraum hinausreichende Wasserstoffkorona.

Die scheinbare Helligkeit von Uranus ist nicht konstant. Das ist sie zwar auch bei den anderen Planeten nicht, da der wechselnde Abstand Sonne–Planet und Erde–Planet Veränderungen verursacht. Bei Uranus kommen aber noch andere Umstände hinzu: Da ist einmal die wechselnde Stellung der Rotationsachse und dann offensichtliche periodische Veränderungen des Reflexionsvermögens der Atmosphäre (»Pulsationserscheinungen«). Weil sich die einzelnen Helligkeitsveränderungen gegenseitig überlagern, kann es insgesamt zu einem Lichtwechsel in der Größenordnung 1,3^m kommen!

Ein sehr dünnes Ringsystem ist von der Erde aus sehr schwierig zu beobachten. Die sehr dünnen Ringe (knapp 10 km breit) sind durch große Zwischenräume voneinander

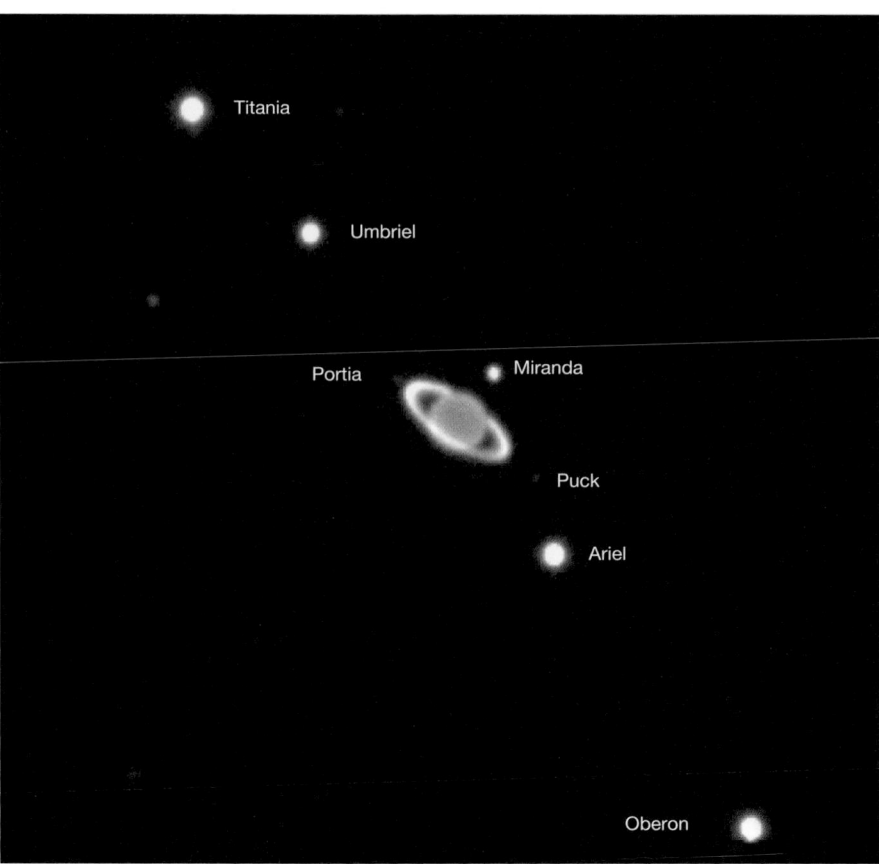

Aufnahme von Uranus mit Monden am 19. November 2002 mit dem Very Large Telescope der Europäischen Südsternwarte. Alle Monde sind nach Figuren aus William Shakespeares Stück »Ein Sommernachtstraum« benannt: Titania, Oberon, die beiden größten, Ariel, Umbriel, Miranda, Portia und Puck. Gut zu sehen ist auch das Ringsystem des Uranus.

getrennt. Die dunklen oder farblosen Ringteilchen reflektieren gerade 2 % des Sonnenlichts. 1977 bereits wurden die Uranusringe von der Erde aus per Zufall entdeckt. Helligkeitsschwankungen vor einer Sternbedeckung durch Uranus brachten die Astronomen auf die Spur.

Mittlerweile sind von Uranus 27 Monde bekannt. Die beiden hellsten (ca. 14^m), Titania und Oberon, entdeckte W. Herschel 1787. Die Monde Ariel und Umbriel fand 1851 Lassell, der damals mit einem 61-cm-Spiegelteleskop auf Malta beobachtet hat. Ihre Helligkeiten liegen bei 16^m. G. P. Kuiper entdeckte 1948 den 17^m hellen Mond Miranda. Schließlich ermittelte man 10 neue Monde auf den Bildern der Raumsonde Voyager 2.

Die Oberflächen der großen Uranusmonde zeigen Krater (Oberon und Umbriel) und verschiedene Spuren von gefrorenem Wasser. Auch gebirgige Strukturen mit Erhebungen und Tälern fotografierten die Kameras von Voyager 2. Die beiden äußeren Monde Titania und Oberon kann der besser ausgerüstete Sternfreund selbst aufnehmen – allerdings ohne die erwähnten Strukturen.

Neptun

Schon Uranus verdankt seine Entdeckung vorangegangenen theoretischen Überlegungen, und so sind auch bei den Planeten Neptun und Pluto Mathematiker Entdeckungshelfer gewesen. Die Planetenbahnen wurden im 19. Jahrhundert immer genauer durchgerechnet, zum Teil mit neuentwickelten Rechenverfahren. Da konnte es nicht lange verborgen bleiben, wenn es bei einer Bahn Unregelmäßigkeiten gab, so

Neptun weist wie Jupiter und Saturn konzentrisch um die Pole angeordnete Wolkenstrukturen auf. Die Aufnahmen stammen vom Weltraumteleskop Hubble aus den Jahren 1996, 1998 und 2002 im sichtbaren Licht bei 467 nm (blau) und 673 nm (rot) und im nahen Infrarot bei 850 nm.

genannte Störungen. Das war bei Uranus der Fall. Der Schluss lag nahe, dass der Störenfried ein jenseits der Uranusbahn befindlicher Planet sein müsste. Am 23. September 1846 entdeckte der Astronom Galle einen neuen Planeten, der den Namen Neptun erhielt.

Dieser kann zur Zeit der Opposition 7,7^m hell werden. 6 von den 8 Monden wurden erst im August 1989 beim Vorbeiflug der Sonde Voyager 2 entdeckt. Auch gelang der Nachweis gewaltiger Sturmwirbel in der Atmosphäre des Planeten und eines Großen Blauen Flecks, vergleichbar mit dem GRF auf Jupiter.

Der Neptunmond Triton hat an der Oberfläche eine Temperatur von 37 Kelvin und besitzt damit die tiefste gemessene Temperatur im Sonnensystem. Die Oberfläche lässt Spuren erkennen, die auf vereiste Lava, Eisvulkane und Krater hinweisen. Wahrscheinlich wurde Triton irgendwann einmal von Neptun eingefangen. Das verrät auch die rückläufige Bahn (retrograd) um Neptun. Die 6 von Voyager entdeckten Monde sind dunkle, unförmige Gebilde. Sie sind so klein, dass ihre Schwerkraft nicht ausreicht, Kugeln zu bilden.

Das von R. Häfner und J. Manfroid 1984 auf der Europäischen Südsternwarte in Chile erstmals beobachtete Ringsystem ist be-

stätigt worden. Voyager 2 bildete 3 Ringe ab. 2 dieser Ringe sind sehr dünn. Ein dritter Ring, sehr viel breiter, befindet sich innerhalb der 2 dünnen Ringe und reicht vielleicht sogar bis in die obere Schicht der Neptunatmosphäre. Gleich den Ringen um Uranus sind die Neptunringe sehr dunkel. Vermutlich bestehen sie zum Teil aus Methaneis. Durch die Sonneneinstrahlung hat hier eine Umwandlung in ein teerartiges Produkt stattgefunden.

Pluto

Die Entdeckung dieses Planeten geht ebenfalls auf Bahnstörungen zurück, die zur Ortsberechnung geführt haben, und zwar stellte der Amerikaner Lowell fest, dass auf die Uranusbahn noch ein anderer Planet als Neptun einwirken müsse. Die Astonomen waren hierbei vom Erfolg visueller Suchbeobachtungen nicht mehr überzeugt und setzten die nun zur Verfügung stehenden fotografischen Mittel ein. Im Januar 1930 stellt Clyde Tombaugh den gesuchten Planeten auf 2 Fotoplatten als Objekt mit der Helligkeit 15^m fest. Tatsächlich kann Pluto nie heller als 14,3^m werden, und die meisten Sternfreunde werden sich mit der Feststellung begnügen müssen, dass es

Größenvergleich der Transneptune Sedna und Quaoar mit bekannten Objekten im Sonnensystem (Pluto, Mond und Erde).

Neptunmond Triton, aufgenommen am 20. August 1989 von der Raumsonde Voyager 2. Einzelheiten bis zu 100 km im Durchmesser können ausgemacht werden. Die blassrosa Färbung ist möglicherweise auf rötliche Materie zurückzuführen, die aus Methan und Eis besteht. Die dunklen Gebiete oben im Bild scheinen einem Gürtel dunkler Oberflächenstrukturen zugehörig.

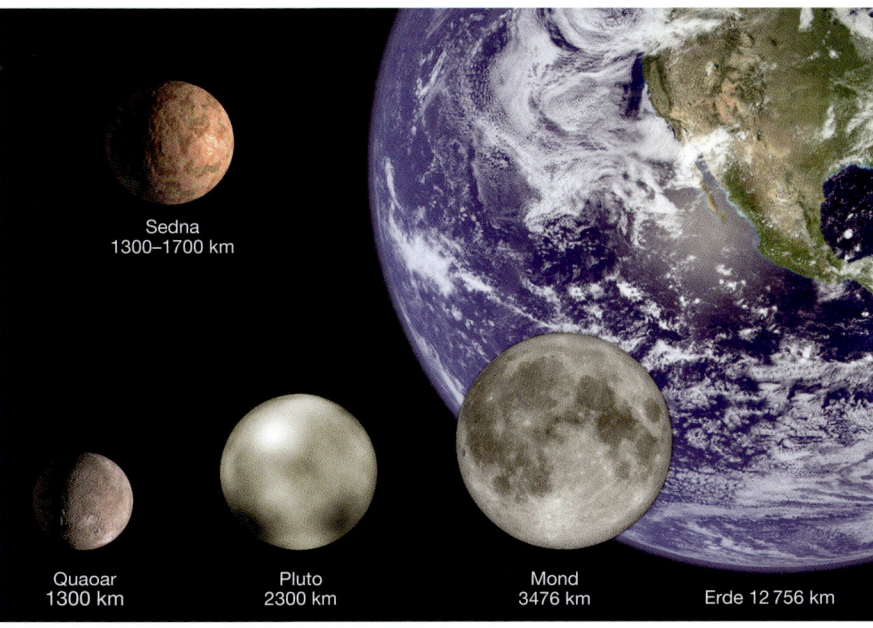

Sedna
1300–1700 km

Quaoar
1300 km

Pluto
2300 km

Mond
3476 km

Erde 12 756 km

diesen Planeten wirklich gibt. 1978 wurde ein Mond des Pluto entdeckt, der den Namen Charon bekommen hat.

Spektroskopische Untersuchungen weisen auf große Unterschiede in der chemischen Zusammensetzung: Pluto besitzt Stickstoff, Methan und Kohlenmonoxid in Eisform sowie Ethan gelöst in Stickstoff. Auf dem Mond Charon konnte nur Wassereis nachgewiesen werden.

Manches deutet darauf hin, dass jenseits von Pluto noch planetenähnliche Objekte vorhanden sind bzw. in früheren Epochen vorhanden waren. Die Bahnlagen des Uranus oder des Neptunmondes Triton können verursacht worden sein durch die Kollision mit Objekten aus dem äußeren Sonnensystem bzw. im Fall Triton könnte es sich um ein solches Objekt handeln, das Neptun in sein System gezwungen hat.

2002 und 2004 wurden am Rand des Sonnensystems 3 große Transneptune entdeckt, die den Status von Pluto als äußerstem Planeten gefährden können. Zwar ist Pluto mit 2300 km Durchmesser deutlich größer als die Neuentdeckungen. Quaoar, entdeckt 2002, bringt es auf 1300 km, die 2004 gefundenen Objekte Sedna und noch namenlos 2004 DW auf 1700 bzw. 1600 km. Während 2004 DW eine Bahnlage ähnlich Pluto hat, handelt es sich bei Sedna um ein Objekt mit einer Umlaufbahn weit jenseits des Kuiper-Gürtels.

Die Kometen: Wanderer im Weltraum

Die Schweifsterne haben dereinst Furcht und Schrecken unter den Menschen verbreitet. Wahrscheinlich hängt das einfach damit zusammen, dass auffällige Kometenerscheinungen verhältnismäßig seltene, dann aber wochen- und monatelang beherrschende Phänomene am Himmel sind. Die oft imposante Schweifbildung tat noch das ihre, um den Menschen die Kometenangst einzujagen. Auffällige Kometen scheinen indessen in unserem Jahrhundert rar geworden zu sein. Seit dem Erscheinen des berühmten periodischen Kometen Halley im Jahr 1910 hat sich auf diesem Gebiet nicht viel ereignet. Die Wiederkehr des Halley'schen Kometen 1986 war nicht das große Spektakel, das erwartet worden war. Vor allem auf der Nordhalbkugel der Erde ist der Komet ein wenig auffälliges Objekt am Himmel geblieben. Der Überraschungs-Komet von 1996 war die Entdeckung des japanischen Amateurs Yuji Hyakutake am 31. Ja-

nuar. Zu diesem Zeitpunkt war der Komet Hale-Bopp bereits entdeckt. Ausgerüstet mit 40-cm-Spiegelteleskopen, fanden unabhängig voneinander die Amerikaner Thomas Bopp und Alan Hale am 22. Juli 1995 den Kometen, der im Frühjahr 1997 zum großen Beobachtungsereignis wurde.

Es gibt viele Sternfreunde in aller Welt, die den Himmel systematisch nach Kometen durchforsten. Ein dafür ideal geeignetes Instrument ist der Feldstecher mit hoher Lichtstärke und großem Gesichtsfeld. Die üblichen Vergrößerungen zwischen 10- und 20-fach genügen vollauf. Rudolf Brandt empfiehlt dem Beobachter: »Man durchmustere den Westhorizont nach Sonnenuntergang und den Osthorizont vor Sonnenaufgang, dort besteht am ehesten Aussicht, einen Kometen zu finden. Eins ist dabei allerdings wichtig: Man muss die kleinen Nebel und Sternhaufen kennen, um sie von einem Kometen unterscheiden zu können, denn im Anfangsstadium sehen Kometen gewissen Nebelflecken oft recht ähnlich. Glaubt man bei solchen Durchmusterungen, ein kometenverdächtiges Objekt gefunden zu haben, so gibt es ein untrüg-

liches Zeichen dafür, ob es wirklich ein Komet ist: die Bewegung des Objekts unter den Sternen.«

Gut eignen sich für die Suche auch die neuen, lichtstarken Refraktoren (»Kometensucher«) und Newton-Spiegelteleskope mit Öffnungsverhältnis 1:8 bis 1:5 und Weitwinkelokularen.

Sowohl am Himmel wie auf seiner Sternkarte muss sich der Kometenjäger also auskennen. Sonst kommt es zur peinlichen Überraschung, dass (nach W. D. Heintz) »der vermeintliche Komet ein Dunststreifen im Scheinwerferlicht des Flughafens« ist!

Neuentdeckte Kometen bekommen den Namen ihres oder ihrer Entdecker (bei Gleichzeitigkeit). Daneben werden die Kometen eines Jahres zunächst mit der Jahreszahl und einem Buchstaben geordnet (Komet 1972a für den in diesem Jahr erstentdeckten Kometen). Ist die Bahn endgültig bekannt, werden die Kometen des Jahres in der Reihenfolge ihrer Periheldurchgänge (sonnennächster Bahnpunkt) mit römischen Ziffern gekennzeichnet (Komet 1972 l).

Hat ein Beobachter – was durchaus vor-

Komet C/1995 01 Hale-Bopp, aufgenommen im Frühjahr 1997. Nach der neuen international vereinbarten Kennzeichnung gibt der erste Großbuchstabe die Umlaufzeit an (C = größer als 200 Jahre, P = bis 200 Jahre). Es folgen das Jahr der Entdeckung, ein weiterer Großbuchstabe für den Halbmonat der Entdeckung (O für 2. Julihälfte) und eine arabische Ziffer für die Reihenfolge der Entdeckungen in dem betreffenden Halbmonat.

kommt – mehrere Kometen entdeckt, so steht nach seinem Namen noch eine Zahl, die angibt, um den wievielten entdeckten Kometen dieses Beobachters es sich handelt.

Seit 1995 wird eine neue Nomenklatur der Kometen verwendet, die in der Legende zum Foto auf Seite 126 erklärt wird. Die alte Nomenklatur wird aber in der Literatur noch verwendet.

Die Ähnlichkeit der Kometen mit Nebelflecken zu einem bestimmten Zeitpunkt wirft sofort die Frage auf, wann sich der Komet eigentlich durch seinen Schweif kenntlich macht. Dazu ein paar Anmerkungen über die Bahn der Kometen. Wie die Planeten bewegen sich die Kometen im Gravitationsfeld der Sonne. Es sind kleine kompakte Körper mit Durchmessern zwischen 1 km und mehreren 100 km. Dieser so genannte Kometenkern kann von der Erde aus nur dann beobachtet werden, wenn er nahe genug ist, um genügend Sonnenlicht zu reflektieren. Das Eigenleuchten um den Kern ist minimal. In der Regel sind Kometenbahnen Ellipsen. Die Kometen sind Kleinkörper des Sonnensystems und umrunden die Sonne. Kometen, die sich auf Parabel- oder Hyperbelbahnen bewegen, kommen aus dem Weltraum außerhalb des Sonnensystems und bewegen sich wie-

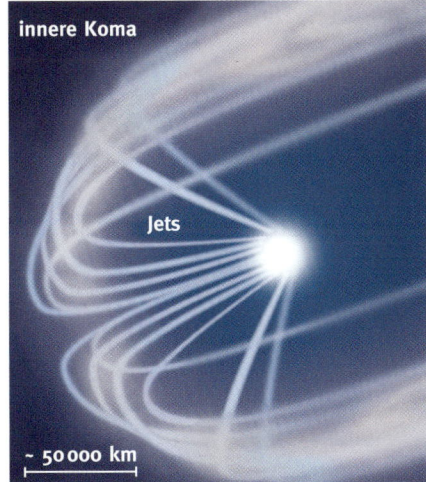

Das Eis eines Kometenkerns sublimiert im Sonnenlicht, reißt Staub mit sich und strömt in Jets fort.

Das Licht prallt auf den Staub und lenkt die Jets ab.

der dorthin zurück. Der Komet kommt also aus der äußersten Ferne des Planetensystems in Sonnennähe. Erst ab etwa Saturn-Entfernung wird der Kometenkern hell genug, um die Chance zu haben, von der Erde aus registriert zu werden. Die Schweifent-

wicklung hat zu diesem Zeitpunkt noch gar nicht begonnen. Aber mit zunehmender Annäherung an die Sonne erwärmt sich der Kometenkern immer mehr, wodurch Strukturveränderungen ausgelöst werden. Materie an der Oberfläche des Kometenkerns be-

Die Jets fächern auf und verschmelzen zum rötlich schimmernden Staubschweif. Der Plasmaschweif entsteht, wenn der Sonnenwind vom Sonnenlicht ionisierte Atome mit hoher Geschwindigkeit fortträgt.

Komet Machholz bei den Plejaden, Januar 2005.

ginnt zu verdampfen und erzeugt um den Kern herum eine Gashülle (in der Fachsprache heißt sie Koma). Interessanterweise leuchtet diese Gashülle im eigenen Licht. Dazu F. Gondolatsch vom Astronomischen Recheninstitut in Heidelberg in der Monatsschrift »Sterne und Weltraum«: »Die spektroskopische Untersuchung dieses Eigenleuchtens ist die Hauptquelle unserer Kenntnisse vom Aufbau der Kometen und von den physikalischen Vorgängen in ihnen.«

Kommt nun der Komet der Sonne immer näher, so reißt die Sonnenstrahlung einen Teil der Gashülle weg – der Plasmaschweif bildet sich, ionisiertes Gas aus elektrisch ge-

laden Atomen und Molekülen. Der Staubschweif hat eine viel gröbere Struktur und erscheint häufig als breite, diffuse Schleppe. Es ist der Strahlungsdruck des Sonnenlichtes, der die Staubpartikel der Koma »wegbläst«. Schweife können geradlinig (Regel) und gekrümmt sein. Es treten manchmal Schwankungen in der Länge wie in der Sichtbarkeit auf, wohl zurückzuführen auf Vorgänge im Kometenkern und der Gashülle unter dem Einfluss der starken Sonnenstrahlung. Die Materie im Schweif ist sehr dünn, wie auch die Masse des Kometenkerns äußerst gering ist: ein Millionstel der Erdmasse.

Der Kometenkern ist eine Mischung aus Eis

(gefrorenes Wasser, verfestigte Gase, Ammoniakeis, Methaneis u. a.) und Elementen wie Eisen, Kalzium, Magnesium, Mangan, Silizium, Nickel, Aluminium und Schwefel. Bei der Verdampfung an der Oberfläche in Sonnennähe bleibt einiges von dem metallischsteinigen Material auf der Kometenbahn zurück. Es bilden sich Teilchenwolken, die die gleiche Bahn wie der Kometenkern ziehen. Gelangt ein Planet in eine solche Teilchenwolke, kommt es zum »Zusammenstoß« – wir erleben ihn auf der Erde in Form der Sternschnuppenschwärme (siehe S. 130). Ob auf diese Weise organische Moleküle durch den Weltraum transportiert wurden und auch auf die Erde gelangt sind, ist eine wissenschaftliche Spekulation. Bis die gesamte Materie eines Kometenkerns durch Verdampfung verbraucht ist, vergeht schon etwas Zeit. So führen die periodischen Kometen Dutzende bis Hunderte von Umläufen um die Sonne durch. Über neue Kometen informiert die »Vereinigung der Sternfreunde« ihre Mitglieder.

Die Statistik kennt etwa 1000 Kometen, die im Verlauf der Jahrhunderte von der Erde aus entdeckt und beobachtet worden sind. Nur knapp 100 von ihnen wurden wiederholt beobachtet. Der Erde am nächsten kam bislang ein 1983 vom Infrarotsatelliten IRAS entdeckter Komet. In 5 Millionen km Entfernung von der Erde führte ihn seine Bahn vorbei.

Die häufigste Bahnform sind die elliptischen Bahnen. Sie zwingen die Kometen zum Bleiben im Sonnensystem. Die Wiederkehr des Halley'schen Kometen ist das bekannte Beispiel für einen periodischen Kometen. Seine Berühmtheit beruht darauf, dass er der erste Komet war, der zum vorhergesagten Zeitpunkt wieder erschienen ist. Im ausgehenden 17. Jahrhundert berechnete Edmond Halley die Bahn dieses Kometen für 1682 und sagte das Wiedererscheinen für 1758 voraus. Rückrechnungen haben ergeben, dass der Halley'sche Komet bereits im Mittelalter und im Altertum wiederholt beobachtet worden ist.

Am 7. Februar 1999 ist von Cape Canaveral (Florida) die Weltraum-Mission Stardust gestartet. Zum ersten Mal soll eine Raumsonde Teilchen jener Materie einfangen, aus der vor 4,6 Milliarden Jahren unser Sonnensystem entstanden ist. Die kosmischen Partikel stammen vom Kometen Wild 2, an

Komet Shoemaker-Levy 9 am 1. Juli 1994, 2 Wochen vor dem Sturz in die Atmosphäre des Planeten Jupiter. Unter Einwirkung der Gravitationskräfte des Planeten ist der Komet bereits in mehrere Stücke zerrissen (s. auch Fotos S. 118).

Der dunkle, kohlenstoffreiche Kern des Halley'schen Kometen. Erkennbar sind auch die hellen Gas- und Staubausbrüche. Ausdehnung des Kometen 16 km Länge und 8 km Breite. Aufnahme der Sonde Giotto im März 1986 aus 600 km Entfernung.

Kern des Kometen Wild 2. Die größeren Strukturen wurden bereits mit Namen belegt (vgl. Text). Aufnahme der Sonde Stardust.

dem Stardust am 2. Januar 2004 in 236 km Entfernung vorbei geflogen ist, und von kürzlich entdeckten interstellaren Staubströmen, deren Bahnen Stardust auf dem Weg zum Kometen und zurück zur Erde mehrfach kreuzt. Jetzt schon liegen vorzügliche Bilder von dem nur 5 km großen Kern des Kometen Wild 2 vor.

Der auf dem Bild rechts oben mit »Linker Fuß« bezeichnete Krater ist etwa 1 km groß. Bei Wild 2 handelt es sich um einen festen Körper und nicht um einen locker gepackten »Schwarzen Schneeball«.

Nach insgesamt 7 Jahre dauerndem Flug über 5,2 Milliarden km wird die kosmische Urmaterie Anfang des Jahres 2006 auf der Erde erwartet. Mit Stardust befindet sich jetzt die 2 von insgesamt 5 Raumsonden auf dem Weg zu verschiedenen Kometen. Die europäische Kometensonde Rosetta startete am 2. März 2004 zum Kometen 67P/Tschurjumow-Gerasimenko. Dort soll 2011 eine Messstation gelandet werden.

Die Bahnen der Kometen insgesamt weisen auf eine Kometenwolke, auch Oort'sche Wolke genannt, die sich am Rand des Son-

nensystems weit in den interstellaren Raum hinein erstreckt. Obwohl weit von der Sonne entfernt, reicht deren Anziehungskraft noch aus, um alle Kometen auf elliptischen Bahnen zu halten, die sie irgendwann einmal ins Innere des Sonnensystems bringen. Mehrere Millionen Jahre braucht ein Komet aus dieser Ferne für einen Umlauf. Seine Reisegeschwindigkeit beträgt nur 144 km/h. Mit der Kometenwolke ist auch die Grenze unseres Sonnensystems gekennzeichnet. Knapp hinter der Umlaufbahn des Planeten Neptun befindet sich ein Sammelbecken von Kometenkernen, im Kuiper-Gürtel. Von hier aus starten bevorzugt kurzperiodische Kometen ihre Bahn um die Sonne.

Kometen sind interessant für die Forschung. Da sie sich seit ihrer Entstehung kaum verändert haben, sind sie Dokumente aus der Ursprungszeit des Sonnensystems. Wegen ihrer Kälte wird sogar darüber nachgedacht, ob sie für den Transport tiefgefrorener Viren aus dem Weltraum geeignet sind. Haben vielleicht Kometen auch das Leben auf die Erde gebracht? Die Kometensonden sollen in naher Zukunft das Rätsel lösen.

Sternschnuppen: Materie aus dem Weltraum

Am 13. November 1833 bricht ein himmlisches Feuerwerk aus! In überraschender Häufigkeit blitzen die Sternschnuppen aus dem Sternbild des Löwen – bis zu 20 in der Sekunde! Die Bevölkerung ist verblüfft, betroffen! In einer Reihe von Bildern wird das Naturereignis der Nachwelt überliefert.

Nicht immer fallen Sternschnuppen so zahlreich, aber es scheint bestimmte Jahreszeiten zu geben, in denen mit einer größeren Häufigkeit zu rechnen ist. Warme Sommernächte verlocken zum Aufbleiben und auch zu einem Blick an den Sternenhimmel. Sicher ist dabei dem einen oder anderen aufgefallen, dass besonders in der ersten Hälfte des August Sternschnuppen häufig zu sehen sind. Der Beobachter hat sich nicht getäuscht: Die erste Augusthälfte ist die Zeit des Perseidenstroms, der – Ausnahmen bestätigen die Regel – ergiebige Sternschnuppenfälle bringt. Der Name kommt vom Sternbild Perseus: Die aufblit-

129

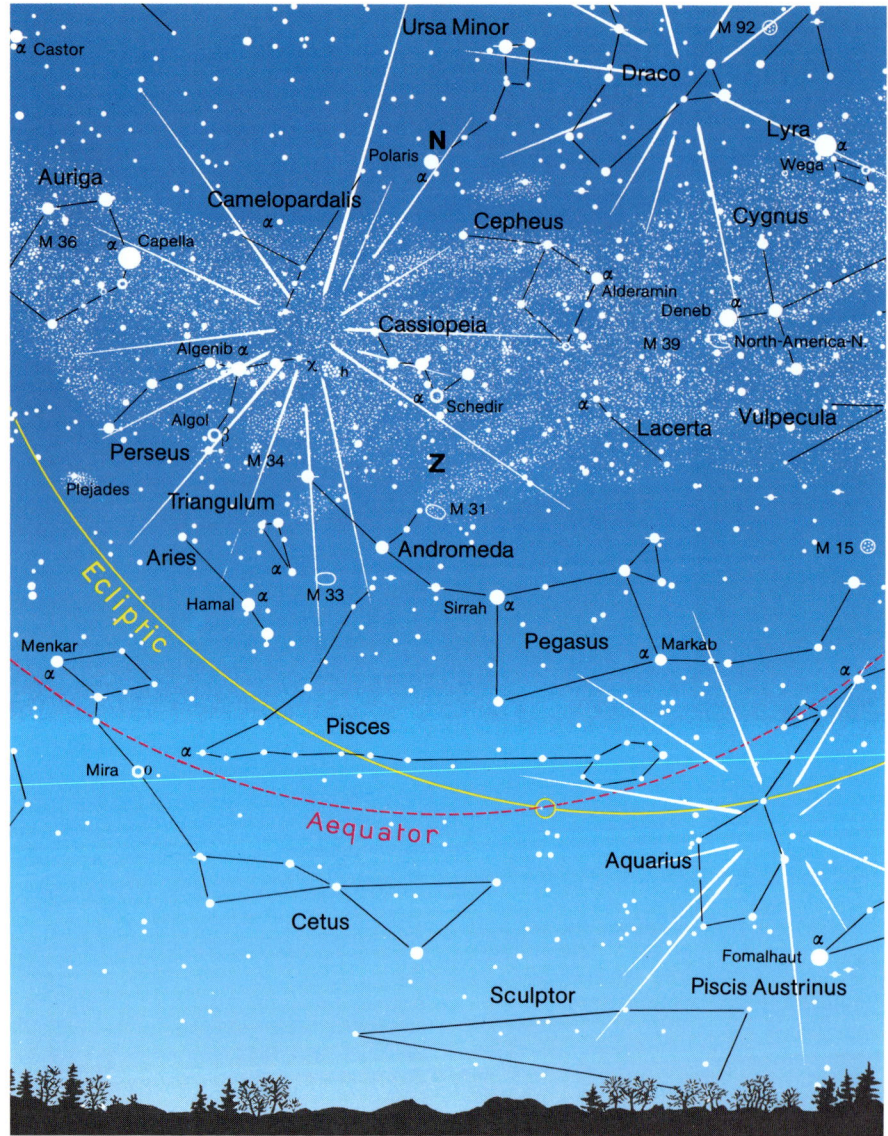

zenden Sternschnuppen scheinen aus diesem Sternbild zu kommen. Natürlich haben die Sternschnuppen mit dem Sternbild selbst bzw. seinen Sternen überhaupt nichts zu tun. Aber der Punkt der Ausstrahlung lässt sich nun einmal am Himmel am bequemsten einordnen, wenn man ihn in Verbindung zu einem Sternbild bringt. In der Fachsprache wird dieser Punkt als Radiant bezeichnet.

Besonders sternschnuppenreiche Ströme sind neben den Perseiden die Quadrantiden (erscheinen Anfang Januar im nördlichen Teil des Sternbildes Bootes), die Giacobiniden (erscheinen nahe dem Drachenrachen im Sternbild Drache am 10. Oktober) und die Geminiden (erscheinen nahe Castor und Pollux im Sternbild Zwillinge Anfang bis Mitte Dezember).

In der Regel ist die Bahn, die ein Meteor in der Erdatmosphäre beschreibt, fast gradlinig. Beim Aufleuchten sind Sternschnuppen noch über 100 km hoch; die meisten erlöschen in 70–80 km Höhe. Ein Hinweis für Beobachter: »Bei der Bewegung unseres Planeten um die Sonne lässt sich auf der Erdkugel eine Vorderseite und eine Rückseite unterscheiden. Erstere ist die Halbkugel, für die sich der Zielpunkt der Bewegung über dem Horizont befindet. Der

Meteorströme

Im Verlauf des Jahres sind verschiedene Meteorschauer zu beobachten, deren rückwärts verlängerte Bahnen in einem Punkt am Himmel zusammenzulaufen scheinen. Dieser Punkt heißt Radiant. Diese Meteore beschreiben im Raum parallele Bahnen und sind Mitglieder eines Meteorstroms. Ihr verhältnismäßig regelmäßiges Auftreten deutet darauf hin, dass Schwärme meteoridischer Teile den Raum zwischen den Planeten (interplanetare Materie im interplanetaren Raum) durchziehen. Hier besteht ein Zusammenhang zwischen Kometen und Meteorströmen. Die Bahn eines bestimmten Kometen fällt mit der Bahn des Meteorstroms zusammen. In der ersten Augusthälfte erscheint der bekannteste Meteorstrom, der der Perseiden. Die wichtigsten Meteorströme sind in der Tabelle links zusammengefasst. Einige scheinbare Örter ihres Auftretens am Himmel (Radiant) gibt die Karte oben links an.

Meteorströme

Strom	Zeit	Radiant (α, δ)		Ergiebigkeit	Komet
Quadrantiden	2. 1. bis 4. 1.	230°	+50°	groß	kein Komet bekannt
Lyriden	19. 4. bis 23. 4.	273°	+31°	gering	Komet 1861 I
η-Aquariden	28. 4. bis 16. 5.	340°	0°	mittel	Halley'scher Komet?
δ-Aquariden	22. 7. bis 10. 8.	344°	−15°	mittel	kein Komet bekannt
Perseiden	27. 7. bis 17. 8.	40°	+55°	groß	Komet 1862 III
Giacobiniden	nur am 10. 10.	267°	+56°	groß	Komet 1900 III
Orioniden	15. 10. bis 25. 10.	94°	+14°	gering	Halley'scher Komet?
Tauriden	26. 10. bis 22. 11.	54°	+15°	gering	Encke'scher Komet?
Leoniden	15. 11. bis 17. 11.	151°	+22°	gering	Komet Temple 1866 I
Geminiden	6. 12. bis 16. 12.	113°	+32°	groß	kein Komet bekannt
Ursiden	21. 12. bis 23. 12.	217°	+76°	mittel	Komet Tuttle 1939 k?

Zielpunkt liegt in der Ekliptik 90 Grad westlich der Sonne, wird sich also im Mittel etwa 6 Stunden vor der Sonne über den Horizont erheben, sodass jeder Ort in der ersten Hälfte der Nacht der Rückseite, in der zweiten Hälfte der Vorderseite der Erde angehört. Es ist nun leicht einzusehen, dass bei der Bewegung der Erde durch die im Raum verteilten, im Allgemeinen keine Bewegungsrichtung bevorzugenden Sternschnuppen die Vorderseite mehr Meteore auffangen muss als die Rückseite, woraus sich die bekannte tägliche Schwankung der Sternschnuppenhäufigkeit ergibt« (C. Hoffmeister).

Der andere Name für Sternschnuppen lautet Meteore, kleine Teilchen – meist nicht größer als ein Sand- oder Getreidekorn –, die infolge ihrer raschen Bewegung durch Reibung mit der Luft der Erdatmosphäre bis zur Weißglut erhitzt werden und dann für einen Augenblick aufleuchten. Die Masse der Sternschnuppen ist verglüht, bevor sie die Erdoberfläche erreicht. Freilich gibt es zuweilen mächtige Brocken, die unter oft eindrucksvollen Leuchterscheinungen und sogar donnerartigen Geräuschen auf der Erde einschlagen. Für diese Meteorite gibt es die Bezeichnung Feuerkugeln (Boliden). Die Überbleibsel sind begehrte Fundstücke für die Wissenschaft, denn bis zu den Mondgesteinsproben waren die Bruchstücke von Meteoriten die einzigen kosmischen Bausteine, die der Forscher im Laboratorium untersuchen konnte. In naturkundlichen Museen in aller Welt sind besonders schöne Meteorstücke ausgestellt, so im Hayden-Planetarium in New York, wo der größte bisher in den USA gefundene Meteorit zu sehen ist: Er wiegt 14 000 kg!

Inzwischen hat man auch herausgefunden, dass Meteorite sowohl aus Metall (Nickel-Eisen) wie aus Stein bestehen können. Die Massen extrem großer Meteorite reichen aus, um sogar richtige Krater in der Erdoberfläche zu erzeugen. In der Nähe von Winslow, Arizona (USA), befindet sich der Barringer-Krater mit einem Durchmesser von 1200 m und einer Tiefe von 175 m. Freilich nicht alle Krater sind so auffällig wie dieser. Oft hat die Natur manches wieder zugedeckt und neu bewachsen lassen, und die Wissenschaftler können nur auf Grund einer eigentümlichen Landschaftsform die Ursache vermuten. Das gilt zum Beispiel für das Nördlinger Ries, ein flaches, fruchtbares Becken zwischen Schwäbischer und Fränkischer Alb.

Sternschnuppen sind Kleinkörper im Sonnensystem und haben eine enge Verbindung zu den Kometen. Entlang der Kome-

In der beginnenden Morgendämmerung am 17. November 1998 leuchtete dieser helle Bolide über dem Matterhorn auf. Er gehörte zum Leoniden-Meteorschauer. 50-mm-Objektiv, 1:1,7, Belichtungszeit 15 sek.

Der Barringer-Meteorkrater bei Winslow, Arizona (USA). Er ist fast kreisförmig, hat einen Durchmesser von 1200 m und ist 175 m tief. Ein 37 m hoher Wall erhebt sich über die umgebende Wüste.

Kleines Stück eines Meteoriten, von dem angenommen wird, dass es vom Planetoiden Vesta stammt.

tenbahn bildet sich Staub, sehr grob vergleichbar mit der Staubansammlung längs einer Autostraße. Durch diese losen Materieanhäufungen zieht die Erde nun wieder ihre Bahn um die Sonne, und so kommt es von Zeit zu Zeit zu einem »Zusammenstoß« mit dieser Materie, und wir erleben einen Sternschnuppenstrom, wie im August den der Perseiden. Das heißt nun aber nicht, dass jeder Sternschnuppenstrom und jede Sternschnuppe unbedingt in Beziehung zu einer Kometenbahn stehen muss. Es gibt gute Gründe, anzunehmen, dass Meteore auch aus Bruchstücken Kleiner Planeten (Planetoiden) entstanden sind. Sternschnuppen treten überall am Himmel in Erscheinung, gerade auch als Einzelgänger, eben weil im Sonnensystem ständig winzige, bisweilen auch größere Teilchen unterwegs sind. Es gibt »Mikrometeorite«, die so winzig sind, dass sie ohne Verglühen durch die Erdatmosphäre schwebend und unbeschädigt bis auf die Oberfläche gelangen. Das ist gar keine kleine Menge: Es wird geschätzt, dass jährlich 2 Millionen Tonnen Nickeleisenstaub und Gesteinsstaub auf die Erde gelangen! Der Übergang zur interplanetaren Materie ist fließend.

Nach ihrer chemischen Beschaffenheit lassen sich Meteorite in 3 Gruppen fassen:

- Steinmeteorite: etwa 95 % aller Meteorite,
- Eisenmeteorite: etwa 4 % aller Meteorite,
- Stein-Eisen-Meteorite: etwa 1 % aller Meteorite.

Die größte Dichte mit 7,7 g/cm³ haben die Eisenmeteorite, die geringste die Steinmeteorite mit 3,6 g/cm³. Im Vergleich zu irdischem Gestein sind Meteorite dichter. Das häufigste Gestein auf der Erde, Silikate, hat eine Dichte von etwa 3,2 g/m³. Aber es gibt Ausnahmen: z. B. die kohligen Chondrite. Sie gehören zu den ursprünglichsten Stoffen im Sonnensystem, haben manches gemeinsam mit der chemischen Zusammensetzung der Sonne und haben eine Dichte von nur 2,2–2,9 g/cm³. Im Gegensatz zu den normalen Chondriten, eine Klasse von Steinmeteoriten, sind die kohligen Chondrite selten und sehr zerbrechlich.

Exoten unter den Meteoriten kommen vom Mond und vom Mars. Bei Meteoreinschlägen auf diesen Himmelskörpern wurden Stücke aus der Oberfläche geschlagen und auf die Erde geschleudert. Das Alter dieser Sonderlinge ist geringer als das der meisten Planetoiden. Die chemische Analyse führt zu Mondgestein und vulkanischem Marsgestein. Das Alter dieser zur Erde katapultierten Splitter ist geringer als 1 Milliarde Jahre. Meteorite, die aus dem Asteroidengürtel kommen, sind mit 4,5 Milliarden Jahren Zeitzeugen der Entstehung des Sonnensystems.

Das Zodiakallicht

Oder: Staub im Sonnensystem – auch diese Überschrift hätte man für dieses Kapitel wählen können. Von kleinen und kleinsten Materieteilen im Sonnensystem ist schon in anderem Zusammenhang berichtet worden (siehe dazu S. 129). Der Weltraum ist zwischen den großen Himmelskörpern keineswegs so »leer«, wie man sich das zuweilen vorgestellt hat. Die Astronomen sprechen heute von interstellarer und interplanetarer Materie. Zu Letzterer zählt das Zodiakallicht (Tierkreislicht).

Es handelt sich dabei ganz offensichtlich um eine Wolke von Staubteilchen, die die Sonne umkreist, das Sonnenlicht streut und auf diese Weise als Lichtkegel am Abend- oder Morgenhimmel sichtbar wird. Weil sich diese Staubwolke ziemlich nahe an der Ekliptikebene befindet, erscheint das Zodiakallicht als Band längs der Ekliptik. Dadurch ergeben sich auch mit den Jahreszeiten wechselnde Sichtbarkeiten. »Wie sich mit Hilfe eines Himmelsglobus oder einer drehbaren Sternkarte leicht zeigen lässt, steigt für mittlere Nordbreiten die Ekliptik im Frühjahr nach Sonnenuntergang am West-Himmel steil über den Horizont empor und ebenso im Herbst vor Sonnenaufgang. Daher ist die Erscheinung am herbstlichen Morgenhimmel analog dem abendlichen im Frühjahr, nur spielen sich die Phasen in umgekehrter Reihenfolge ab. In den übrigen Jahreszeiten verläuft die Ekliptik mehr oder weniger flach zum Horizont, und der zarte Schimmer des Zodiakallichtes verschwindet im Dunst. In mittleren Süd-Breiten sind die Beobachtungsbedingungen naturgemäß grundsätzlich die gleichen, nur ist dann die beste Sichtbarkeit im Februar/März am Morgenhimmel im Osten und im Oktober am Abendhimmel im Westen (Werner Sandner).«

Das Zodiakallicht über dem Westhorizont am 13. Mai 1983 vom Gipfel des Mauna Kea aus. An der Spitze des Zodiakallichtkegels der Planet Venus, 43 Grad von der Sonne entfernt. Dicht über dem Horizont der Mond, 19 Grad über der bereits untergegangenen Sonne.

Lange Zeit hat es heftigen Streit gegeben zwischen den Vertretern einer Theorie, die das Tierkreislicht auf einen Partikelgürtel um die Erde zurückführt, und den Anhängern der interplanetaren Materie. Die Fronten haben sich mittlerweile geklärt. In neuester Zeit weisen wissenschaftliche Untersuchungen auf einen Übergang von der Sonnenkorona zum Zodiakallicht. Bei totalen Sonnenfinsternissen wurden Beobachtungen gemacht, die das Zodiakallicht als einen äußeren Teil der Sonnenkorona erkennen lassen.

Staub im Sonnensystem – Gas im Sonnensystem. Ein amerikanischer Physiker hat herausgefunden, dass in über 100 km Höhe, wo die Atmosphäre der Erde durchsichtig ist, ein schwaches ultraviolettes Leuchten im Gegenpunkt der Sonne am Nachthimmel nachweisbar ist. Es handelt sich um so genanntes Wasserstoffleuchten, ausgelöst von Wasserstoffatomen, die zum Sonnensystem gehören. Sie werden durch eine Art Fluoreszenz zum Leuchten angeregt. Der Strahlungsdruck schiebt diese Wasserstoffatome aus dem Sonnensystem hinaus. Für einen ständigen Nachschub sorgt die Sonne.

Noch einmal: Der Weltraum ist nicht leer. Zwischen den Planeten, um die Sonne und zwischen den Fixsternen befindet sich staub- und gasförmige Materie, die sich auf mancherlei Art und Weise dem forschenden Menschen darstellt. Und auch im Sonnensystem bilden zahlreiche Klein- und Kleinstkörper die interplanetare Materie. Wichtige Quellen sind die Kometen, die allmählich zerfallen und Meteorströme bilden. Winzige Meteore werden bei ständigen Zusammenstößen zu interplanetarem Staub zerrieben. Ein Teil der Meteore stammt auch von Planetoiden, die zerschlagen worden sind. Das Phänomen Zodiakallicht ist also ein Teil der interplanetaren Materie. Von ihm kann sich jeder ohne großen instrumentellen Aufwand selbst überzeugen, wobei die angegebenen Sichtbarkeitsbedingungen beachtet werden müssen, um Enttäuschungen zu vermeiden. Während das Zodiakallicht in den Tropen hell wie eine Milchstraßenwolke leuchtet, ist die Beobachtung in mittleren Breiten und vor allem in Großstadtnähe schwierig. Nicht nur der Schein des Vollmonds stört die Beobachtung – schon ein heller Planet oder

eine Sterngruppierung können den Betrachter irritieren. Also: ein Spezialtipp für alle Naturfreunde, die eine äquatornahe Urlaubsreise planen!

Übrigens helfen auch bei der Erforschung des Zodiakallichts die Raumsonden. Mit ihrer Hilfe sind bereits Teilchen mit dem fantastischen Durchmesser von 0,001–0,1 mm und eigenwilligen Formen zur Erde gebracht worden.

Das Nord- oder Polarlicht

Um es gleich am Anfang richtig zu stellen: Es gibt natürlich auch Südlichter, wenn die Erscheinung, die nachfolgend näher beschrieben wird, auf der Südhalbkugel der Erde stattfindet. Für das Nord- bzw. Südlicht gibt es noch die lateinischen Bezeichnungen Aurora borealis (Nordlicht) und Aurora australis (Südlicht).

Wir haben es hier mit einer geophysikalischen Erscheinung zu tun, die eng mit der Sonnenstrahlung in Verbindung steht und die in der Regel in den arktischen bzw. antarktischen Regionen am häufigsten auftritt. Polarlichter beobachtet man in der Nähe des Erdäquators nie! Ausgelöst werden diese Lichter durch die solare Korpuskularstrahlung, die die Entfernung von der Sonne in etwa einem Tag mit einer Geschwindigkeit von 2000 km/s zurücklegt, die Magnetosphäre der Erde deformiert und eine Spannungsdifferenz aufbaut. Beschleunigte Elektronen lösen das Leuchten des Polarlichts aus.

Diese Art von Sonnenstrahlung verursacht so genannte magnetische Stürme. In hochgelegenen Teilen der Erdatmosphäre werden elektrische Ströme erzeugt, die in Wechselwirkung zum Magnetfeld der Erde treten. Dadurch entstehen in diesem Feld Strömungen, die magnetischen Kraftlinien ändern sich und induzieren in Telefon- und Telegrafenleitungen elektrische Ströme, was zur Unterbrechung dieser Kommunikationsmittel führt.

Schon zu Ende des vorigen Jahrhunderts hat die Wissenschaft auf die Beziehungen

Das Foto zeigt das typische Erscheinungsbild des Nordlichts. Unten im Bild so genannte »Leuchtende Nachtwolken« (sehr hohe Wolken, die noch nach Sonnenuntergang von der Sonne beschienen werden).

zwischen dem Magnetfeld der Erde und den Polarlichtern hingewiesen. Traditionelles Land der Polarlichtforschung ist Norwegen. Besonders im Mittelpunkt der Forschung standen die Polarlichter während des »Internationalen Geophysikalischen Jahres 1957–1958« und des »Jahres der Ruhigen Sonne 1964–1965«.

Das Polarlicht kann verschiedene Farben und Formen annehmen: grüngelbe, aber auch rötliche und silberne Strahlen und Streifen. In mittleren Breiten, wo die Häufigkeit der Sichtbarkeit bereits sehr gering ist, erscheint das Polarlicht als Ansammlung senkrechter Bänder über dem Nord- bzw. Südhorizont. Auch flammende Wellen in den verschiedenen möglichen Färbungen können sich bilden oder auch eine glänzende Polarlichtkorona mit Strahlen in alle Richtungen. Je näher der Beobachter dem nördlichen oder südlichen Polgebiet der Erde steht, um so deutlicher und formenreicher sieht er das Phänomen. Auch die Helligkeit kann sich beachtlich steigern. Es gibt Polarlichter, die sich in Horizontnähe kaum vom Himmel abheben. Andere Polarlichter erreichen die Helligkeit von hellen Milchstraßenpartien. Werner Sandner macht im »Handbuch für Sternfreunde« darauf aufmerksam: »Ja in hohen Breiten mitunter bis nahe zur Vollmondhelligkeit, sodass man große Druckschrift im Schein des Nordlichtes zu lesen vermag.« Über die Häufigkeit urteilt derselbe Autor, der auf diesem Gebiet selbst viel Erfahrung gesammelt hat: »Während man im langjährigen Durchschnitt in der Zone größter Nordlichthäufigkeit mit mehr als 100 Nordlicht-Nächten im Jahr rechnen kann, beträgt deren Zahl in Schottland immerhin noch rund 30, in Norddeutschland 3, in Süddeutschland 1 pro Jahr, aber bereits in Süditalien nur noch 1 Nordlicht in 10 Jahren.«

Am sichersten beobachtet man Polarlichter in einem ovalen, fast kreisförmigen Ring in 200 km Abstand um den geomagnetischen Pol. Die ersten Fotos dieses Polarlichtovals wurden 1982 vom Satelliten Dynamics Explorer 1 aus gemacht.

Das Polarlicht ist bei entsprechender Ausprägung ein faszinierendes Schauspiel der

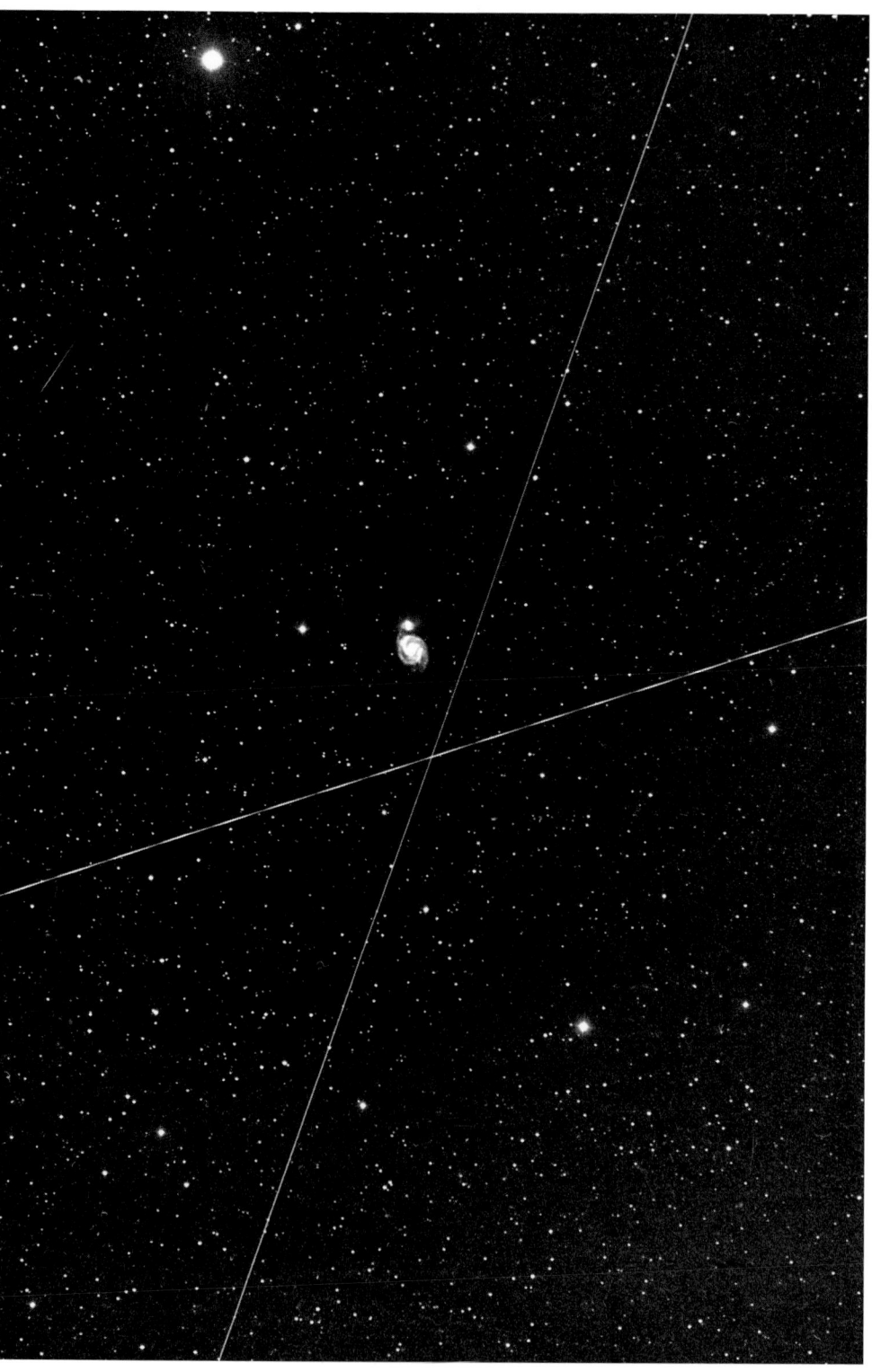

In der Bildmitte der Spiralnebel M 51. Unterhalb kreuzen sich die Leuchtspuren von 2 künstlichen Erdsatelliten. Solche Satellitenspuren findet man jetzt häufiger auf Himmelsaufnahmen – nicht immer zur Freude der Astronomen! Hier im Bild handelt es sich um 2 sowjetische Trägerraketen vom Typ Cosmos. Die unterbrochene Spur deutet auf einen Lichtwechsel infolge der Rotation. Links oben im Bild die zarte Leuchtspur eines Meteors.

Sonnenposition unter dem Horizont und Erdschattengrenze: ——— sichtbarer Bahnteil, wenn die Sonne 42° unter dem Horizont steht; - - - - - zusätzlich sichtbarer Bahnteil, wenn die Sonne 19° unter dem Horizont steht; · · · · weiter sichtbare Bahnteile, wenn die Sonne nur 6° unter dem Horizont steht. Wenn die Sonne 65° tief steht, sind Satelliten, die sich in einer Höhe unter 1200 km bewegen, in keinem Bahnteil sichtbar, weil ihre Bahn ausschließlich im Erdschatten verläuft (aus: Roland Primas, Satellitenbeobachtung, in: Sterne und Weltraum 5, 1966, S. 142).

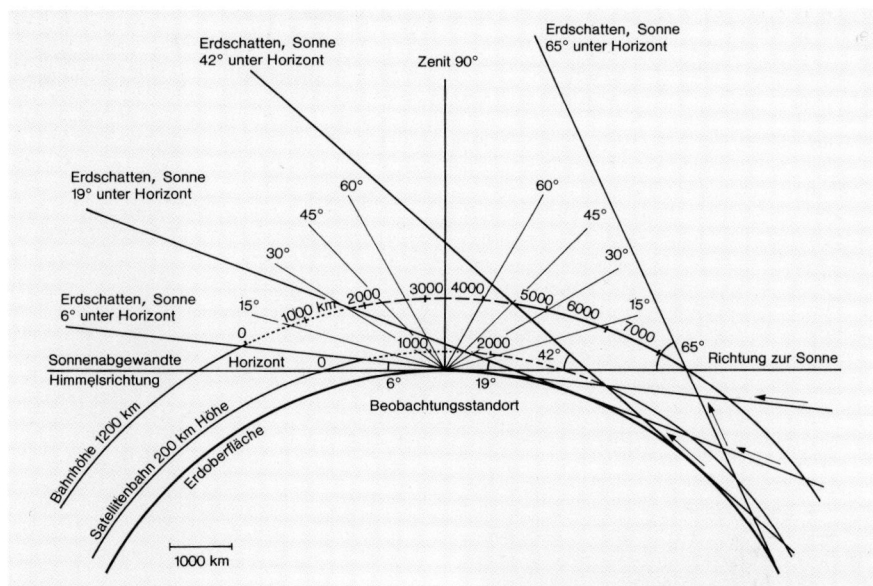

Natur. Die auslösende Kraft geht von der Sonne aus. Wir haben es also mit einer solar-terrestrischen Beziehung zu tun, die sich auch im menschlichen Alltag bemerkbar machen kann (Störung des Rundfunkempffangs, Durchbrennen von Sicherungen, Unterbrechung der Nachrichtenübermittlung per Fernschreiber, Telefon und Telegraf).

Künstliche Satelliten und Raumsonden

Im Raum um die Erde ist mehr Verkehr, als viele unter uns vermuten. Längst sind es ja nicht die spektakulären Ereignisse der Raumfahrt allein – Apollo-Raumschiff unterwegs zum Mond! –, die zur Diskussion stehen. Fast schon im Verborgenen, beinahe vergessen von Presse und sensationsgierigem Publikum, geht jene Weltraumfahrt und -forschung weiter, die vom Wettersatelliten bis zur Venussonde alle möglichen Geräteträger auf eine Bahn um die Erde oder hin zu einem benachbarten Himmelskörper schickt, um Informationen zu bekommen. Weitaus die größte Rolle spielen dabei die künstlichen Satelliten der Erde. Sie sind zu Hunderten unterwegs, meist mit ganz besonderen Aufgaben. Da sind zum Beispiel die Nachrichtensatelliten, die es möglich machten, Fußballweltmeisterschaftsspiele aus Mexiko und Olympische Spiele aus Japan in Europa auf den Bildschirm zu bringen. Da sind die Satelliten in »geheimer Kommandosache« mit strategischen Aufträgen – Weltraumspione! Dann Satelliten, die die Erde fotografieren und vermessen, auf der Suche nach noch ungenutzten Wirtschaftsräumen. Im September 1999 startete der erste kommerzielle Erdbeobachtungssatellit Ikonos erfolgreich. Er bildet auf der Erdoberfläche Strukturen von 1 m Größe ab. Diese Auflösung war bislang den geheimen Aufklärungssatelliten vorbehalten. Nicht zu vergessen die Wettersatelliten, deren Aufnahmen tagtäglich im Fernsehen gezeigt werden. Die Funktion der Wettersatelliten wird im BLV-Buch »Wetterkunde für alle« ausführlich beschrieben.

Historisch ist der 4. Oktober 1957: Der erste Sputnik startete zum Flug um die Erde. Mancher Leser wird sich vielleicht an Echo 1 und Echo 2 erinnern, die ja zum Teil ganz auffällige Objekte am Himmel waren, weil man sie mit bloßen Augen beobachten konnte. Das langsame Dahinziehen der Mini-Erdtrabanten unter den Sternen ist schon ein Erlebnis besonderer Art. Wer heute mit dem Feldstecher ein Himmelsareal durchmustert, stößt immer wieder unvermutet auf einen der inzwischen so zahlreich gewordenen künstlichen Satelliten. So recht bewusst des Raumverkehrs, der da rund um die Erde herrscht, wird sich jedoch nur der Himmelsfotograf, der immer häufiger auf seinen Aufnahmen mehr oder weniger erfreut die hellen Strichspuren der künstlichen Satelliten registriert. Auffällige Objekte sind die Iridium-Satelliten, die der weltweiten Kommunikation dienen. Ihre Bahnen liegen um 790 km Höhe. Jeder Satellit hat 2 stark reflektierende Antennen. Werden diese von der

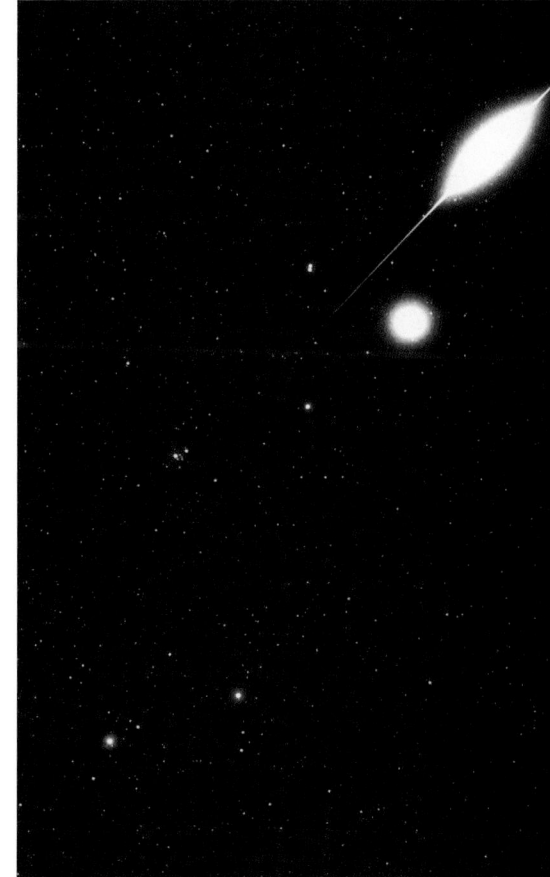

Die Kommunikationssatelliten der Iridium-Familie haben silberbeschichtete Antennen, die hell aufleuchten, wenn sie Sonnenlicht reflektieren. Diese »Iridium-Blitze« sind auffällige Objekte am nächtlichen Himmel und dankbare Objekte für die Fotografie. Auf den Webseiten mit Satelliten-Vorhersagen der GSOC/DLR (www.gsoc.dlr.de/satvis/) finden sich Hinweise für die Beobachtung. Das Foto zeigt einen Iridium-Blitz neben dem Stern Wega im Sternbild Leier. Fotografiert am 8. August 1999, 3h47 MESZ. 135-mm-Objektiv, f = 1:2,8, Kodak Royal Gold 400, Belichtungszeit 5 Minuten.

Sonne beschienen, entstehen helle Licht-blitze. Diese Erscheinungen leuchten heller als der Planet Venus für einige Sekunden am Himmel. Für visuelle und fotografische Beobachtungen sind Zeit- und Ortsanga-ben notwendig, die man sich im Internet be-schaffen kann (www.heavens-above.com). Mit bloßen Augen erkennbar ist die Interna-tionale Raumstation ISS als Lichtpunkt am Morgen- oder Abendhimmel. Sie bewegt sich wie ein Satellit. Im Internet kann man unter der Adresse http://hq.nasa.gov/osf/ station/viewing/iss.vis erfahren, wann und wo die ISS an mehr als 3000 Plätzen auf der Erdoberfläche zu sehen ist. Sie befindet sich etwa 390 km über der Erdoberfläche. Mit 4- bis 6-zölligen Amateurfernrohren können fotografisch Einzelheiten aufgenom-men werden.

Eine interessante Gruppe von Erdsatelliten sind die geostationären Satelliten. Sie be-schreiben in 35 800 km Höhe Kreisbahnen und haben eine Umlaufzeit von 23 Stunden, 56 Minuten und 4 Sekunden. Ihre Umlauf-zeit ist damit gleich der Rotationszeit der Erde in Bezug auf die Sterne.

Hubble Space Telesco-pe (HST), Spiegel 2,4 m, Länge 15,9 m. Das Weltraumteleskop Hub-ble, ein Gemeinschafts-projekt von NASA und ESA, ist der bisher er-folgreichste astronomi-sche Forschungssatellit. Gestartet am 24. April 1990, wird er voraus-sichtlich bis 2010 in Be-trieb bleiben. Seine Kreisbahn befindet sich in 593 km Höhe, und er umkreist die Erde in 96 Minuten. Budgetpläne der USA lassen aller-dings vermuten, dass das Weltraumteleskop vor 2010 »entsorgt« wird, um Mittel für einen neuen Flug von Astro-nauten zum Mond zu bekommen.

Kometensonde Rosetta, Kameras und Meßgeräte, Länge 3 m und 2 je 14 m lange Sonnenpaddel. Be-treiber ESA. Start 2. März 2004. Auf dem Kometen 67 P/Tschurjumow-Gerasi-menko soll 2011 eine Messstation gelandet wer-den (wie in der Animation dargestellt).

Envisat Erdbeobachtungssatellit, 10 Detektoren, Gewicht 8200 kg. Betreiber ESA. Start 1. März 2002.

Soho – Sonde zur Beobachtung der Sonne, Kameras und 9 Messgeräte. Betreiber ESA und NASA. Start 2. Dezember 1995.

Herschel, Infrarotastronomie, Spiegel 3,5 m. Betreiber ESA. Start 2007.

Satelliten für die Erdbeobachtung und Telekommunikation sind häufig geostationär. Weit weg von der Erdoberfläche erscheinen die geostationären Satelliten nicht sonderlich hell. In der Regel nicht heller als 10^m. Für visuelle Beobachtungen sind Instrumente mit wenigstens 100 mm Öffnung ratsam, Gesichtsfeld 30 Bogenminuten und mehr, Vergrößerungen zwischen 40- und 80-fach. Aktuelle Daten findet man im Internet (www.geo-orbit.org). Ist ein Satellit einmal gefunden, ist es einfach, ihn zu fotografieren: bei stehendem Fernrohr ohne Nachführung!

Zwei Vorgänge sind für den Beobachter besonders interessant: erstens das allmähliche Abnehmen der Helligkeit des Satelliten beim Eintritt in den Erdschatten (Abendbeobachtungen) bzw. das allmähliche Zunehmen der Helligkeit beim Austritt aus dem Erdschatten (Morgenbeobachtung); zweitens kurzfristige Helligkeitsveränderungen, verursacht durch die Umdrehung der häufig von der Kugelgestalt abweichenden Satelliten: Zylinder, Ellipsoid, windmühlenförmigkomplizierte Gestalt.

Die Satelliten kreisen auf höchst unterschiedlichen Bahnen. Diese verlaufen stets über einen Großkreis und sind stärker oder schwächer ausgeprägte Ellipsen, bei denen ein Brennpunkt mit dem Erdmittelpunkt zusammenfällt. Die Bahnen können sowohl über den Äquator wie über die Erdpole verlaufen. In aller Regel sind Satelliten nur dadurch sichtbar, dass sie von der Sonne angestrahlt werden und deren Licht reflektieren – genau wie die Planeten und deren Monde. Somit ist der Verlauf der Grenze des Erdschattens sehr maßgeblich für die Sichtbarkeit; die Abbildung auf Seite 135 oben macht das wohl klar.

Die Erforschung der Sternsysteme

Wir verlassen das Sonnensystem. Für den Astronomen ist die Fixsternwelt gekennzeichnet durch große Entfernungen und Objekte mit geringen scheinbaren Helligkeiten. Doch die Beschäftigung mit der Stellarastronomie, wie das Fachgebiet heißt, vermittelt grundsätzliche Kenntnisse über den Bau des Universums. Wie sind die Sterne entstanden? Welches Alter hat unser Milchstraßensystem? Welche Art von Strahlungen schicken die Fixsterne in den Weltraum? Wie entstehen die Elemente? Alles Fragen, deren Beantwortung die Astrophysiker beschäftigt und die in der modernen astronomischen Forschung eine sehr große Rolle spielen.

Im Folgenden sollen zunächst die technischen Möglichkeiten zur Sammlung von Daten aus dem Universum vorgestellt werden, die allerdings dem Amateur-Astronomen im Allgemeinen nicht zugänglich sind. Daran schließt sich die Beschreibung der Himmelsobjekte an.

Methoden der modernen Astrophysik

Die Erforschung der Naturgesetze unter Verwendung der astronomischen Beobachtungen, so etwa lässt sich Astrophysik beschreiben. Die Entwicklung auf diesem Arbeitsgebiet ist in den letzten Jahrzehnten geradezu stürmisch verlaufen. Nicht länger beschränkt sich die Beobachtung auf das »optische Fenster« zum Weltraum allein (vgl. auch Fotos S. 28/29). Da bestimmte physikalische Vorgänge ganz bestimmte Strahlen aussenden, ist die wellenlängenübergreifende Beobachtung die Voraussetzung für eine erfolgreiche astrophysikalische Forschung.

Von der Erdoberfläche aus ist die astronomische Beobachtung beschränkt auf die

Licht- und Radiowellen und etwas Infrarot. Das kurzwellige Spektrum von Ultraviolett bis zu den Gammastrahlen ist nur mit Raumsonden erfassbar. Aus dem Weltraum kommt Strahlung verschiedenster Art. »Die heutige Astronomie ist eine Astronomie aller Wellenlängen« (Hans Elsässer).

Konzentrierte sich die astronomische Forschung bislang auf die Darstellung des Ist-Zustandes des Weltalls und seiner Bestandteile, auf Entfernungen und Bewegungen von Himmelskörpern, interessieren jetzt Werden und Vergehen im Kosmos die Astrophysiker, kurz: die kosmische Evolution.

Hand in Hand ging die Entwicklung leistungsstarker Instrumente für alle Wellenlängenbereiche. Dieses technische Ziel wurde inzwischen weitgehend erreicht. Ein wesentlicher Beitrag ist das Hubble Space Telescope, das laufend Informationen über die Himmelskörper zur Erde sendet. Es arbeitet sowohl im visuellen Bereich als auch in verschiedenen anderen Spektralbereichen. Unentbehrliche Informationen über die Positionen, Eigenbewegungen, Parallaxen, Helligkeiten und Farben der Sterne liefern die Astrometrie- und Fotometrie-Satelliten. An erster Stelle zu nennen Hipparcos. Gebaut von der Europäischen Raumfahrtorganisation ESA, war er von 1989–1993 unterwegs. Die Koordinaten für über 100 000 Sterne wurden mit seiner Hilfe am Himmel vermessen. Zur Erforschung der Strahlung unterschiedlicher Wellenlängen, die kosmische Objekte aussenden, waren und sind speziell ausgerüstete Raumsonden unterwegs oder für die kommenden Jahre in Planung.

»Leistungsstarke Instrumente« heißt auch modernes Design für Material, für Messgeräte zur Strahlenerfassung und natürlich für die Datenverarbeitung. Die Wünsche der Astronomen stellen die Industrie nicht nur vor schwierige Aufgaben. Die Problemlösung führt häufig zu neuen Produktlinien, die das Geschäft beleben. Ein markantes Beispiel ist die Entwicklung der Glaskeramik Zerodur, die es erlaubt, große Spiegelrohlinge für Teleskope herzustellen. Mittlerweile gibt es für Glaskeramik zahlreiche Anwendungsmöglichkeiten. So sind die inzwischen häufig anzutreffenden Ceran-Kochflächen Teil der glaskeramischen Produktion.

M 83 = NGC 5236 (M für Messier-Katalog, NGC für New General Catalogue) ist eine der 10 größten Galaxien, die wir kennen. Das extragalaktische Sternsystem ist 8 Millionen Lichtjahre entfernt und hat eine dem Andromeda-Nebel (siehe S. 30) und unserem Milchstraßensystem gleiche Leuchtkraft.

Gamma-Astronomie

Überall in der Milchstraße existiert Gammastrahlung. Sie dringt in unser Sonnensystem ein und erreicht zum Teil die Erdoberfläche. Man kann diese kosmische Strahlung auch als das nichtthermische Universum bezeichnen. Zu 99 % besteht diese Strahlung aus Wasserstoffkernen. Gammastrahlung entsteht bei Vorgängen, in denen sehr hohe Energien umgesetzt werden. Zu ihrer Erforschung sind Messgeräte erforderlich, die mit Gamma-Satelliten aus der Erdatmosphäre hinaus in den Weltraum transportiert werden. So z.B. das Gemeinschaftsprojekt von ESA, NASA und Russland in Gestalt des 2002 gestarteten Satelliten Integral. Er ermöglicht scharfe Direktaufnahmen und hoch auflösende Spektroskopie von Gammaquellen.

Aber auch mit optischen Fernrohren auf der Erdoberfläche lässt sich kosmische Gammastrahlung nachweisen und messen. Die Quellen sind häufig mit Röntgenquellen identisch, von denen eine starke, energiereiche nichtthermische Röntgenstrahlung ausgeht. Pulsare sind ebenso als Gamma-

Das 100-Meter-Radioteleskop bei Effelsberg in der Eifel. Es ist gegenwärtig das größte frei schwenkbare Radioteleskop.

strahlenquellen identifiziert worden wie Galaxienkerne.

Röntgen-Astronomie

Mit einem üblichen Teleskop beobachtet man in erster Linie Sterne, deren Oberflächentemperatur einige tausend bis zehntausend Grad beträgt. Mit Röntgenteleskopen werden im Weltraum Objekte erfasst, die Millionen, ja Milliarden Grad heiß sind. Der »heiße Kosmos« strahlt in erster Linie im ultravioletten und im Röntgenlicht. Die Erdatmosphäre lässt diese Strahlung nicht durch. Erst mit Messinstrumenten, die außerhalb der Erdatmosphäre arbeiten, z.B. in Sonden, konnte die Erforschung dieser Strahlung beginnen. Während im Gammabereich der Nachweis sehr schwierig ist, sind mit dem erfolgreichen Röntgensatellit ROSAT rund 100 000 Röntgenquellen im Universum entdeckt worden: Sterne, Überreste von Supernovae, Galaxien und eine ganze Reihe unbekannter Objekte, die jetzt weiter untersucht werden (vgl. Foto S. 29). ROSAT wurde am 1. Juni 1990 von Cape Canaveral aus gestartet und war bislang der größte deutsche Forschungssatellit. Die Projektleitung lag beim Max-Planck-Institut für Extraterrestrische Physik in Garching bei München. Der Satellit RUSAT arbeitete bis 1998

Im Dezember 1999 startete der bislang größte Wissenschaftssatellit der ESA, das Röntgenobservatorium XMM (X-ray Multi Mirror), das aus 3 gebündelten Teleskopen besteht, die auf den Empfang von Röntgenlicht geeicht sind. Innerhalb der nächsten 10 Jahre sollen mit seiner Hilfe über 1 Million bislang unbekannte Röntgenquellen im Kosmos entdeckt werden. Das Projekt Newton, so heißt der Satellit jetzt, kostet die ESA über 1 halbe Milliarde Euro. Auch über ein optisches Fernrohr verfügt Newton und kann so Vergleichsbeobachtungen im sichtbaren Licht machen.

Optische Astronomie

Strahlungsempfänger, Teleskope haben die Aufgabe, möglichst viel aus dem Weltall erhältliches Licht zu sammeln und in einer Brennebene verfügbar zu machen. In der Brennebene befinden sich die Nachweisgeräte der Wissenschaftler: Kameras, Spektrografen, Fotometer, Polarimeter. Bestimmte Strahlungen benötigen zum Strahlungsempfang bestimmte Strahlungsempfänger, z.B. Röntgenteleskope und Radioteleskope. Bei der visuellen Beobachtung ist das Auge der Strahlungsempfänger. Weil die Astro-

physiker ein Maximum an Informationen über die Objekte des Weltraums anstreben, ist der »klassische« Bereich der optischen Astronomie nach wie vor interessant. Überall auf der Welt entstanden und entstehen große Observatorien, besonders dort, wo die klimatischen Verhältnisse günstig sind (Bergsternwarten). Der technische Fortschritt hat in Bezug auf Bildauflösung und Messgenauigkeit neue Maßstäbe gesetzt. Das 3,5-m-New-Technology-Telescope (NTT) der Europäischen Südsternwarte (ESO) verfügt über »aktive Optik«. Das heißt, mit Hilfe von Computern behält der mächtige Hauptspiegel in jeder Lage seine ideale Form.

Eine weitere Verbesserung ist die »adaptive Optik«. Beim Durchlaufen durch die Erdatmosphäre wird ein Lichtstrahl von einem Stern in jedem Fernrohr wegen atmosphärischer Unruhe, Windbewegung und Ähnlichem leicht gebeugt. Die Wellenfront erreicht das Fernrohr deshalb nicht als ebene Fläche. Im Computer lässt sich das gestörte Bild durch zeitlich rasch aufeinander folgende Aufnahmen entzerren.

Das sind Verfahren, die den Bau weiterer Großteleskope mit Öffnungen von 8–10 m

New Technology Telescope (NTT) der Europäischen Südsternwarte (ESO). Moderne Fernrohre werden von einem Kontrollraum aus fernbedient.

fördern. Ja, man denkt schon nach über den elektronischen Zusammenschluss einer Reihe von Fernrohren, um damit rechnerische Gesamtöffnungen bis zu 100 m zu erreichen. Die ESO plant das optische 100-m-Teleskop OWL, das im Jahr 2012 einsatzbereit sein könnte.

Radio-Astronomie

Die wichtigsten Daten gewinnt dieser Bereich aus dem interstellaren Raum, Beobachtungen reichen aber von den Körpern des Sonnensystems bis zu den Galaxien. Viele Erkenntnisse sind seit der Entdeckung der kosmischen Radiostrahlung 1932 durch Karl G. Jansky gewonnen worden und große Radiosternwarten sind entstanden. Die Vernetzung mehrerer Instrumente und die Bündelung auf ein bestimmtes Ziel im Universum hat die Leistungsfähigkeit erstaunlich gesteigert. Eine weitere Verbesserung wird es geben, wenn Radioteleskope auf elliptischen Umlaufbahnen ihre Daten in das terrestrische Netz einspeisen.

So genannte Radiointerferometer gewährleisten eine deutlich höhere Trennschärfe. Diesen Vorteil der Bündelung mehrerer Strahlungsempfänger finden wir auch beim optischen Interferometer. So wird die Informationsfülle gesteigert.

Übrigens ist es auch dem Sternfreund möglich, mit einfachen Antennen Radiosignale aus dem Weltraum zu empfangen. Informationen darüber im »Handbuch für Sternfreunde« (siehe Literaturhinweise S. 187).

Art der Strahlung	Gammastrahlen	Röntgenstrahlen	Ultraviolett	sichtbares Licht		Radiostrahlung	
				Infrarot			
Wellenlänge		1Å 1nm		1μm	1mm	1m	1km
wichtigste astronomische Quellen		Gasströme in Doppelsternsystemen	Sterne		interstellarer Raum der Milchstraße, extragalaktische Sternsysteme		
				kühle Gas- und Staubwolken			
	Gas in Galaxienhaufen	Supernova-überreste					
Absorption in der Erdatmosphäre	Höhe in km						
Wellenlänge	mm	10^{-9}	10^{-6}	10^{-3}	1	10^{3}	10^{6}
absorbiert von	Gasatomen und Molekülen		Ozon	Kohlendioxid und Wasserdampf		von Ionosphäre zurückgestrahlt	

Die verschiedenen astronomischen Objekte (Sterne, Gas- und Staubwolken usw.) senden Strahlung unterschiedlicher Wellenlänge aus. Diese Strahlung gelangt nur zu einem Teil auf die Erdoberfläche (insbesondere sichtbares Licht und Radiostrahlung zwischen 1 cm und 20 m Wellenlänge) und kann dort mit den Instrumenten der optischen und Radioastronomie beobachtet werden. Der andere Teil, z. B. die Gamma- und Röntgenstrahlen, können nur gemessen werden, wenn die Instrumente dazu mit Hilfe von Raketen und Raumsonden in den Weltraum gelangen. Die Kurve gibt an, in welcher Höhe der Atmosphäre die Strahlung auf die Hälfte ihres Ausgangswertes gesunken ist. Neben den elektromagnetischen Wellen gelangen Elementarteilchen aus dem Kosmos zu uns (z. B. Elektronen und Neutrinos). Sie bilden die kosmische Strahlung (Teilchenstrahlung; siehe auch S. 90).

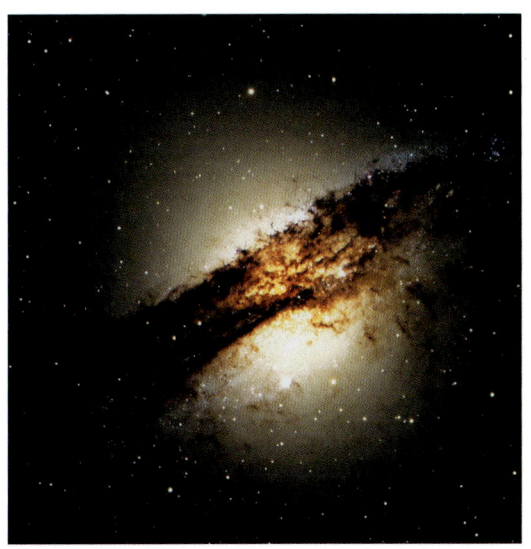

Radiogalaxie im Sternbild Kentaur. Extragalaktisches Sternsystem mit Aktivitätserscheinungen im Kern.

Mikrowellenstrahlung

Zwischen den Radiowellen und der Infrarotstrahlung liegen im elektromagnetischen Spektrum die Mikrowellen. Sie werden von sehr kalter Materie als Wärmestrahlung abgegeben, z. B. das mit Staub angereicherte Gas im interstellaren Raum von Milchstraßensystemen. Mit der Erforschung dieser Strahlung wird das Verständnis vom Urknall und der Entstehung des Universums verbessert. Der NASA-Satellit Cobe hat 1992 erste Ergebnisse geliefert. Neue Messungen führt der Satellit W-Map seit 2002 durch, und für 2007 plant die ESA den Start ihres Satelliten Planck, der noch genauere Messungen liefern soll. W-Map arbeitet im Wellenlängenbereich von 1 cm bis zu 3 mm. Satellit Planck aber soll 0,3 mm erreichen.

Millimeterwellen-Astronomie

Der Millimeterwellenbereich des elektromagnetischen Spektrums befindet sich zwi-

Atacama Large Millimeter Array (ALMA).

2004 startete der NASA-Satellit Spitzer mit einem 85-cm-Spiegel an Bord. 2007 folgt der leistungsfähigere ESA-Satellit Herschel mit einem 3,5-m-Spiegel und 2010 das James Webb Space Telescope mit einem Strahlungsempfänger von über 6 m Durchmesser.

Die Welt der Fixsterne

Vieles über die Zustandsgrößen eines Fixsterns hat die Wissenschaft mit Hilfe der Sonnenbeobachtung kennen gelernt. Die Sonne ist ja der nächste Fixstern, und seine Atmosphäre lässt sich recht genau untersuchen (siehe S. 89). Die anderen Sterne sind

Fingerförmige Gassäule im M 16, ein von Emissionsnebeln umhüllter offener Sternhaufen im Gebiet zwischen den Sternbildern Schild und Schütze (siehe S. 64). Am oberen Ende ist die Gassäule starker UV-Strahlung heißer Sterne ausgesetzt. Diese gibt die Anregung zum Leuchten. In der Säule aus dichtem Wasserstoffgas entstehen Sterne.

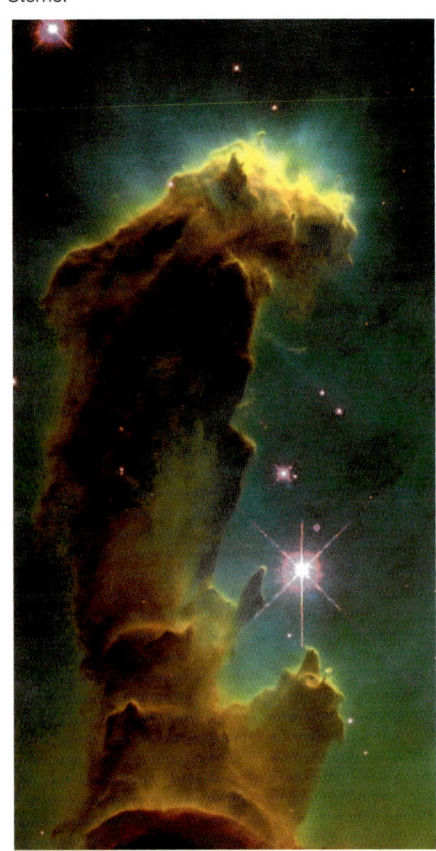

schen dem kurzwelligeren Infrarot- und dem langwelligeren Radiobereich. Hier ist das spektrale Fenster zu den Molekülinien im interstellaren Gas der Dunkelwolken, zur Wärmestrahlung des kalten interstellaren Staubes. Mit besonders dafür entwickelten Strahlungsempfängern gewinnt die Wissenschaft hier Informationen über das Innere der Dunkelwolken und die Anfänge der Sternbildung. Speziell dafür baut die ESO auf 5000 m Höhe in der Atacama-Wüste in Chile ein gigantisches Teleskop: 64 Antennen mit jeweils 12 m Durchmesser, die zu einem Interferometer gekoppelt sind, dem Atacama Large Millimeter Array – ALMA.

Infrarot-Astronomie

Die Infrarotstrahlung wird auch Wärmestrahlung genannt. In ihrem Licht kann man in kosmische Landschaften hineinsehen, die im optischen Bereich unsichtbar sind. Ein Beispiel sind die ausgedehnten Gas- und Staubansammlungen in unserer Milchstraße (»interstellare Wolken«). Das sind Wolken mit mehreren Millionen Sonnenmassen und einigen hundert Lichtjahren Ausdehnung. Der Staub besteht aus Eis, Silikat- und Metallverbindungen. Die Temperaturen liegen zwischen 10 Kelvin (–263 °C) und 100 Kelvin (–173 °C). Hier werden Sterne und Planetensysteme geboren!

Messungen hängen davon ab, wie gut die Messgeräte eigene Hintergrundstrahlungen unterdrücken können. Dazu müssen die Instrumente stark gekühlt werden (z. B. mit flüssigem Helium), damit die eigene Wärmestrahlung das gesuchte Signal nicht überdeckt.

Zwischen den Mikrowellen und dem sichtbaren Licht (»optische Astronomie«) liegt der infrarote Spektralbereich. Das »nahe Infrarot« hat Wellenlängen, die nur um ein Geringes größer sind als diejenigen des sichtbaren Lichts. Von hoch gelegenen Sternwarten gibt es Beobachtungschancen mit optischen Fernrohren. Das »ferne Infrarot« kann nur mit Hilfe von Satelliten erforscht werden. 1998 endeten die Beobachtungen des 1995 gestarteten Infrarotsatelliten ISO. Dieses europäische Satelliten-Observatorium sammelte in 12 000 Beobachtungsstunden Daten vom Sonnensystem bis zur extragalaktischen Hintergrundstrahlung. Alle Daten sind archiviert und stehen zur weiteren Erforschung des Infrarothimmels zur Verfügung.

Seit dem Jahr 2002 steht der Wissenschaft das Stratosphären-Observatorium Sofia für die Infrarot-Astronomie an Bord einer umgebauten Boeing 747 SP zur Verfügung. Der optisch nutzbare Durchmesser des Sofia-Teleskops beträgt 2,5 m. Nach Erreichen der Flughöhe von 12–15 km begann die Arbeit für das Teleskop.

so weit entfernt, dass sie nur als Punkte abgebildet werden. Man kann nur das Licht analysieren, das sie aussenden. Und weil sie scheinbar unverrückbar am Himmel stehen, ist von Fixsternen die Rede. In Wirklichkeit bewegen sie sich alle im Raum. Erstmals hat 1718 der Engländer E. Halley Eigenbewegungen von Sternen festgestellt. Die ersten Informationen über die Entfernung der Sterne gab es Mitte des vorigen Jahrhunderts. Es wurden die ersten Parallaxen direkt gemessen, z. B. 1838 von Bessel die Parallaxe von 61 Cygni.

Der nächste Fixstern befindet sich am Südhimmel. Es ist Alpha Centauri (siehe S. 78) mit einer Parallaxe von 0,751″, also weniger als eine Bogensekunde (″). Daraus rechnet sich eine Entfernung von 4,3 Lichtjahren. 1 Lichtjahr ist die Strecke, die vom Licht in 1 Jahr zurückgelegt wird. In der Sekunde beträgt diese Strecke bereits 300 000 km! Im Jahr sind es $9,5 \times 10^{12}$ km. Die Kenntnis der Entfernung der Sterne ist eine wichtige Voraussetzung, um Näheres über die Sternhelligkeiten, die Sterngrößen und die Verteilung der Sterne im Weltraum zu erfahren. Die Zahl der Sterne ist riesig und geht in die Milliarden. Schon im kleinen Fernrohr löst sich das Band der Milchstraße in ein sternübersätes Firmament auf.

Trotzdem ist es den Astronomen in den letzten 100 Jahren gelungen, mit Hilfe der Spektroskopie, der Fotometrie und der Fotografie eine Menge über die Zustandsgrößen der Sterne kennen zu lernen. Es gibt Sterne mit dem mehrhundertfachen Durchmesser unserer Sonne, Sterne mit Massen von über 100 Sonnenmassen, aber auch Sterne mit nur $1/100$ Sonnenmasse. Und mit Hilfe neuartiger Mess- und Beobachtungsmethoden ist es gelungen, besondere Sterne zu entdecken. Sterne etwa mit Veränderungen ihrer Helligkeit oder besonderen Merkmalen in ihrem Spektrum.

Entstehung und Ende der Fixsterne

Die so genannten Fixsterne sind weder im Universum noch in der Zeit unveränderlich. Sie entstehen, führen ein zeitlich begrenztes Sternendasein und vergehen wieder. Im Gravitationsfeld ihrer Galaxie bewegen sie sich. Beispiel unsere Sonne: Sie benötigt rund 220 Millionen Jahre für einen Umlauf um das Zentrum der Milchstraße. Vor 4,5 Milliarden Jahren ist die Sonne entstanden und hat also das Zentrum schon mehr als 20-mal umrundet.

Die verschiedenen physikalischen Eigenschaften der Sterne, z. B. Leuchtkraft und Oberflächentemperatur, die beobachtet werden, sind Erkennungszeichen für das Sternalter. Heiße blaue Sterne mit hoher Leuchtkraft gehören zur jüngeren Sterngeneration. Junge Sterne treten häufig in Nachbarschaft zu Wolken der interstellaren Materie auf, den Geburtsorten der Sterne. Es liegt nahe, dass wir auch die Entstehung eines Sterns beobachten können. Messungen mit Radio- und Infrarotteleskopen haben das tatsächlich möglich gemacht. So haben die Astrophysiker heute sehr konkrete Vorstellungen über die Sternentstehung:

Das Material für die Entstehung neuer Sterne ist das im interstellaren Raum dünn verteilte Gemisch aus Gas- und Staubpartikeln. Rund 50 % des interstellaren Gases besteht aus einzelnen Atomen, durchschnittliche Dichte je Kubikzentimeter ist 1 Atom. Die anderen 50 % befinden sich in Wolken molekularen Gases hoher Dichte. Hier nimmt die Sternentstehung ihren Anfang. Radioastronomische Messungen haben ergeben, dass ein heißer Gasnebel häufig nur der auffälligere Teil eines viel ausgedehnteren Objekts ist, einer kalten Molekülwolke großer Ausdehnung und

Masse. Ein Objekt dieser Art beobachten wir in der sommerlichen Milchstraße im Sternbild Schild (siehe S. 2) als M 17, den berühmten Omega-Nebel. Bereits im Feldstecher sind seine visuell sichtbaren Teile wahrnehmbar. Seine wahre Natur wird jedoch erst im infraroten Licht zugänglich. In den letzten Jahrzehnten sind längs der Milchstraße viele Gebiete entdeckt worden, in denen sich nebeneinander unterschiedliche Frühphasen der Sternbildung befinden. Sternentstehung braucht Zeit, bis sich die Wolke aus Gas und Staub mit Hilfe ihrer Eigengravitation verdichtet. Mit der Verdichtung wächst die Temperatur in der Mitte der Wolke. Ungefähr bei 10 Millionen K zündet

Das Sternentstehungsgebiet NGC 3603 im Sternbild Schiffskiel (Carina) am Südhimmel, aufgenommen mit einem der 8,2-m-Very-Large-Teleskope der ESO. Hier sind alle Lebensabläufe der Sterne zu sehen: unten im Bild zirkumstellare Scheiben, in denen sich möglicherweise Planeten bilden können, in der Bildmitte eine Ansammlung heißer Sterne (offener Sternhaufen NGC 3606). Mehr als 10 Millionen Sonnenleuchtkräfte sind im Gasnebel am Werk.

Krebsnebel (= M1) im Sternbild Stier. Bis vor 1000 Jahren war vermutlich ein sternförmiges Objekt an dieser Stelle, an der im Jahr 1054 chinesische und japanische Astronomen die Erscheinung einer Supernova beobachtet haben. Hochenergetische Strahlung (Synchrotronstrahlung), im Bild weiß-nebelig, geht vom »Reststern« (Pulsar) aus.

ihr jetziger Zustand merklich erst in einigen weiteren Milliarden Jahren verändern.

Das Schicksal eines ausgebrannten Sterns ist von seiner Masse abhängig. Der Druckaufbau im Inneren hört auf, und die Gravitation zwingt ihn zu einer unvorstellbaren Verdichtung seiner Materie. Durchschnittliche Sterne ziehen sich zusammen, bis das Zentrum die Dichte von ungefähr 1 Tonne pro Kubikzentimeter erreicht. Diese dichte Packung der Elektronen stabilisiert den Stern. So bilden sich die Weißen Zwerge, Sterne mit einem Durchmesser wie die Erde. Jedoch besitzt ein Weißer Zwerg wegen der großen Masse ein erheblich stärkeres Gravitationsfeld. Sirius, der hellste Stern am Himmel im Sternbild Großer Hund (siehe S. 56), hat den Begleitstern Sirius-B, der als Weißer Zwerg identifiziert worden ist. Bei

die Kernfusion. Der Druck, der sich dabei entwickelt, beendet die Verdichtung. 4 Kerne des Wasserstoffs werden zu 1 des Heliums verschmolzen. Nachdem der Wasserstoff verbraucht ist, zünden massereiche Sterne bei steigenden Temperaturen weitere Brennstufen, die schwere Elemente produzieren. Ein massereicher Stern erreicht eine höhere Zentraltemperatur, seine Leuchtkraft ist entsprechend groß. Dabei braucht er aber seinen Brennstoffvorrat auch schneller auf. Eisen, das nuklear stabilste Element, beendet den Prozess. Bei masseärmeren Sternen, unsere Sonne gehört dazu, hört die Fusion auf, noch bevor der Kern bis zum Eisen durchgebrannt ist. Alterserscheinungen sind bei der Sonne kaum feststellbar. Bei ihrem Alter von 4,5 Milliarden Jahren und ihrer Masse wird sich

Ausschnitt der Großen Magellan'schen Wolke. Bild links aufgenommen am 23. Februar 1987 kurz vor Erscheinen der Supernova 1987 A. Bild rechts aufgenommen am 27. Februar 1987, 3 Tage nach Erscheinen der Supernova, die deutlich rechts von der Bildmitte zu sehen ist.

einem Radius von 4000 km beträgt seine Masse 1,05 Sonnenmassen.

Der Übergang in das Endstadium eines Weißen Zwerges vollzieht sich langsam. Etwa 100 000 Jahre vergehen, unterbrochen von Explosionen, bei denen Gashüllen weggeschleudert werden. Diese Gashüllen formen die Planetarischen Nebel und geben ihnen fantastische Formen (siehe S. 157).

Massereiche Sterne enden mit einer gigantischen Katastrophe. Der Stern verliert durch einen explosionsartigen Vorgang einen großen Teil seiner Masse oder wird ganz zerstört. Dabei kommt es zu einer Leuchtkraftsteigerung von 20 Größenklassen und mehr. Der Stern erscheint als Supernova am Himmel.

Als ein astronomisches »Jahrhundert-Ereignis« gilt die Supernova SN 1987 A. Am frühen Morgen des 24. Februar 1987 ist sie entdeckt worden. In der Großen Magellan'schen Wolke (siehe S. 75) war ein massereicher Stern explodiert. Dieses von einem gewaltigen Helligkeitszuwachs begleitete Ende eines Fixsterns war auf der Südhalbkugel der Erde mit bloßen Augen sichtbar. Nie zuvor seit der Erfindung des Fernrohrs ist das Erscheinen einer Supernova so nahe bei der Erde geschehen: etwa in 170 000 Lichtjahren Entfernung.

Übrig bleibt ein unvorstellbar dicht gepacktes Materiepaket von weniger als 100 km Durchmesser. Elektrisch negative Elektronen drücken sich in die positiv geladenen Atomkerne hinein. Die Materie der »Stern-Leiche« besteht nur noch aus elektrisch neutralen Kernbauteilen, den Neutronen. Deshalb auch die Bezeichnung Neutronenstern. Auf der Erde würde ein Kubikzentimeter Neutronenstern 1 Milliarde Tonnen wiegen! Ein Sternzwerg ist entstanden mit gewaltiger Anziehungskraft und rasender Rotation sowie mit Temperaturen von rund 1 Million Grad an der Oberfläche und 100 Milliarden Grad im Inneren!

Sichtbar werden Neutronensterne für den Beobachter als punktförmige Strahlungsquellen im Radio- und Röntgenbereich, die rhythmische Impulse aussenden (Pulsare). Pulsare sind stark magnetisierte schnell rotierende Neutronensterne. Erforscht werden sie mit den Mitteln der Radio-, Röntgen- und Gamma-Astronomie.

Der Endkollaps bei sehr massereichen Sternen führt zum Schwarzen Loch. Neutronensterne besitzen eine maximale Masse von 3 Sonnenmassen. Ist die Masse des kollabierenden Kerns größer, überwindet die Gravitation den Druck der Neutronen. Es entsteht ein Himmelskörper, dessen Gravitation so stark ist, dass kein Licht austreten kann: ein Schwarzes Loch. Nur über ihre Gravitation machen sich Schwarze Löcher indirekt bemerkbar.

Leuchtkraft, Temperatur und Durchmesser sind wichtige Sterneigenschaften, die beobachtet werden können. Eingeordnet in das nach dem Dänen Einar Hertzsprung und dem Amerikaner Henry N. Russell benannte Hertzsprung-Russell-Diagramm: Wenn man die absolute Helligkeit der Sterne auf der senkrechten Achse und den Spektraltyp auf der waagrechten Achse einträgt, ergibt dies ein Schema über den Entwicklungsstand der Sterne.

Sternspektren zeigen eine große Vielfalt. Sie werden nach physikalischen Gesichtspunkten geordnet. Die Spektraltypen einzelner Sterne werden durch einen großen Buchstaben markiert: O, B, A, F, G, K und M. In dieser Reihung haben die Sterne der folgenden Klasse immer eine geringere Temperatur als Sterne der vorhergehenden Klasse. Bislang galt der M-Stern als der kühlste Typ. Vor kurzem wurden zusätzlich die Spektraltypen L und T eingeführt. Sie betreffen besonders massearme kühle Zwergsterne (Braune Zwerge, aber auch schon junge, massereiche jupiterähnliche Planeten!).

Schematische Darstellung der typischen Erscheinungen in der Umgebung eines entstehenden Sterns (nach J. Staude).

Planeten und Monde formen sich

Die Entstehung von Planetensystemen ist unmittelbar gekoppelt an die Bildung von Sternen. Es sind die zirkumstellaren Gasscheiben um Protosterne, die den Weg weisen. Durchmusterungen im infraroten Spektralbereich und bei Millimeterwellenlängen legten die Spur zu Staubscheiben um junge sonnenähnliche Sterne. Messungen ergaben für die Massen der zirkumstellaren Materie bemerkenswert 1 % der Sonnenmasse. Es ist gelungen, zirkumstellare Staubscheiben direkt abzubilden. Man hat sogar die Rotationsbewegung des Gases in der Scheibe bestimmen können – mit dem interessanten Ergebnis: Die Bewegung folgt wie bei Planeten den Kepler'schen Gesetzen (siehe S. 110).

In einer solchen zirkumstellaren Staubscheibe stoßen viele, viele winzige Staubteilchen aneinander und bleiben haften. Kleine, lockere Konglomerate wachsen, werden größer und schwerer. Allmählich sind es Materiebrocken, die durch die Schwerkraft in die Mittelebene sinken. Das Wachstum der festen Körper geht weiter, sei es durch Kollision oder Einfangen anderer Körper, die in den Schwerkraftbereich größerer Körper geraten. Die Prototypen künftiger Planeten und Monde formen sich. Die größeren Proto-Planeten nehmen besonders viel Gas aus der Scheibe auf. Sie entwickeln sich zu mächtigen Gasplaneten (Jupiter!).

145

Die Entwicklung von Dichte und Größe auf dem Weg von einer Molekülwolke zur Bildung von Sternen und Planeten. Von links nach rechts:

	Dichte	Größe
Molekülwolke	3×10^{-22} g/cm^3	100 Lichtjahre
Wolkenkern	2×10^{-18} g/cm^3	0,3 Lichtjahre
Scheibe	2×10^{-13} g/cm^3	0,001 Lichtjahre
Stern (Sonne)	1,4 g/cm^3	2×10^{-7} Lichtjahre
Planet (Erde)	5,5 g/cm^3	10^{-9} Lichtjahre

Infrarot- und Radiobeobachtungen bestätigen immer wieder, dass die Temperaturen in den Scheiben um junge Sterne sehr niedrig sind. Sie liegen bei 0 °C bis –100 °C. Dem steht aber eine erstaunliche andere Beobachtung gegenüber: In Meteoriten, die seit ihrer Entstehung vor 4,5 Milliarden Jahren durch keinen chemischen oder physikalischen Prozess mehr verändert worden sind, fand man geschmolzene Silikatkugeln in Millimetergröße (Chondren). Dieses Material schmilzt aber nur bei Temperaturen über 1500 °C. Teilweise bestehen Meteoriten zu 80 % aus diesen Silikatkügelchen. Laborversuche lieferten erste Hinweise auf sehr kurzlebige Vorgänge, die zum Schmelzen geführt haben. Die Kristallstrukturen der Chondren weisen darauf hin. Kurze, hochenergetische Vorgänge kennen wir auf der Erde während eines Gewitters. Es sind elektrostatische Entladungen in Form der Blitze. Es gibt theoretische Untersuchungen, die nachweisen wollen, dass es auch in protoplanetaren Scheiben zu solchen Entladungen gekommen ist und immer wieder kommt. Nach diesen Überlegungen sind es Blitze mit Durchmessern von einigen Kilometern und Längen von 10 000 km und mehr. Die Rätsel sind keineswegs alle gelöst, die mit der Entstehung des Sonnensystems verbunden sind. Aber je weiter die Astrophysiker mit ihren Einsichten über die Sternentstehung voranschreiten, umso mehr Klarheit gewinnen wir über die Vorgeschichte der Erde.

Der wahrscheinlich erste Planet auf einer Bahn um einen sonnenähnlichen Stern, 51 Pegasi, wurde im Oktober 1996 bekannt. Jupitergroß umkreist er den Stern in 7 Millionen km Entfernung alle 4 Tage. Die Oberflächentemperatur des Planeten beträgt über 1000 °C. Mittlerweile wurden auch um andere Sterne jupiterähnliche Planeten entdeckt.

Bis 2005 sind rund 150 Planeten fremder Sonnen bekannt geworden. Die bis heute bekannten extrasolaren Planeten sind mittels Messung der Radialgeschwindigkeitsvariationen ihres Zentralsterns entdeckt worden. Fotometrisch wurde auch schon der Durchgang eines Planeten vor seinem Zentralstern festgestellt. Beide Verfahren ergänzen sich. Weitere Methoden, z. B. Spektroskopie, Polarimetrie und Koronografie, werden die Suchaktionen unterstützen. ESA und NASA planen Satellitenmissionen zum gleichen Zweck.

Gerade die Erforschung der Doppelsterne und veränderlichen Sterne hat unter dem Eindruck der modernen Astronomie aller Wellenlängen neu an Bedeutung gewonnen. Ein Beispiel sind Röntgenquellen in Doppelsternen, die erst mit dem Instrumentarium der Röntgenastronomie dargestellt werden konnten. Oder das Gebiet veränderliche Sterne: Seit der Einführung der Radioastronomie und Beobachtungsmöglichkeiten im Weltraum müssen Helligkeitsveränderungen weiter gefasst werden. Sie sind zeitliche Strahlungsänderungen im gesamten elektromagnetischen Spektrum. Der Amateur wird sich auf herkömmliche visuelle und fotografische Methoden beschränken müssen. Allerdings bietet auch ihm der technische Fortschritt elektronische Hilfsmittel, z. B. Halbleiterdetektoren (CCD, siehe S. 170), die fast schon professionelle Qualität haben.

Erstes Foto eines fernen Planeten? Mit indirekten Methoden sind schon 150 extrasolare Planeten entdeckt worden. Jetzt haben Astronomen der Universität Jena offenbar erstmals einen Stern mit einem extrasolaren Planeten fotografiert: in einer Dunkelwolke zwischen den Sternbildern Lupus und Scorpius (A = Stern, b = Planet).

Doppelsterne
oder mehrfache Sterne

Ein aufmerksamer Beobachter stellt bei der Durchmusterung einer Himmelsgegend mit dem Feldstecher oder einem kleinen astronomischen Fernrohr recht bald Stellen fest, wo 2 Sterne gleicher oder verschiedener Helligkeit auffällig nahe beieinander stehen. Auch schon mit freiem Auge lassen sich Sterne ausmachen, die sich verhältnismäßig nahe sind. Ein schönes Beispiel dafür ist der Stern Alkor neben dem Stern Mizar im Sternbild Großer Bär (siehe S. 45). Die Astronomen messen den scheinbaren Abstand von Einzelsternen zueinander im Winkelmaß. Es gibt eine Faustregel, die besagt: Wir haben es mit einem visuellen Doppelstern zu tun, wenn der Winkelabstand nicht größer ist als

20 Bogensekunden ($''$)
   für Sterne mit der scheinbaren Helligkeit 4^m,
10$''$ für Sterne mit 6^m,
 5$''$ für Sterne mit 9^m,
 3$''$ für Sterne mit 11^m,
 1$''$ für Sterne, die weniger hell sind.

Visueller Doppelstern? Die Bezeichnung besagt zunächst, dass 2 Sterne dicht nebeneinander zu stehen scheinen. Es gibt unter ihnen solche, die nur optisch nahe beieinander stehen und in Wirklichkeit miteinander überhaupt nichts zu tun haben. Sie werden als »optische Doppelsterne« bezeichnet und sind nicht weiter von Interesse. Die andere Gruppe dagegen besteht aus physischen Sternpaaren, aus 2 – unter Umständen noch mehr – Sternen, die einander umkreisen. Mit anderen Worten: Sie beschreiben ihre Bahn nach den Gesetzen der Gravitation.

Nun gibt es Doppelsterne, die so eng beieinander stehen, dass kein Fernrohr sie aufzulösen vermag. Aber es gibt ein Verfahren, sie als Doppelstern nachzuweisen: die Spektroskopie. Deshalb heißen diese Sterne »spektroskopische Doppelsterne«. Schließlich kann man einen Doppelstern noch fotometrisch aufspüren: dann nämlich, wenn sich 2 Sterne gegenseitig bedecken und so Helligkeitsveränderungen hervorgerufen werden. Das ist der Fall bei den so genannten Bedeckungsveränderlichen, deren berühmtester Vertreter der Stern Algol im Sternbild Perseus (siehe S. 37) ist und dessen Lichtwechsel mühelos erkannt werden kann.

Doppelsterne sind nicht selten. Ungefähr ein Drittel aller Sterne ist doppelt oder mehrfach. Die Umkreisung (Periode) dauert von wenigen Stunden bis zu vielen Jahrtausenden. Die Bahn der Doppelsterne mit kurzen Perioden ist in der Regel kreisförmig. Langperiodische Doppelsterne dagegen haben oft recht exzentrische Bahnen. Für die Wissenschaft sind Doppelsterne sehr wichtig. Ist die Bewegung eines Sternpaares nicht allzu langsam, lässt sich die Bahn bestimmen. Ist außerdem noch die Entfernung berechenbar, steht der Bestimmung der Massen nichts mehr im Weg. Sternmassen verraten sich nur, wenn 2

Doppelstern Gamma Adromedae, aufgenommen mit einem Teleskop mit 8 m Brennweite. C 14 mit Telekonverter zur Brennweitenverlängerung. Siehe auch Tabelle S. 148.

Beispiel für die Auflösung eines Doppelsterns im Fernrohr mit zunehmender Vergrößerung (von links nach rechts). Das ist der Idealzustand! In der Praxis stören Dunst und Turbulenz in der Erdatmosphäre die Beobachtung und beeinträchtigen die Auflösung. In der Regel gilt deshalb ein deutlich länglich abgebildeter Doppelstern als aufgelöst.

oder mehr Sterne ihre Bahn nach den Gesetzen der Gravitation ziehen.

Geradezu spektakulär wird die Doppelsternbeobachtung obendrein bei solchen Paaren, die einen so genannten »dunklen Begleiter« haben. Das ist zum Beispiel bei dem unserem Sonnensystem zweitnächsten Stern, Barnard's Stern, der Fall. Oder bei dem Stern 61 im Sternbild Schwan. Wegen seiner verhältnismäßigen Nähe konnte an diesem Fixstern zum ersten Mal in der Geschichte der Himmelskunde eine trigonometrische Parallaxe genau gemessen werden. Außerdem ist der Stern ein visueller Doppelstern: Der hellere Partner hat $5,4^m$,

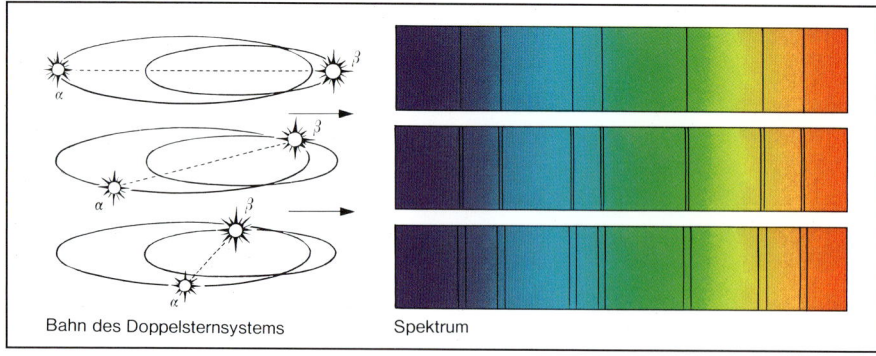

Bahn des Doppelsternsystems		Spektrum	

Die Astronomen haben eine ebenso interessante wie zuverlässige Methode zur Trennung sehr nahe beieinander stehender Doppelsterne: die Spektralanalyse.

1. Bild: Stern Alpha und Stern Beta bilden ein Doppelsternsystem. Sie bewegen sich senkrecht zur Blickrichtung. Das Spektrum zeigt noch keine Verschiebung.

2. Bild: Stern Alpha bewegt sich in Richtung auf die Erde (Pfeile!). Im Spektrum zeigen die Linien eine Verschiebung zum Violetten hin. Der so genannte Doppler-Effekt macht sich bemerkbar: Wenn eine Lichtquelle sich der Erde nähert, läuft die Erde entgegen und empfängt pro Sekunde mehr Schwingungen. Mehr Schwingungen aber bedeuten blaues Licht, also sind die Spektrallinien nach Blau bzw. Violett verschoben. Gleichzeitig entfernt sich nun Stern Beta (die beiden Sterne bewegen sich ja umeinander). Das bedeutet Rotverschiebung der Linien. Insgesamt bedeutet das eine Verdoppelung der Linien im vereinigten Spektrum beider Sterne.

3. Bild: Die Verdoppelung erscheint am ausgeprägtesten, wenn die Richtungen der Bewegungen beider Sterne exakt in der Blicklinie des Beobachters liegen.

Stern	Sternbild	Position 2000	Abstand	Pos.-Winkel	Helligkeit	Anmerkungen
ϱ Her	Herkules	RA 17ʰ 23ᵐ7 Dekl. +37° 09′	4,1″	318°	4,5/5,6ᵐ	gelb/gelb; bequem im 4-Zöller
γ And	Andromeda	RA 2ʰ 03ᵐ9 Dekl. +42° 20′	9,8″	63°	2,3/6,3ᵐ	gelborange/blau; 3-Zöller
57 Cnc	Krebs	RA 8ʰ 54ᵐ2 Dekl. +30° 35′	1,4″	311°	6,0/6,5ᵐ	orange/orange; 4-Zöller
γ Del	Delfin	RA 20ʰ 46ᵐ7 Dekl. +16° 07′	9,2″	267°	4,5/5,5ᵐ	gelb/grün; 2-Zöller
ε Boo	Bootes	RA 14ʰ 45ᵐ0 Dekl. +27° 04′	2,8″	343°	2,5/4,9ᵐ	gelb/blau; 4-Zöller
λ Oph	Ophiuchus	RA 16ʰ 30ᵐ9 Dekl. +1° 59′	1,5″	30°	4,2/5,2ᵐ	gelb/gelb; 4-Zöller

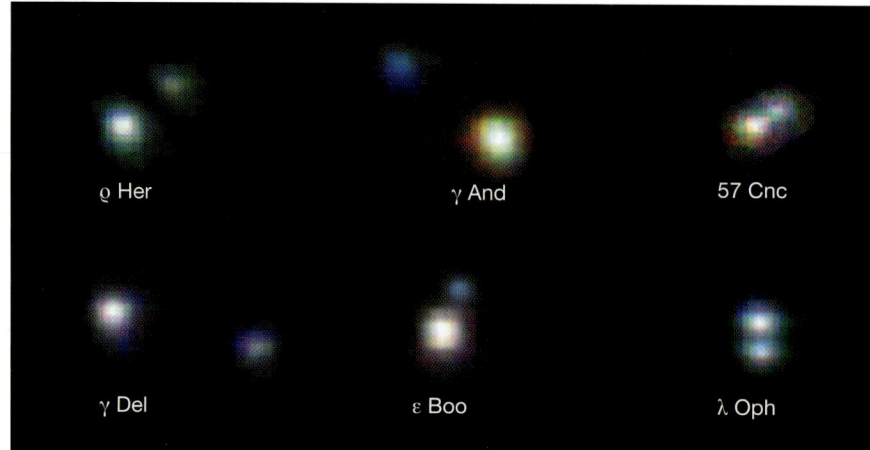

der schwächere die scheinbare Helligkeit 6,2ᵐ. Der Winkelabstand von 28 Bogensekunden macht die Beobachtung mit dem kleinen Fernrohr möglich (RA 21ʰ07ᵐ, Dekl. +38°45′). Der Astromom K. A. Strand konnte nachweisen, dass noch ein weiterer unsichtbarer Himmelskörper vorhanden ist, der einen Stern des Doppelsterns umkreist. Spannend wird diese Entdeckung aber erst durch folgende Feststellung: »Insbesondere hat unser zweitnächster Nachbar, Barnard's Stern mit dem Spektraltyp M5V und genähert 0,15 Sonnenmassen, einen Begleiter von nur 0,0015 Sonnenmassen oder genähert 1,6 Jupitermassen. Wir beobachten hier ein zweites Planetensystem in 1,84 pc Entfernung« – so Professor Unsöld in seinem Buch »Der neue Kosmos«. 1,84 pc heißt 1,84 Parsec, die Einheit für die Entfernung von Fixsternen und Sternsystemen. Ein pc entspricht 3,26 Lichtjahren. Das Licht von Barnard's Stern ist also 6 Jahre zu uns unterwegs. Für kosmische Dimensionen eine erstaunlich kurze Zeit. Man darf tatsächlich von einem Fixstern-Nachbarn sprechen.

Die Doppelsternbeobachtung eröffnet neue Perspektiven. Denn die Erwartung ist gerechtfertigt, dass es noch eine größere Anzahl von Doppelsternen mit planetenartigen Begleitern gibt. Bislang sind 5 Planeten in Doppelsternsystemen bekannt. Ob die Planetenbahnen auf Dauer stabil sind, muss sich noch zeigen. Computermodelle bestätigen zwar die Bildung von Planeten in Doppelsternsystemen, zeigen aber auch an, dass die Planeten später aus ihrer Bahn katapultiert werden können.

Unter den Doppelsternen gibt es recht ungleiche Paare. 5 % aller Doppelsterne sind Mehrfachsysteme. Die Sterne unterscheiden sich nach Helligkeit, Farbe und Größe. Das macht sich bereits bei der visuellen Beobachtung recht deutlich bemerkbar. Ist der Unterscheid an scheinbarer Helligkeit groß, wird die Trennung des Paares wegen der Überstrahlung durch den helleren Stern schwierig. Jedes Fernrohr mit einem bestimmten Objektivdurchmesser hat eine gewisse Trennfähigkeit für Doppelsterne. Es gibt dafür eine Formel:

Trennbare Doppelsterndistanz in Bogensekunden (″) =

$$= \frac{11,7″}{\text{Öffnung in cm}}$$

Danach trennt ein Fernrohr mit 100 mm Öffnung noch Doppelsterne mit dem Winkel-

Einige Beispiele für teils farbige Doppelstern-Systeme (vgl. auch Tabelle über den Fotos).

abstand (Distanz) von 1,17 Bogensekunden, vorausgesetzt, dass beide Sterne (Komponenten) gleich hell sind. Bereits eine Größenklasse Unterschied in der scheinbaren Helligkeit der Komponenten erschwert die Trennbarkeit. Doppelsterne eignen sich recht gut zur Prüfung der optischen Qualitäten eines Fernrohrs. Vor voreiligen Schlüssen muss man sich jedoch hüten, da Luftsauberkeit und Erfahrung des Beobachters eine Rolle spielen.

Die Position des Begleitsterns zum Hauptstern ist gekennzeichnet einmal durch die Distanz in Bogensekunden, zum anderen durch den Positionswinkel, der in Grad von Nord über Ost, Süd, West von 0 bis 360 gezählt wird. Listen mit Doppelsternen, die für Feldstecher und kleine Astro-Fernrohre geeignet sind, veröffentlichen häufig die astronomischen Jahrbücher (siehe S. 187). Eine Zusammenstellung von 313 doppelten und merhfachen Systemen und Komponenten bis zur Größe 8,5^m und Distanz zwischen 1 und 30 Bogensekunden enthält das »Handbuch für Sternfreunde«, das auch genaue Beobachtungsanleitungen einschließlich Mikrometermessungen gibt.

Ein sehr eindrucksvolles Beispiel für die unterschiedliche Färbung der Einzelsterne eines Doppelsterns ist der Stern Beta im Sternbild Schwan mit Namen Albireo. Der hellere Stern ist gelb, der schwächere blau. Im Feldstecher bei 15facher Vergrößerung ein schöner Anblick! Zum Auffinden des Sterns siehe Karte auf Seite 48.

Der unserem Sonnensystem nächste Fixstern, Alpha im Sternbild Centaurus, mit nur 4 Lichtjahren Entfernung, ist ebenfalls ein Doppelstern mit Komponenten von 0,3^m und 1,7^m. Er lässt sich mit einem Fernrohr von 50 mm Öffnung auflösen (siehe dazu auch S. 78).

Orion-Nebel (M 42), aufgenommen mit einem Celstron 5, Brennweite 1250 mm, Belichtung 30 Minuten auf 800-ISO-Film.

Das Trapez im Orion-Nebel, ein markanter Vierfachstern. Aufnahme mit 4 m Brennweite.

Veränderliche Sterne

Immer wieder liest man, dieser und jener Stern hat die Größe oder Größenklasse z. B. 4^m. Die Vermutung, dass das nichts mit dem Durchmesser oder Umfang eines Sterns zu tun hat, ist richtig. Die Größenklasse bezieht sich auf die Helligkeit, und zwar wird üblicherweise damit die so genannte scheinbare Helligkeit bezeichnet, abgekürzt ^{m}. Helligkeitseindrücke werden verschieden empfunden, so etwa vom menschlichen Auge sehr viel anders als von fotografischen Schichten der Filme und Platten. Deshalb wird noch nach der visuellen und fotografischen scheinbaren Helligkeit unterschieden (vgl. S. 28/29).

Die Einteilung in scheinbare Größenklassen beruht auf der Festlegung von Helligkeitsstufen. Danach ist ein Stern 1. Größenklasse 100-mal heller als ein Stern 6. Größenklasse. Schon in der antiken Astronomie wurden die mit freiem Auge sichtbaren Sterne in 6 Größenklassen eingestuft. Dabei war das Verhältnis der Helligkeitsabstufung von einer Größenklasse zur folgenden erstaunlich gleichmäßig, wie moderne Kontrollmessungen bestätigen. Dafür gibt es sogar eine mathematische Ausdrucksweise: 2 Sterne unterscheiden sich um einen Faktor $2,512 = \sqrt[5]{100}$, wenn sie die Helligkeitsdifferenz von einer Größenklasse aufweisen.

Die Einstufung nach der scheinbaren Helligkeit erfolgt entsprechend dem Anblick der Sterne von der Erde aus. Sie sagt aber noch nichts aus über die tatsächliche Strahlungskraft der Sterne. Deshalb wurde der Begriff der »absoluten Helligkeit« geschaffen: »Die absolute Größe eines Sterns definieren wir als die scheinbare Größe, die ein Stern haben würde, wenn er in eine Entfernung von 10 Parsec (32,5 Lichtjahre) vom Sonnensystem versetzt wäre« (Otto Struve, »Astronomie – Einführung in ihre Grundlagen«). Es geht also darum, den Abstandsfaktor auszuschalten.

Nun aber zu den veränderlichen Sternen. Es ist nicht schwer zu erraten, dass es sich dabei um Sterne handelt, die ihre Helligkeit regelmäßig (= periodisch) oder unregelmäßig verändern. Dafür gibt es 2 sehr verschiedene Ursachen:
1. Innere Vorgänge lösen die Veränderlichkeit aus. Astronomen sprechen dann auch von einer »echten« Veränderlichkeit.
2. Die wechselseitige Bedeckung von 2 sich umkreisenden Sternen führt zur Veränderlichkeit. Das sind die erwähnten Bedeckungsveränderlichen, eigentlich Doppelsterne (siehe S. 147).

Bleiben wir bei den echten. Innere Vorgän-

NGC 1365 – einer der größten bekannten Spiralnebel am Südhimmel. Wegen der Form sprechen die Astronomen von einer Balkenspirale. Entfernung 50 Millionen Lichtjahre. Aufgenommen mit einem der 4 Very-Large-Teleskope (VLT), Spiegeldurchmesser 8,2 m, der Europäischen Südsternwarte (ESO) im Februar 1999.

ge? Alle Fixsterne haben eine Eigenstrahlung wie unsere Sonne, die ebenfalls ein Fixstern ist. Sie erzeugen Energie durch Kernprozesse im Inneren und befördern diese Energie nach außen durch Strahlung. Dabei kann allerhand passieren: Der Kernprozess verläuft nicht richtig oder während des Energietransportes treten Störungen auf. Das beeinflusst natürlich die Intensität der Eigenstrahlung und damit die Helligkeit des Sterns. Echte Veränderlichkeit hat verschiedene physikalische Ursachen:
1. Sterne pulsieren, ihre Gashüllen dehnen sich aus und ziehen sich wieder zusammen. Dieser Vorgang geschieht erstaunlich präzise (periodisch). Man unterscheidet langperiodisch und kurz-periodisch pulsierende Sterne. Das Musterbeispiel eines langperiodischen Veränderlichen ist der Stern Mira Ceti (siehe S. 53). Kurzperiodische Veränderlichen sind Sterne mit einer Periode, die kleiner ist als 5 Stunden!
2. Sterne pulsieren, aber der Vorgang ist nicht direkt beobachtbar, weil andere Einflüsse mitwirken und eine unregelmäßige Veränderlichkeit auslösen. Die

Die einfache Helligkeitsschätzung

Die Beobachtung des Lichtwechsels veränderlicher Sterne ist jedem Sternfreund mit einfachen instrumentellen Hilfsmitteln möglich. Der Feldstecher genügt. Das einfachste Verfahren besteht darin, dass seine jeweilige Helligkeit im Vergleich zu derjenigen umgebender Sterne geschätzt wird. Für zahlreiche veränderliche Sterne liegen Karten des Umfelds mit einer entsprechenden Anzahl von Vergleichssternen vor. Beispiel: die Karte für den veränderlichen Stern Mira im Sternbild Walfisch. Die Zahlen neben den Sternen bedeuten die jeweilige scheinbare Helligkeit in Größenklassen. Das Feld ist bequem im Feldstecher zu erfassen.

Die Schätzung geht folgendermaßen vor sich. Der Helligkeitsunterschied zwischen veränderlichem Stern und Vergleichsstern wird in 4 Stufen angegeben:

Stufe 0 = kein bemerkbarer Helligkeitsunterschied;
Stufe 1 = ein Stern ist gerade heller;
Stufe 2 = ein Stern ist deutlich heller;
Stufe 3 = ein Stern ist auffällig heller.

Das Resultat der Schätzungen wird schriftlich fixiert:

amV bedeutet, dass der veränderliche Stern V um m Stufen schwächer ist als der Vergleichsstern a;
Vma bedeutet, dass der veränderliche Stern V um m Stufen heller ist als der Vergleichsstern a.

Ein geübter Beobachter erreicht mit dieser einfachen Einstufung eine Genauigkeit bis 0,1^m. Voraussetzung ist – neben dem Training –, dass der Helligkeitsunterschied zwischen den beiden Sternen, die Stufenweite, nicht zu groß gewählt wird. Die Wahl der Stufe 1 gibt die genauesten Werte. Mit Stufe 3 wächst die Streuung. Zweckmäßigerweise wird die Einstufung mit Hilfe mehrerer Vergleichssterne vorgenommen.

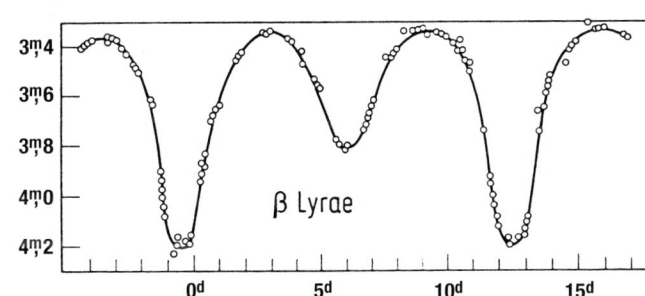

Lichtkurven von Algol (siehe Beobachtungshinweise S. 37) und von Beta Lyrae (siehe Sternkarten S. 48/49). Beta Lyrae zeigt deutlich ein Nebenminimum, das typisch für Bedeckungsveränderliche ist. Jetzt deckt der leuchtstärkere der beiden Sterne den leuchtschwächeren. Beim Hauptminimum ist es umgekehrt.

Lichtkurve von Mira 1996–1999 nach 1355 visuellen Helligkeitsschätzungen (m_V) europäischer Amateurastronomen. Im Winter 1996/97 war das Maximum mit 2^m extrem hell. Ein Jahr später waren es nur 3,5^m und 1998/99 erreichte das Maximum nur 5^m.

Das System der durchlaufenden Tageszählung ist besonders bei der Lichtkurven- und Periodenbestimmung veränderlicher Sterne üblich: Auf der Zeitachse solcher Darstellungen wird das julianische Datum angegeben, das 1581 von Joseph Justus Scaliger eingeführt wurde. Die Zählung beginnt am 1. Januar 4713 v. Chr. mittags. Die Zahl der seit diesem Tag vergangenen mittleren Sonnentage bestimmen das julianische Datum:

für 1. Jan. 2002   245 2276,   für 1. Jan. 2003   245 2642,
für 1. Jan. 2004   245 3007,   für 1. Jan. 2005   245 3373,
für 1. Jan. 2006   245 3738,   für 1. Jan. 2007   245 4104,
für 1. Jan. 2008   245 4469

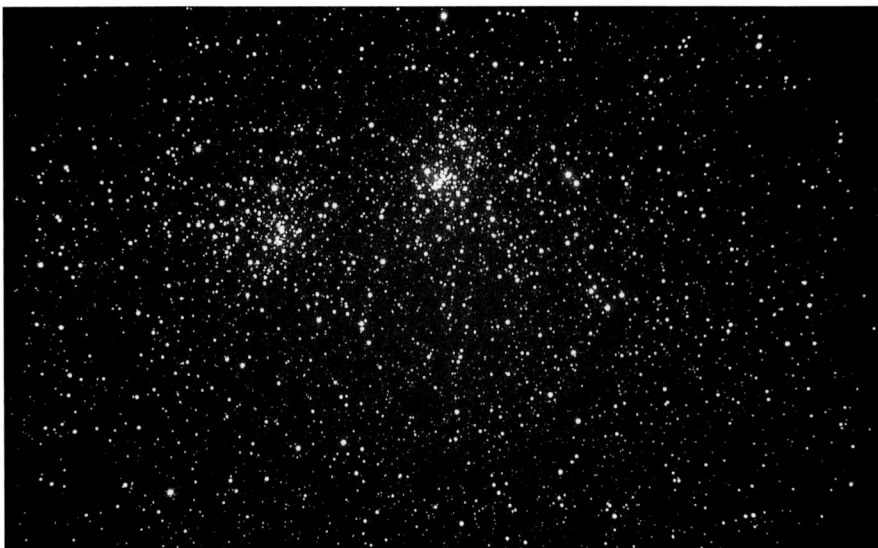

Die beiden benachbarten offenen Sternhaufen h und χ Persei sind noch jung und bestehen deshalb aus vielen hellen Sternen.

Helligkeitsänderungen treten nicht in strengen Perioden auf.

3. Sterne explodieren: Angestaute Energie bricht plötzlich durch die äußeren Schichten der Sternatmosphäre und löst extrem rasche Helligkeitsanstiege aus. Diese Sterne werden als Novae (Einzahl: Nova) bezeichnet. Vor dem Hauptmaximum kann ein mehrere Stunden oder auch Tage dauerndes Vormaximum auftreten. Beim Helligkeitsabfall bis zur Normalhelligkeit können Helligkeitsschwankungen vorkommen.

Das sind die wichtigsten Erscheinungsbilder von echten veränderlichen Sternen. Es gibt aber noch andere, zum Beispiel Sterne, auf deren Oberfläche eine starke Fleckenbildung zu Helligkeitsänderungen Anlass gibt. Oder Sterne, bei denen Helligkeitsveränderungen gleichzeitig bemerkenswerte Intensitätsveränderungen im Spektrum hervorrufen. Die Astronomen kennen inzwischen mehrere zehntausend veränderlicher Sterne und haben sie sorgfältig nach Merkmalen geordnet. Im Grunde genommen sind wahrscheinlich alle Sterne irgendwie und irgendwann einmal veränderlich. Nur wird das nicht wahrgenommen, obwohl die modernsten Messgeräte erst bei 0,002^m die Grenze der Genauigkeit erreichen.

Beobachtungstechnisch wird der Nachweis für die veränderliche Helligkeit eines Sterns durch die Ermittlung einer Lichtkurve erbracht. Das ist eine grafische Darstellung der scheinbaren Helligkeit des Sterns im Verlauf eines bestimmten Zeitabschnitts. Die Daten für diese Lichtkurve können mit Hilfe von visuellen Schätzungen der Sternhelligkeit, der Ausmessung der Schwärzung von Sternpünktchen auf Fotos oder mit lichtelektrischen Messungen gewonnen werden. Alle Helligkeitsschätzungen und -messungen werden unter dem Sammelbegriff Fotometrie geführt. Wichtige Bestimmungsgrößen jeder Lichtkurve eines veränderlichen Sterns sind:

1. der Zeitraum zwischen zwei aufeinander folgenden größten und geringsten Helligkeiten, die als Maximum bzw. Minimum bezeichnet werden;
2. der Bereich der Helligkeitsschwankungen zwischen Maximum und Minimum, auch Amplitude genannt;
3. die Gestalt der Kurve, mehr symmetrisch, mehr unsymmetrisch;
4. die Wiederholung der Kurvengestalt und der Amplitude über mehrere Maxima und Minima hinweg.

Es gibt da in der Tat eine Menge von Möglichkeiten, und die Bilder auf Seite 151 können nur ein paar typische Beispiele zeigen. Einfache Helligkeitsschätzungen und darauf beruhende Lichtkurven kann der Sternfreund bei helleren veränderlichen Sternen selbst ohne mächtigen instrumentellen Aufwand machen; der Feldstecher genügt als Gerät vollauf. Die Schätzungen geschehen nach bewährten Methoden unter Einbezug benachbarter Sterne, deren scheinbare Helligkeit bekannt und konstant ist (Beispiel auf S. 151). Diese Schätzungen sind bei einiger Übung recht genau, sie liegen etwa im Grenzbereich von 0,1^m und sind bei entsprechender Regelmäßigkeit geeignet, Daten für die wissenschaftliche Auswertung zu liefern. In einer Reihe von Ländern gibt es Beobachtergruppen, die systematisch diese Schätzungen ausführen und die Ergebnisse an international anerkannte Sammelstellen weitergeben. Ernsthaft interessierte Beobachter finden in dem schon mehrfach zitierten »Handbuch für Sternfreunde« alle Angaben für die Beobachtung und Auswertung. Dort werden auch technisch anspruchsvollere Methoden beschrieben, z. B. Helligkeitsmessungen mit Hilfe eines lichtelektrischen Fotometers. Die Messgenauigkeit lässt sich mit elektronischen Hilfsmitteln wesentlich steigern.

Die Kenntnis der physikalischen Ursachen für die Helligkeitsschwankungen ist sehr wichtig, um das Wissen über den Aufbau der Sterne zu vertiefen. Die Perioden-Leuchtkraft-Beziehung über die Bestimmung der mittleren scheinbaren Helligkeit bestimmter veränderlicher Sterne führt zu Entfernungsbestimmungen der Sternsysteme. Es sind vor allem die Veränderlichen vom Typ des Sterns Delta im Sternbild Kepheus, die hier eine Rolle spielen (siehe S. 51).

Offene Sternhaufen

Wer sich nur ein wenig mit dem gestirnten Himmel beschäftigt, wird bald erkennen, dass es sternreichere und sternärmere Abschnitte gibt. Am deutlichsten erscheint eine Sternansammlung im Bereich der Milchstraße (siehe S. 162/163). Aber es gibt auch noch andere Gruppierungen, die für den Beobachter reizvoll sind. Dazu gehören die Sternhaufen im Milchstraßensystem. Davon gibt es 2 Arten, die sich nach Größe und Aufbau grundlegend unterscheiden: einmal die offenen Sternhaufen, der Astronom spricht auch von den galaktischen Sternhaufen; dann die Kugelsternhaufen.

In diesem Kapitel beschäftigen wir uns mit den offenen Sternhaufen, zu denen ein so berühmtes Objekt wie das Siebengestirn (Plejaden) zählt, das auf Seite 55 ausführlich beschrieben ist. Mit Recht dürfen wir annehmen, dass die Plejaden der erste offene Sternhaufen waren, der die Aufmerksamkeit der Menschen auf sich gelenkt hat. Früher freilich betrachtete man diese Sternanhäufung unter anderen Gesichtspunkten als der moderne Astrophysiker. Folgen wir ein wenig den Erläuterungen, die Huberta von Bronsart in ihrer »Kleinen Lebensbeschreibung der Sternbilder« gibt: »Man kann bei der Zeitrechnung mancher Völker sozusagen von einem Plejadenjahr sprechen (so wie es das Mondjahr und das Sonnenjahr gibt). Fing bei den Inkas in Peru das Jahr Ende Mai mit dem Frühaufgang der Plejaden an, so rechnen die Südseeinsulaner ihr Jahr ebenfalls vom Frühsommer an, dem Erscheinen der Plejaden, denen übrigens von den Australiern auch die Zunahme der Wärme zugeschrieben wird. In Togo werden im Juni und im November Feste gefeiert von je 3 Wochen Dauer; bestimmend für ihren Beginn ist der Frühaufgang der Plejaden bzw. ihre höchste Stellung am Himmel um Mitternacht. Bei den Konjagen auf der Insel Kadjak (Arktis) hat der erste Monat im Jahr den Namen »Plejadenaufgang« – es ist

ebenfalls der Juni. Als Künder der Regenzeit werden die Plejaden in den tropischen Gebieten beachtet, wie sie schon in der Frühzeit der Menschheit als Zeitmarken für Landwirtschaft und Seefahrt galten…«

Wie der Gesellschaftswissenschaftler die Merkmale menschlicher Zusammenschlüsse analysiert und Verhaltensweisen deutet, so untersucht der Astronom seine Gesellschaft, die Sterne, und will ihre Entstehung, Verteilung und Bewegung im Weltraum immer besser kennen lernen. Die Sterne bewegen sich nämlich keineswegs zusammenhanglos durch den Kosmos. Irgendwo und irgendwie gehört jeder Stern zu einem Sternsystem. So sind auch die Sterne eines offenen oder galaktischen Sternhaufens keine zufällige optische Konstellation am Himmel. Sie gehören vielmehr zusammen und zeigen das dem Beobachter auf verschiedene Weise.

Der Name macht uns schon auf ein Merkmal aufmerksam: Offene Sternhaufen erscheinen im Feldstecher oder Fernrohr als lockere Ansammlung von Sternen – manchmal so locker, dass es sogar schwer fällt, auf den ersten Blick überhaupt einen Sternhaufen zu erkennen. Auch ist die Anordnung am Himmel nicht unbedingt kreisförmig, und die Zunahme der Sternhäufigkeit zur Mitte des Sternhaufens weist längst nicht die Konzentration auf, wie sie die Kugelsternhaufen kennzeichnet. Unter den offenen Sternhaufen vereinen sich ebenso Sternhaufen mit einer erkennbaren Sternverdichtung wie Sternhaufen, die mehr das Aussehen von zufälligen Sternansammlun-

Die Plejaden, auch Siebengestirn genannt, sind der prächtigste unter den galaktischen Sternhaufen des Nordhimmels (siehe auch S. 55).

Der Messier-Katalog

Simon Marius hatte 1612 den Andromeda-Nebel entdeckt, Cysat 6 Jahre später den Orion-Nebel. Der erste große Entdecker kosmischer Nebel und Sternhaufen aber war Charles Messier (1730–1817). Der Astronom am Marine-Observatorium in Paris beobachtete in erster Linie Kometen. Er war einer der erfolgreichsten Kometenentdecker seiner Zeit. Sozusagen als Nebenprodukt fertigte er eine Nebelliste an, um Verwechslungen bei der Entdeckung von Kometen zu vermeiden. Allmählich entstand ein Verzeichnis von 103 nebligen Objekten am Sternhimmel, von denen Messier selbst 61 aufgefunden hat. Die Liste umfasst alle möglichen galaktischen und extragalaktischen Objekte: offene Sternhaufen (O), galaktische Nebel (G), planetarische Nebel (P), Kugelsternhaufen (K), extragalaktische Systeme (E).

Vor der Katalognummer steht ein M für Messier.

Das Objekt M 40 ist ein Doppelstern, der irrtümlich als Nebel geführt wurde. Bei M 47, M 48 und M 91 fehlten ursprünglich die Objekte. Mit Hilfe der Beobachtungsbücher von Messier wurden sie nachgetragen. Bei M 101 und M 102 handelte es sich ursprünglich um das gleiche Objekt. M 103 bis M 109 sind nicht in Messiers 1784 veröffentlichtem Katalog enthalten. Handschriftliche Vermerke in seinem Manuskript deuten aber darauf hin, dass die Objekte Messier bekannt waren.

Messier beobachtete meistens mit Refraktoren von etwa 90 mm Öffnung und 1100 mm Brennweite, eine Instrumentengröße also, die heute für jeden interessierten Amateurastronomen erreichbar ist. Die Sternkarten auf den Seiten 34–87 in diesem Buch enthalten die Messier-Objekte. Mehr darüber in »Mein Messier-Buch« von H. Vehrenberg (siehe S. 187).

NGC bedeutet »New General Catalogue of Nebulae and Clusters«, ein Katalog mit über 6000 Objekten von J. L. E. Dreyer (1852–1926). Ein Nachtrag zum NGC heißt »Index-Catalogue« und wird IC abgekürzt.

M	NGC	Koordinaten		Art	Helligkeit	Bemerkungen	Seite
1	1952	5ʰ34ᵐ	+22,0°	G	8ᵐ	Crab-Nebel	56
2	7089	21 34	− 0,9	K	6		68
3	5272	13 42	+28,4	K	6		62
4	6121	16 24	−26,5	K	6		64
5	5904	15 19	+ 2,1	K	6		62
6	6405	17 40	−32,2	O	5		82
7	6475	17 54	−34,8	O	4		82
8	6523	18 03	−24,4	G	6	Lagunen-Nebel	64
9	6333	17 20	−18,5	K	7		64
10	6254	16 58	− 4,1	K	7		64
11	6705	18 51	− 6,2	O	6		66
12	6218	16 48	− 2,0	K	7		64
13	6205	16 43	+36,5	K	6	Kugelsternhaufen im Herkules	46
14	6402	17 38	− 3,2	K	8		64
15	7078	21 30	+12,1	K	6		68
16	6611	18 20	−13,8	O	6		64
17	6618	18 21	−16,2	G	7	Omega-Nebel	64
18	6613	18 20	−17,2	O	8		64
19	6273	17 03	−26,3	K	7		64
20	6514	18 02	−23,0	G	9	Trifid-Nebel	64
21	6531	18 05	−22,5	O	7		64
22	6656	18 37	−23,8	K	6		64
23	6494	17 57	−19,0	O	7		64
24	6603	18 20	−18,4	O	5		64
25	IC 4725	18 32	−19,3	O	7		64
26	6694	18 46	− 9,4	O	9		66
27	6853	20 01	+22,7	P	8	Dumbbell-Nebel	66
28	6626	18 25	−24,9	K	7		64
29	6913	20 24	+38,6	O	7		48
30	7099	21 42	−23,2	K	8		68
31	224	0 43	+41,3	E	4	Andromeda-Nebel	34
32	221	0 43	+40,9	E	9	Begleiter des Andromeda-Nebels	34
33	598	1 34	30,6	E	6	Triangulum-Nebel	52
34	1039	2 42	+42,8	O	6		34
35	2168	6 09	+24,3	O	5		56
36	1960	5 36	+34,1	O	6		38
37	2099	5 52	+32,5	O	6		38
38	1912	5 28	+35,8	O	7		38
39	7092	21 33	+48,4	O	5		50
40	–	12 35	+58,2			Doppelstern	–
41	2287	6 47	−20,8	O	5		56
42	1976	5 36	− 5,4	G	3	Orion-Nebel	56
43	1982	5 36	− 5,3	G	9		56
44	2632	8 40	+19,8	O	4	Praesepe	58
45	–	3 47	+24,2	O	2	Plejaden	54
46	2437	7 42	−14,8	O	6		56
47	2422	7 37	−14,6	O	5		–
48	2548	8 14	− 5,8	O	6		–
49	4472	12 30	+ 8,0	E	9		60
50	2323	7 03	− 8,4	O	6		56
51	5194	13 30	+47,2	E	8		44
52	7654	23 25	+61,6	O	7		50
53	5024	13 13	+18,1	K	8		60
54	6715	18 55	−30,5	K	7		66
55	6809	19 40	−31,0	K	8		66
56	6779	19 18	+30,2	K	8		48

M	NGC	Koordinaten		Art	Helligkeit	Bemerkungen	Seite
57	6720	18^{h}54^m	+33,1°	P	9^m	Ringnebel in der Leier	48
58	4579	12 38	+11,8	E	8		60
59	4621	12 42	+11,6	E	9		60
60	4649	12 44	+11,5	E	9		60
61	4303	12 22	+ 4,5	E	10		60
62	6266	17 02	−30,2	K	9		64
63	5055	13 16	+42,0	E	10		42
64	4826	12 57	+21,6	E	7		60
65	3623	11 19	+13,1	E	10		60
66	3627	11 21	+13,0	E	9		60
67	2682	8 51	+11,8	O	6		58
68	4590	12 40	−26,8	K	9		60
69	6637	18 31	−32,4	K	9		82
70	6681	18 44	−32,3	K	10		82
71	6838	19 54	+18,7	K	9		66
72	6981	20 54	−12,5	K	10		66
73	6994	20 59	−12,6	O		besteht nur aus 4 Sternen	–
74	628	1 37	+15,8	E	10		52
75	6864	20 06	−22,0	K	8		66
76	650	1 42	+51,6	P	12		34
77	1068	2 43	+ 0,0	E	9		52
78	2068	5 47	+ 0,1	G	8		–
79	1904	5 24	−24,6	K	8		56
80	6093	16 18	−23,0	K	8		64
81	3031	9 56	+69,1	E	8		40
82	3034	9 56	+69,7	E	9		40
83	5236	13 37	−29,8	E	10		62
84	4374	12 26	+12,9	E	9		60
85	4382	12 26	+18,2	E	9		60
86	4406	12 27	+12,9	E	10		60
87	4486	12 31	+12,4	E	9		60
88	4501	12 32	+14,4	E	10		60
89	4552	12 36	+12,5	E	10		60
90	4569	12 37	+13,1	E	10		60
91	4567	12 37	+11,2	E	10		–
92	6341	17 18	+43,2	K	6		46
93	2447	7 45	−23,9	O	8		56
94	4736	12 51	+41,1	E	8		42
95	3351	10 44	+11,7	E	10		60
96	3368	10 47	+11,8	E	9		60
97	3587	11 15	+55,0	P	12	Eulen-Nebel	42
98	4192	12 14	+14,9	E	11		60
99	4254	12 19	+14,4	E	10		60
100	4321	12 23	+15,8	E	11		60
101	5457	14 03	+54,4	E	10		44
102	5866	15 06	+65,8	E	11		44
103	581	1 33	+60,8	O	7		34
104	4594	12 40	−11,7	E	9	Sombrero-Nebel	60
105	3379	10 48	+12,6	E	10		60
106	4258	12 20	+47,3	E	9		42
107	6171	16 33	−13,1	K	9		64
108	3556	11 12	+65,4	E	11		42
109	3992	11 58	+53.4	E	11		42

gen haben und sich vom Sternhintergrund am Himmel gerade noch unterscheiden.

Alle offenen Sternhaufen sind Angehörige unseres Milchstraßensystems. In der galaktischen Ebene treten sie massiert auf. Deshalb stößt der Beobachter auf diese Objekte bevorzugt in der Milchstraße. Die meisten offenen Sternhaufen haben weniger als 100 Sterne, was aber nicht ausschließt, dass auch schon offene Sternhaufen mit 500 und 1000 Sternen entdeckt worden sind. Die Ausdehnung im Weltraum liegt bei einigen Parsec bis etwa 50 Parsec. Entfernt sind die offenen Sternhaufen zwischen 100 und 10 000 Parsec.

Je näher ein offener Sternhaufen ist, umso mehr sind seine Sterne verteilt. Die Zuordnung zur gleichen Familie lässt sich dann nur noch auf Grund der Geschwindigkeit und Bewegungsrichtung bestimmen. Während die Geschwindigkeiten der nicht zum Sternhaufen gehörigen Sterne, der so genannten Feldsterne, breit streuen, haben die Sterne eines offenen Sternhaufens ungefähr die gleiche räumliche Geschwindigkeit und die gleiche Bewegungsrichtung. Für Sternhaufen, deren Sterne nichts oder wenig von einer Konzentration erkennen lassen, dafür aber die Gemeinsamkeit der Bewegung, haben die Astronomen den Namen »Bewegungshaufen«.

Dass die Plejaden seit urdenklichen Zeiten vielen Völkern ein vertrauter Anblick am Himmel sind, darauf wurde bereits hingewiesen. Auch im Rahmen der wissenschaftlichen Erforschung der offenen Sternhaufen zählt das Siebengestirn zu den bekanntesten. Die Plejaden sind uns verhältnismäßig nahe. Ihre Entfernung beträgt annähernd 130 Parsec; sie wird mit Hilfe eines spektroskopischen Verfahrens ermittelt. Über 120 Einzelsterne gehören zur Plejaden-Familie. Die schwächsten Sterne haben die scheinbare Helligkeit 17^m. Sehr interessant sind die diffusen Nebelmassen, die das Licht hellerer Plejaden-Sterne spiegeln. Das Vorhandensein solcher Nebelmaterie legt den Gedanken nahe, ob es sich hierbei etwa um Reste dichter Materie handelt, aus der sich die Sterne geformt haben.

Das systematische Erforschen offener Sternhaufen hat zu manchen neuen Kenntnissen über den Aufbau unserer Milchstraße und das Vorhandensein der interstellaren Materie beigetragen. Um die Entfernung der galaktischen Sternhaufen zu bestimmen, gibt es noch die Möglichkeit, die scheinbaren und absoluten Helligkeiten (siehe S. 150) zu vergleichen. Man kann auch eine Beziehung zwischen der Anzahl der Sterne und der Dichte der Sterne im

Haufen herstellen. Mit zunehmender Entfernung weicht diese Beziehung immer mehr von der Norm ab, sodass die Annahme einer Lichtabsorption durch interstellare Materie richtig zu sein scheint.

Die offenen Sternhaufen sind gut geeignet, die Sterne in verschiedenen Entwicklungszuständen zu zeigen. Sind die Sterne in Gasnebel eingebettet (Beispiel: Plejaden), handelt es sich offensichtlich um verhältnismäßig junge Sternansammlungen. Das Alter der meisten bekannten offenen Sternhaufen liegt zwischen einigen Millionen und 5 Milliarden Jahren. Sterne entstehen aus Zusammenballungen interstellarer Gasmaterie, die in der galaktischen Ebene besonders häufig auftreten. Dabei sind neben hoher Dichte der Materie und starken Magnetfeldern ausreichend Masse und nur schwache innere Bewegung der Materie die Voraussetzungen für den Sternbildungsprozess (vgl. S. 143).

Im Vergleich zum Alter der Milchstraße – es wird mit 10 Milliarden Jahren angegeben – sind die allermeisten offenen Sternhaufen junge Sternsysteme. Wenigstens ein großer Teil der galaktischen Sternhaufen stellt die erste Station der Sterne dar nach dem Sternbildungsprozess. Die Lebensdauer offener Sternhaufen ist begrenzt, sehr wahrscheinlich auf 1 Milliarde Jahre. Die einzelnen Haufensterne entweichen nach und nach. Die zusammengehörenden Sterne unterliegen gegenseitiger Anziehung, die so wirksam werden kann, dass sich 2 Sterne aus der Bahn werfen. Dabei findet ein Energieaustausch statt, der einem der Sterne die notwendige Fluchtgeschwindigkeit verleiht.

Einer der schönsten Doppelsternhaufen ist im Sternbild Perseus. Er wird auf Seite 37 näher beschrieben.

Kugelsternhaufen

Die hellsten Kugelsternhaufen sehen wir am südlichen Himmel in den Sternbildern Kentaur und Tukan (siehe Karten auf S. 78 und S. 70). Mit bloßen Augen sind die Kugelsternhaufen ω Centauri und 47 Tucanae als »Nebelsternchen« wahrnehmbar. Im Stern-

Farbaufnahme des kugelförmigen Sternhaufens M 13 im Sternbild Herkules. Dieser Grad von Auflösung in Einzelsterne wird nur in sehr großen Fernrohren erreicht. In der Regel sind es die Randsterne, die auch der Sternfreund mit einem kleinen Fernrohr mühelos sehen kann.

bild Herkules befindet sich der hellste Kugelsternhaufen des Nordhimmels, das Objekt M 13 (siehe S. 47). Im Feldstecher beginnt die Auflösung in Einzelsterne am Rand. Was dabei sofort auffällt: Die Kugelsymmetrie der Sternansammlung ist ausgeprägt, und je mehr es zur Mitte hin geht, umso dichter scheint das Ganze zu werden. Eine Auflösung in Einzelsterne will in der Mitte auch mit einem größeren Fernrohr nicht gelingen – und gelingt in der Tat selbst mit den mächtigen Teleskopen der amerikanischen Sternwarten nicht. Die Fotos lassen einiges ahnen von der enormen Sterndichte, die in einem Kugelsternhaufen herrschen muss.

So gesehen, sind die Kugelsternhaufen schon rein äußerlich anders als die offenen Sternhaufen. Die Anzahl der Sterne in Kugelsternhaufen liegt zwischen 100 000 und 10 000 000. Die linearen Durchmesser betragen in der Regel zwischen 10 und 20 Parsec. Über 100 Kugelsternhaufen sind steckbrieflich erfasst. Vermutlich eine ähnliche Anzahl verbirgt sich den Teleskopen und Astrokameras hinter Wolken interstellarer Materie.

Im Gegensatz zu den galaktischen Sternhaufen enthalten die Kugelsternhaufen keinerlei Gasnebel. »Man darf annehmen, dass alles Gas, das in ihnen anfangs bei der Sternentstehung noch übrig geblieben war oder das im Laufe der fortgeschrittenen Entwicklung von den Sternen wieder abgestoßen wurde, bei jedem Durchpendeln des Haufens durch die Ebene der Milchstraße aus dem Haufen (durch die Gasmassen der Milchstraße) ›herausgefegt‹ worden ist« – so S. v. Hoerner und K. Schaifers in »Meyers Handbuch über das Weltall«. Also eine Versammlung älterer Sternengenerationen?

Die Kugelsternhaufen sind im Gegensatz zu den offenen Sternhaufen nicht auf die galaktische Ebene beschränkt, sondern kommen in allen galaktischen Breiten vor. Sie bilden einen Ring um unser Milchstraßensystem und stellen damit so etwas wie Vorposten des Milchstraßensystems dar. Die Kugelsternhaufen führen eine Art Eigenleben innerhalb unserer Galaxis. Der Ring der Kugelsternhaufen nimmt kaum an der Rotation der Galaxis teil. Natürlich sind die Kugelsternhaufen in der Milchstraßenumgebung der Anziehung des Kerns des Milchstraßensystems ausgesetzt. Sie haben daher eine galaktische Umlaufzeit und sind seit der Existenz des Milchstraßensystems schon über 60-mal durch die Ebene der Milchstraße »hindurchgetaucht«.

Wir müssen davon ausgehen, dass ganz am Anfang, zum Zeitpunkt der Milchstraßen-werdung, eine riesige turbulente Wasserstoffwolke vorhanden war, die um ihre Mitte rotierte und sich mit der Zeit in kleinere Gaswirbel auflöste, in denen sich dann die Sterne bildeten. Am zahlreichsten waren die Gaswirbel nahe der Äquatorebene unserer Galaxis. Hier vereinten sie sich zu dem bekannten linsenförmigen Spiralsystem. Aber nicht alle Gaswirbel gelangten dorthin – sie haben, wenn man es so nennen will, den Anschluss verpasst. Für die Bildung einer selbstständigen Galaxis indessen reichte die Kraft nicht; dafür übte die Anziehung des Kerns des Milchstraßensystems ihre Wirkung aus, sodass die am Rand befindlichen Gaswirbel mit der galaktischen Rotation begannen, zusammen mit den sich allmählich bildenden Sternen. Beim Eintauchen in die Ebene der Milchstraße wurde das freie Gas »herausgefegt«, und die Sterne setzten ihren galaktischen Umlauf als Kugelsternhaufen fort. Ihr Alter wird heute mit 13–17 Milliarden Jahren angegeben. Zählt man rund 1 Milliarde Jahre als Entstehungszeit für die Kugelhaufen hinzu, ergibt das ein Weltalter zwischen 14 und 18 Milliarden Jahren.

Im Gegensatz zu den offenen Sternhaufen sind die Kugelsternhaufen stabile Sternansammlungen, und nur ganz außen am Rand gehen zuweilen Sterne »verloren«.

Übrigens haben die Astronomen auch in anderen Galaxien Kugelsternhaufen nachgewiesen, die dort einen ähnlichen Kranz um das eigentliche System bilden, wie das in unserem Milchstraßensystem der Fall ist. In der uns nächstgelegenen Galaxie, dem berühmten Nebel im Sternbild Andromeda, M 31 (siehe S. 30), sind rund 200 Kugelsternhaufen registriert worden.

Der nach M 13 schönste kugelförmige Sternhaufen am nördlichen Himmel befindet sich nicht weit weg vom hellen Stern Arktur im Sternbild Bootes (siehe S. 62). Es ist M 3 mit der scheinbaren Helligkeit 6,38^m. Schon im Vierzöller kann man am Haufenrand Einzelsterne wahrnehmen.

Planetarische Nebel

Es ist schon so, dass manches astronomische Objekt seinen Namen rein dem Aussehen nach bekommt und ihn auch dann nicht wieder loswird, wenn sich längst herausgestellt hat, dass seine tatsächliche physikalische Natur ganz anders ist. So wird weiterhin von den Mondmeeren (lat. »Maria«, Plural »Mariae«) gesprochen und auch von den Planetarischen Nebeln, die weder mit den großen noch mit kleinen Planeten das Geringste zu tun haben. Aber jeder kann sich selbst überzeugen, etwa am Beispiel des Ringnebels im Sternbild Leier (siehe S. 159), einem sehr schönen Vertreter der Planetarischen Nebel. Im kleinen Fernrohr sieht man tatsächlich ein kleines scheibenförmiges Objekt, das mit dem Anblick eines weit entfernten Planeten, etwa des Planeten Uranus, im gleichen Fernrohr durchaus vergleichbar ist. Nur dieser scheinbaren Ähnlichkeit im Aussehen verdanken die Planetarischen Nebel ihren irreführenden Namen. Schon in einem größeren Amateurfernrohr, etwa ab 200 mm Öffnung, ändert sich der Anblick: Der Ringnebel in der Leier erscheint jetzt wirklich ringförmig, mit abfallender Helligkeit in Richtung der größten Ausdehnung des Ringes; das Ringinnere bleibt dunkel. Ein so genannter Zentralstern hat die scheinbare Helligkeit 15^m und zeigt sich erst in wesentlich größeren Fernrohren. Jedenfalls ist vom »Planeten« nichts mehr vorhanden.

Die Planetarischen Nebel treten in mancherlei Formen in Erscheinung. In unserem Milchstraßensystem sind bereits 1000 solche Nebel bekannt. Planetarische Nebel sind leuchtende Gasnebel. Am Ende ihres Sternenlebens blähen sich relativ massearme Sterne, in denen das zentrale Heliumbrennen aufgehört hat, zu Roten Riesen auf. Die äußeren Schichten des Roten Riesen können dem Strahlungsdruck von innen nicht mehr standhalten. Die Hülle wird abgestoßen. Dieses Materie entfernt sich mit einer Geschwindigkeit von ungefähr 20 km/s und formt den Nebel um den Zentralstern. Die maximale Strahlung befindet sich weit im Ultravioletten. Im sichtbaren Bereich ist die Strahlungsleistung des Zentralsterns sehr gering. Mit ein Grund, warum er in einem Nebel mit großer Flächenhelligkeit wenig auffällig ist. Der Masseverlust des Zentralsterns ist sehr groß. Auch tief im Innern des Zentralsterns befindliche Materie, angereichert mit Helium, dem Endprodukt des Wasserstoffbrennens, wird abgegeben. Vom Roten Riesen bleibt am Ende nur ein kleiner Rest übrig. Dort herrschen Temperatur- und Dichteverhältnisse, die viel Ähnlichkeit mit denjenigen in einem Weißen Zwerg haben. Das Alter der Planetarischen Nebel liegt zwischen 10 000 und 30 000 Jahren. Sie sind also verhältnismäßig kurzlebige Objekte im Kosmos. Geschätzt wird, dass in unserer Milchstraße bis zu 50 000 Planetarische Nebel existieren.

Ohne Zweifel demonstrieren uns die Planetarischen Nebel ein gigantisches kosmisches Ereignis. Mit Geschwindigkeiten von

10–50 km/s dehnt sich ihre Gashülle aus, und vieles spricht dafür, dass diese Gasmassen dereinst zum Zentralstern gehört haben. Es muss so etwas wie eine Explosion stattgefunden haben. Oft wird gesagt, dass zwischen den Planetarischen Nebeln und Novae oder Supernovae eine Verwandtschaft bestehe. Starke Magnetfelder beherrschen die Planetarischen Nebel, und die Lebensdauer eines solchen Nebels ist 100 000-mal kürzer als die eines gewöhnlichen Fixsterns. Es wird deshalb auch die Meinung vertreten, die Planetarischen Nebel seien Überbleibsel von Sternbildungsprozessen. Das Ausströmen von Gas aus dem Zentralstern scheint ein einmaliger Vorgang von verhältnismäßig kurzer Dauer zu sein – das ist die eine Meinung. Andere Forscher sagen, der Nebelring werde ständig aus seinem Zentralstern erneuert. Ordnet man diesen Zentralstern den so genannten »Weißen Zwergen« zu, einer Art von Sternen sehr kleiner Masse, dann haben wir einen Stern vor uns, dessen Energiequellen zu Ende gehen.

Das expandierende Gas trifft auf interstellare Materie, die »aufgewirbelt« wird. Das aber bremst den Vorgang der Expansion ab, die äußeren Teile des Nebels verdichten sich. Damit in Einklang steht die Beobachtung verhältnismäßig scharf begrenzter, heller Außenränder der Planetarischen Nebel. Die Nebelhülle gehört noch nicht zur interstellaren Materie. Aber wie lange? Die Dispersion des Gases führt, wenn der Energieschub des Zentralsterns ausbleibt, zum Verschwinden des Planetarischen Nebels, zum Aufgehen der Nebelmaterie in der interstellaren Materie.

Dieses eigenartige kosmische Objekt, bekannt unter seinem englischen Namen »Southern Crab Nebula« (He 2–104), verdient viel eher den Namen Krebs-Nebel als der berühmte Crabnebel im Sternbild Stier (siehe S. 144). Das Objekt befindet sich am Südhimmel und stellt die Entstehung eines Planetarischen Nebels dar. Aufgenommen wurde es mit dem 2,2-Meter-Spiegelteleskop der Europäischen Südsternwarte (ESO).

Das Paradebeispiel für einen Planetarischen Nebel ist immer wieder der Ringnebel im Sternbild Leier (M 57). Diese Farbaufnahme lässt sowohl den Zentralstern wie die gasförmige Hülle gut erkennen. Mit den Hilfsmitteln des Amateurs lohnt es durchaus, dieses interessante Objekt zu beobachten.

Der Planetarische Nebel M 27 (»Dumbbell-Nebel«) im Sternbild Vulpecula (Füchslein, siehe Sternkarten S. 66/67). Der Nebel besteht aus Gas, das vom heißen Zentralstern (Bildmitte) ausgestoßen wurde. Die kräftige UV-Strahlung dieses Sterns regt die Gasatome im Nebel zum Leuchten an. Bei dieser Aufnahme überwiegt Licht von Wasserstoff- und Sauerstoffatomen.

Leuchtende Gasnebel

Südlich der 3 Gürtelsterne des Sternbildes Orion sieht der mit dem Sternhimmel vertraute Sternfreund sofort ohne optische Hilfsmittel einen Nebelfleck. Mit Hilfe des Feldstechers offenbart sich in dunkler, mondloser Nacht eine interessante kosmische Landschaft: Wir beobachten den berühmten Orion-Nebel, M 42, mit seinen Nachbarsternen (siehe S. 149). Im Sternbild Schütze bietet sich eine andere Gelegenheit zu einem ähnlich aufregenden Anblick. In dieser mit zahlreichen Dunkelwolken durchsetzten Milchstraßenpartie sind die Gasnebel M 8 und M 20. Besonders M 8, auch unter dem Namen Lagunen-Nebel bekannt, ist im lichtstarken Feldstecher ein imponierendes Objekt. Wer sich mit dieser Himmelsgegend oder dem Gebiet rund um den Orion-Nebel ein wenig beschäftigt, kommt schon vom bloßen Beobachten zur Vorstellung eines an Materie gar nicht so armen Weltraums.

Gasnebel. Was ist das? Selbst am Rand, wo sich Kugelsternhaufen wie Galaxien in Einzelsterne auflösen lassen, behält der Gasnebel sein milchiges Aussehen. Aber es ist kein kreisrundes oder sonst regelmäßig geformtes Gebilde. Die Ränder sind zerfasert, dunkle Einschlüsse – sie sehen aus wie dunkle Wolken – unterbrechen die helle Fläche, dazwischen leuchten Sterne aus dem Hintergrund und verstärken nur den chaotisch zu nennenden Anblick. So wie das Aussehen im Fernrohr und auf Fotos ist, bestätigt sich die Struktur dieser kosmischen Erscheinungen. Diese diffusen Nebel sind nichts anderes als fein verteilte interstellare Gas- und Staubmaterie, die durch die Ultraviolettstrahlung nahe stehender Sterne zum Leuchten angeregt wird. Wo kein Stern günstig steht, bleibt sie dunkel. Und ist die Materie etwas konzentrierter, verhindert sie das Durchscheinen der dahinter stehenden Sterne. Durch diese lichtabsorbierende Wirkung macht sich die Dunkelwolke bemerkbar. Sie hat die gleiche Zusammensetzung wie ihre leuchtende Verwandtschaft, die Gasnebel. Leuchtende Gaswolken und Dunkelwolken stehen oft dicht beieinander, zum Beispiel in der Umgebung des östlichen Gürtelsterns des Orion (ζ Orionis, siehe S. 160). Das frappierendste Beispiel einer Dunkelwolke kann man im Sternbild Kreuz des Südens sehen (siehe S. 162) in Gestalt des berühmten »Kohlensacks«, einer ausgedehnten Wolke interstellarer Materie, die viele nicht so helle Milchstraßensterne verdeckt.

Nein, der Weltraum ist nicht arm an Materie.

Das Sternbild Orion mit dem berühmten Nebel und das Sternbild Einhorn – links im Bild – mit dem Rosetten-Nebel, ein ausgedehnter Emissionsnebel mit eingebettetem offenen Sternhaufen. Aufgenommen mit einer 6 x 7 Mittelformatkamera, Film 800 ISO, Belichtung 20 Minuten.

Außer den Sternen, von denen bestimmt viele auch Planeten und Monde haben wie unsere Sonne, gibt es im Raum zwischen ihnen eine gewaltige Menge Gas und Staub. Das ist auch der Stoff, aus dem sich bei Erfüllung bestimmter physikalischer Bedingungen wieder neue Sterne bilden – auch jetzt noch, 10 Milliarden Jahre nach der Entstehung unseres Milchstraßensystems. Alle Sterne und ihre Planeten sind Produkte eines Prozesses, bei dem sich interstellares Gas und interstellarer Staub infolge der Gravitationsanziehung der einzelnen Teilchen verdichten. Zur Kugelgestalt kommt es deshalb, weil die Gravitationskraft auf den Mittelpunkt des anziehenden Körpers ausgerichtet ist. Rotiert der Körper gleichzeitig, plattet die Kugel mehr oder minder stark ab. Beim Planeten Jupiter fällt die Abplattung schon dem ungeübten Beobachter nach einigem Hinschauen auf.

Die Gravitation ist die Anziehung, die 2 Massen aufeinander ausüben; ihr Entdecker ist der Engländer Isaac Newton (1643-1727). In seiner wichtigsten Veröffentlichung – sie erschien 1687 unter dem Titel »Philosophiae naturalis principia mathematica« – demonstriert er, dass die gebogene Bahn eines Planeten um die Sonne aus 2 Elementen besteht:

1. aus der dem Planeten eigenen Bewegung. Sie treibt ihn dem Trägheitsgesetz folgend mit gleicher Geschwindigkeit in Richtung der Tangente seiner Bahn entlang;
2. aus einer Kraft, die auf das Bewegungszentrum gerichtet ist. Sie ist, umgekehrt proportional dem Quadrat der Entfernung wirkend, mit der Kraft gleich, die auf der Erde den Körpern Schwere gibt.

So formulierte Newton als Erster mathematisch ein Fernwirkungsgesetz. Es besagt, dass die Sonne jeden Planeten und jeder Planet seine Monde mit einer Kraft anzieht, die der Masse des anziehenden Kör-

In der Gegend um den linken Gürtelstern ζ Orionis im Sternbild Orion ist interstellare Materie vielfältig gemischt. Helle heiße Sterne regen Gas zum Leuchten an. Der »Pferdekopf-Nebel« selbst ist eine Dunkelwolke, die von heißem Gas umströmt wird (Bildmitte unten).

Ein typischer Emissionsnebel ist der Lagunen-Nebel (M 8) im Sternbild Schütze. Im Gegensatz zum Reflexionsnebel ist hier genügend Ultraviolett in der Strahlung des anregenden Sterns, um den Nebel zum Eigenleuchten zu bringen.

pers proportional und dem Quadrat der Entfernung umgekehrt proportional ist. Das nach Newton benannte Gravitationsgesetz löst alle wichtigen Probleme der Himmelskunde, nicht nur innerhalb unseres Sonnensystems, sondern auch draußen im Weltraum, im Milchstraßensystem genauso wie in anderen Galaxien. Dabei ist die physikalische Natur der Gravitationskraft heute noch immer ein ungelöstes naturwissenschaftliches Rätsel.

Interstellare Materie, also alle zwischen den Sternen nachweisbaren Atome, Ionen, Moleküle und Staubteilchen, erscheint in konzentrierteren Ansammlungen im Weltraum in Form von selbstleuchtenden Plasmanebeln, Reflexionsnebeln, die das Licht von Sternen streuen, und als dunkle, schwer durchsichtige Molekülwolken.

Welche Zusammensetzung hat die interstellare Materie? Nach wie vor herrscht Wasserstoff vor, der bei der Entstehung unseres Milchstraßensystems den größten Teil des Weltraums gefüllt hat. Wir müssen uns folgenden zeitlichen Ablauf vor Augen halten: Die Sterne, die damals entstanden sind, gaben und geben noch ständig Energie in den Weltraum ab. Kernprozesse im Sterninneren sorgen für den Nachschub. Hierbei findet eine dauernde Umwandlung von Wasserstoff in Helium statt. Ohne Zweifel geht der Wasserstoffvorrat der Sterne einmal zu Ende. Es geschieht in den Sternen so etwas wie das Altern. Auch das Helium wird wiederum umgewandelt, aller Wahrscheinlichkeit nach in schwere Elemente. Es ist daher einleuchtend zu sagen: Die chemische Zusammensetzung im Weltraum unterliegt dauernden Veränderungen. Gleichzeitig vollzieht sich ein Kreislauf von Sternwerden zum Sternvergehen und zu neuem Sternwerden. Dabei spielt die interstellare Materie eine wichtige Rolle. Mit der Energie, die unsere Sonne und alle anderen

Wie Wolkenfetzen wirken diese Nebelfasern, die zum Cirrus-Nebel im Sternbild Schwan gehören. Überreste einer kosmischen Katastrophe, der Explosion eines Sterns? Mit der hohen Anfangsgeschwindigkeit von 100 km/s ist Gas von einem Zentrum in den Weltraum geschleudert und durch die interstellare Materie abgebremst worden. Die Explosion müßte vor 30 000 Jahren stattgefunden haben.

Sterne Tag für Tag in den Weltraum jagen, verstärkt oft noch durch explosionsartige Vorgänge in den äußeren Schichten der heißen Gaskugel, gelangt Material, und zwar chemisch bereits umgeformtes Material, aus den Sternen zurück in das gasförmige interstellare Medium. Wenn wir ein geläufiges Wort abwandeln: Es ist eine Art Weltraumverschmutzung. Ständig wird die interstellare Materie mit Helium und schweren Elementen angereichert. Während sich die Sterne vor Milliarden Jahren aus nahezu reinem Wasserstoff geformt haben, enthalten alle neuen Kondensationen von interstellarer Materie einen kräftigen Schuss Helium und schwere Elemente. Die chemische Zusammensetzung verteilt sich wie folgt: Wasserstoff 60 %, Helium 38 %, schwere Elemente 2 %. Der physikalische Zustand der interstellaren Materie weist auf einen Anteil von 99 % Gas und 1 % Staub hin, wobei der interstellare Staub identisch ist mit schweren Elementen, die in Mini-Körnern von einem zehntausendstel Millimeter und noch kleiner auftreten. Auf die Frage, um was für schwere Elemente es sich im Kosmos handelt, lautet die Antwort: Prinzipiell um Elemente, die schwerer sind als Helium; im Einzelnen u.a. Lithium, Beryllium, Bor, Kohlenstoff, Stickstoff, Sauerstoff, Neon, Aluminium, Schwefel, Eisen.

Alles in allem ist es an dieser Stelle nur möglich, ein paar Anhaltspunkte zu so interessanten kosmischen Zusammenhängen zu geben. Der Sternfreund möge sie aber gegenwärtig haben, wenn er in seinem Feldstecher oder Fernrohr den Orion-Nebel und den Lagunen-Nebel anschaut. Staubförmige Bestandteile der interstellaren Materie lösen das so genannte Reflexionsleuchten aus. Es entsteht der Eindruck eines »Reflexionsnebels«. Das typische Beispiel dazu sind die Nebel, die die Plejaden-Sterne umgeben (siehe S. 153). Emissionsnebel bestehen aus interstellarem Gas, das durch die Strahlung benachbarter Sterne zum Leuchten und zur Ausstrahlung (= Emission) eines Linienspektrums angeregt wird. Die Sterne sind in diesem Fall energiegeladen genug, um den Nebel ionisieren zu können.

Die interstellare Materie stellt den beobachtenden Astronomen auch vor manche »technischen« Probleme. Die mit ihr verbundene Lichtabsorption machte Entfernungsbestimmungen im Weltraum, die von der scheinbaren Helligkeit der Sterne ausgehen, korrekturbedürftig. Die hellen und dunklen Gas- und Staubwolken sind überdies starke Sender von Radiowellen und somit bevorzugte Forschungsobjekte eines jungen Zweigs der Himmelskunde, der Radioastronomie.

Milchstraße und extragalaktische Systeme

Es gehört mit zu den eindrucksvollsten himmelskundlichen Erfahrungen, die Milchstraße fernab aller störenden Lichtquellen auf dem Land oder im Hochgebirge zu beobachten. Der Anblick in den Sternballungsgebieten ist schlicht gesagt verblüffend! Solche Ballungsgebiete finden wir zum Beispiel in den Sternbildern Schütze und Schwan. Mit dem Feldstecher oder dem kleinen astronomischen Fernrohr wird das Glück des Sternfreundes vollkommen: Das verschwommen leuchtende Band der Milchstraße, das sich längs eines Großkreises über die Himmelssphäre ausdehnt, löst sich auf in Tausende von einzelnen Sternen, dazwischen dunkle oder leuchtende Gasnebel mit bizarren Formen.

Unser Milchstraßensystem ist eine ganz normale Spiralgalaxie, wie sie milliardenfach im Universum vorkommen: ein scheibenförmiges Sternsystem bestehend aus 200 Milliarden Sternen, Gas und Staub. Sein Durchmesser beträgt etwa 75 000 Lichtjahre. Die Dicke oder Höhe dieses »Sternenrads« misst dagegen nur einige tausend Lichtjahre. Die Sterne in dieser riesigen Scheibe, einer von ihnen ist unsere Sonne, sind wenige Milliarden Jahre alt. Die gas- und staubreiche Scheibe hingegen ist 10–12 Milliarden Jahre alt. Die Sterne sind nach und nach aus der Materie der Scheibe entstanden. Auch heute entstehen immer noch neue Sterne in den Wolken des interstellaren Gases. Diese Materie ist konzentriert in den Spiralarmen, die der Galaxie das typische Aussehen verleihen. Hier entstehen die massereichen jungen Sterne. Es sind aber nur einige wenige im Vergleich zur Sterngeburtenrate ist der Anfangsphase der Galaxie.

Die Milchstraße hat die Fantasie der Menschen aller Völker beflügelt. In den meisten Kulturen gibt es die Vorstellung von der Straße – allerdings für die verschiedensten Zwecke. In den alten Vorstellungen erscheint sie genauso für die Seelen Verstorbener wie noch Ungeborener. Aber auch als Futterweg sah man sie an, die Sterne als Körner für die Hühner. Die alten Griechen schwankten zwischen Glaube und Physik. So sprach Aristoteles von einer Ansammlung brennbarer Dämpfe irdischen und kosmischen Ursprungs, derweil die Mehrzahl seiner Zeitgenossen an eine Versammlung von Heroen glaubte. Bei den mathematisch begabten Arabern endlich taucht die Vorstellung von einer Sternanhäufung auf.

Inzwischen haben die Fernrohre, Astrokameras und Radioteleskope Klarheit geschaffen und die Milchstraße als Sternsystem erkannt. Übrigens ein Sternsystem mit dem gleichen Spiralcharakter, wie ihn andere Galaxien eindrucksvoll auf Fotos erkennen lassen. Auch wir würden das sofort se-

Die Milchstraße zusammen mit dem Sternbild Crux (»Kreuz des Südens«). In der Bildmitte der »Kohlensack«, eine ausgedehnte Dunkelwolke im Weltall.

Ein Blick in die Milchstraße. Eine Unmenge von Einzelsternen – wie unsere Sonne – und dazwischen Dunkelwolken interstellarer Materie. Das Foto verziert die Spur des Ballon-Satelliten Echo I, der während der Belichtung der Aufnahme durch das Gesichtsfeld flog. Mit der Zahl der künstlichen Erdsatelliten werden solche »Ausschmückungen« auf Astrofotos immer häufiger (siehe auch S. 134).

hen können, wenn uns eine Beobachtung der Milchstraße aus dem Weltraum möglich wäre. So aber schauen wir aus der Ebene des stark abgeplatteten, linsenförmigen Systems heraus. Das bewirkt die Konzentration der Sterne auf jenes schimmernde Band, das rund um den Himmel zieht. Der Vollständigkeit halber sei erwähnt, dass es in der Milchstraße außer Sternen und Gasnebeln noch eine Reihe interessanter galaktischer, also zur Milchstraße gehöriger Objekte gibt: Planetarische Nebel, offene Sternhaufen, Kugelsternhaufen. Wir haben

sie an anderer Stelle schon kennen gelernt (siehe S. 152, 156, 157).

Ein richtiges Sternsystem hat alle in Frage kommenden Himmelsobjekte. Warum nicht auch Planeten mit Lebewesen?

Die Milchstraße und ihre kosmische Landschaft können wir exemplarisch beobachten. Schon der Feldstecher gibt jedermann eine Vorstellung. Schwieriger wird es, wenn wir uns die benachbarten Sternsysteme aussuchen. Das bekannteste sehen wir im Sternbild Andromeda. Im Messier-Katalog trägt es die Bezeichnung M 31, als Andromeda-Nebel ist es populärer. Dieser Spiralnebel ist ein Paradestück bei jeder Sternführung – sofern die geografische Breite seine Beobachtung erlaubt. Von der Erde ist der Andromeda-Nebel 1 500 000 Lichtjahre entfernt, und der Anblick im kleinen Fernrohr ist dieser Entfernung durchaus entsprechend. Verwöhnt von Fotos, ist mancher Besucher einer Volkssternwarte vom visuellen Anblick selbst des Andromeda-Nebels enttäuscht, von anderen Spiral-

nebeln gar nicht zu reden. Gerade bei der Beobachtung eines solchen Objekts hängt sehr viel von den Umweltbedingungen am Beobachtungsort und von der Anpassung der Augen des Beobachters an Dunkelheit und Fernrohr ab. Es ist nämlich schon beeindruckend, festzustellen, wie weit ausgedehnt die flache Nebelellipse in einem Feldstecher 14 x 100 erscheint – wenn die Beobachtungsbedingungen günstig sind! Empfehlenswert ist auch die binokulare Beobachtung mit einem modernen Refraktor 1:8 bis 1:5 oder einem Spiegelteleskop 1:6 bis 1:4. Der Sternfreund verwendet dabei Weitwinkelokulare, die Vergrößerungen zwischen 30- und 60-fach bringen.

Zu den Merkmalen der Galaxien zählt eine Ansammlung von alten Sternen in der Mitte (»Bulge«, engl. Buckel). Bei manchen Galaxien lässt sich dort ein Schwarzes Loch nachweisen, mit einer Masse von Millionen bis Milliarden Sonnenmassen. Auch unser Milchstraßensystem besitzt ein Schwarzes Loch. Noch ein Merkmal ist zu nennen: eine kugelförmige Sternwolke (Halo) ganz außen am Rand. Hier wurden auch die meisten Kugelsternhaufen unserer Galaxie entdeckt. Es wird angenommen, dass es außer den hellen Halos dunkle Halos gibt, die aus dunkler Materie bestehen, deren Gravitation nachweisbar ist. Diese Gravitation scheint auch stabilisierend zu wirken. Die Fliekraft der Sterne und des Gases, die sich mit 220 km/s um das Zentrum bewegen, ist so kräftig, dass ohne Gravitation der dunklen Materie unser Milchstraßensystem auseinander fliegen würde.

Es gibt eine Klassifikation der Galaxien nach ihrem Erscheinungsbild, die von Edwin Hubble (1989–1953) entwickelt und seither verbessert worden ist. So ist unser Milchstraßensystem eine Balkenspirale (im Diagramm zwischen SBb und SBc). Der »Buckel« (Bulge) ist bei den verschiedenen Galaxientypen recht unterschiedlich ausgeprägt. Kräftige Bulge weisen auf gasärmere Galaxien hin, bei denen ältere Sterne dominieren. So scheint die Buckelgröße und ihr Verhältnis zur Scheibengröße einen entstehungsgeschichtlichen Anhaltspunkt für eine bestimmte Galaxie zu geben.

Der bisher am weitesten entfernte Galaxienhaufen im Weltall befindet sich in etwa 9 Milliarden Lichtjahren Entfernung. Die größten optischen Teleskope auf der Erde und Röntgensatelliten haben dieses Ergebnis geliefert. Das ferne Galaxiensystem ist extrem massereich – seine Masse ist mehrere 100 Billionen Mal größer als diejenige unserer Sonne. Ein so massereiches Objekt zu dieser Zeit im noch jungen Universum zu entdecken, hat die Wissenschaftler sehr überrascht.

Galaxien, in deren Kerngebiet Prozesse mit außergewöhnlich hohen Energieumsätzen auftreten, werden als »aktive Galaxien« bezeichnet. Zu ihnen zählen die mit radioastronomischen Techniken entdeckten Quasare, extrem leuchtstarke Kerne von weit entfernten Galaxien. Die Strahlungsleistung ist gewaltig, bis zur 10000-fachen Stärke der Strahlungsleistung unserer Milchstraße. Dafür verantwortlich sind Schwarze Löcher in den Kernen der betroffenen Galaxien. Gas im inneren Bereich dieser Galaxien strömt in ein Schwarzes Loch und setzt gewaltige Energien frei. Mächtige Plasmaströme dringen in den intergalaktischen Raum vor.

Auch Amateurastronomen können mit ihren Hilfsmitteln (10-zölliges Teleskop und CCD-Kameras) Quasare aufspüren. Aus dem Internet können Sie sich Sternkarten herunterladen (http://archive.eso.org/dss/dss/dss), und eine Tabelle mit Objekten für ein »kleineres Teleskop« finden Sie im Sterne-und-Weltraum-Special 1/03 »Das junge Universum«.

Urknall und Expansion

Das Urgas kondensierte zu Galaxien. Auslöser war die Gravitation, die die Kondensation von Dichteschwankungen befördert hat. In den Galaxien verdichtete sich Gas zu Sternen, die als weiße Zwerge, Neutronensterne oder Schwarze Löcher enden. Materie gelangt dabei durch explosive Prozesse wieder in den Weltraum zurück. Nicht die gesamte Materie geht in die Sternbildung ein. Sterne mit weniger als 0,08 Sonnenmassen haben eine zu geringe Temperatur, um eine Kernfusion in Gang zu setzen. Dies sind die so genannten Braunen Zwerge. Sie schrumpfen langsam und setzen die gewonnene Gravitationsenergie in Strahlung um. Noch viel kleiner sind die Massen der Planeten, Monde, Planetoiden, Kometen und der interplanetaren Materie. Längerfristig wird auch ein Teil der interstellaren Materie nicht kondensieren. Man schätzt, dass rund 10 % der Masse von der Milchstraße sich noch immer im Gaszustand befindet. Aus dieser Masse bilden sich die wenigen jungen Sterne.

Die Beobachtungen weisen auf das Auseinanderdriften der Galaxien. Früher waren sie näher beieinander. Die Astrophysiker sehen in der sogenannten Hintergrundstrahlung das beste Beweismittel für den Beginn eines sich ausdehnenden Weltalls im Zustand hoher Materiedichte und hoher Temperatur. Die Expansion des beobachtbaren Universums begann vor 10 Milliarden Jahren, wahrscheinlicher vor 20 Milliarden Jahren. Die energiereichste Strahlung finden wir im Gammabereich. Hier war offensichtlich die Energie gespeichert, die die Expansion in Bewegung setzte (»Urknall«). Der »Zeitzeuge« dieses Infernos ist die so genannte kosmische Hintergrundstrahlung. Sie wurde 1965 entdeckt und lange vorher schon vorhergesagt. Sie stammt aus einer Zeit, als das Weltall nur einige 100 000 Jahre alt war. Zu diesem Zeitpunkt hat es noch keine Galaxien gegeben. Die Stärke der Hintergrundstrahlung ist mit hoher Genauigkeit völlig unabhängig von der Richtung. Keines der uns bekannten stellaren Objekte kommt als Quelle der Hintergrundstrahlung in Frage. Diese hat sich einige 100 000 Jahre nach dem Urknall von der heißen Materie getrennt und nimmt seither unbehindert an der Expansion des Raumes teil. Die in ihr gemessene Energieverteilung entspricht erstaunlich gut dem Planck'schen Strahlungsgesetz mit 2,735 Kelvin (3-Kelvin-Strahlung).

Was aber geschieht langfristig mit der Materie in der Milchstraße und den anderen Galaxien? Mit einer Halbwertszeit von 10^{35} zerfallen die Protonen. So jedenfalls weiß es die Elementarteilchentheorie. Das aber würde das Ende aller stellaren und planetaren Objekte bedeuten: Sie lösen sich in Strahlung auf. Einzig die Schwarzen Löcher retten sich je nach Massereichtum 10^{60} bis 10^{110} Jahre vor der Zerstrahlung. Dann jedoch sind auch sie verschwunden.

Weiterentwickelte Klassifikation der Galaxien aus dem Schema von Edwin Hubble; gasarme Zonen mit überwiegend älteren Sternen (rot), gas- und staubreiche Regionen mit zahlreichen hellen, jungen Sternen (blau).

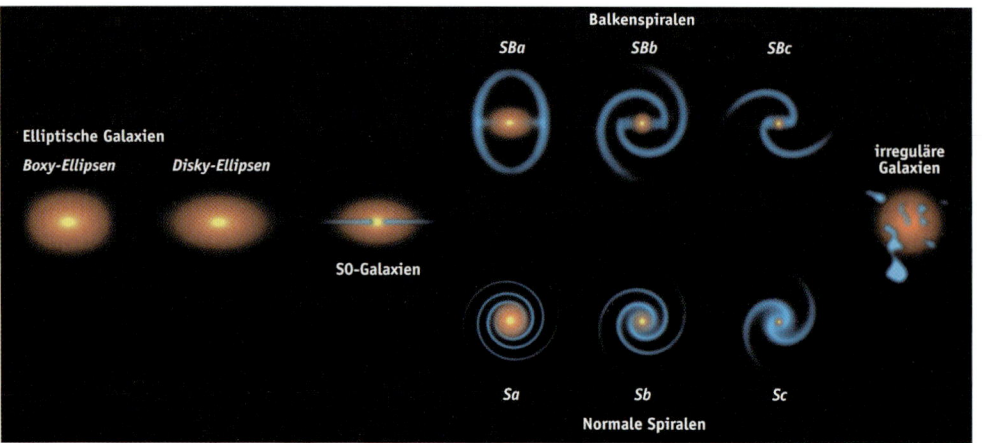

Balkenspiralen

SBa   SBb   SBc

Elliptische Galaxien

Boxy-Ellipsen   Disky-Ellipsen

S0-Galaxien

irreguläre Galaxien

Sa   Sb   Sc

Normale Spiralen

Fernrohre für Sternfreunde

Sehr häufig ist die Meinung zu hören, dass für astronomische Beobachtungen große und teuere Fernrohre notwendig sind. Dem ist nicht so. Bereits der Feldstecher und kleine astronomische Fernrohre bis 100 mm Objektivöffnung leisten sehr viel. Von Natur aus hat der Mensch seine Augen als Beobachtungsinstrument. Durch die Pupille tritt Licht ein, dessen Menge entscheidend für die Reizung der Netzhaut ist. Das voll an die Dunkelheit angepasste Auge von Menschen jungen bis mittleren Alters hat einen Pupillendurchmesser von etwa 6,3 mm. In klaren Nächten ohne Mondschein kommt man mit bloßen Augen bis zur Wahrnehmung von Sternen der 6. Größenklasse. Von einer Reihe von Firmen werden kleine astronomische Fernrohre – Linsenfernrohre und Spiegelteleskope – mit Öffnungen von 50–150 mm und Preisen zwischen 100 und 500 Euro einschließlich Montierung und Okularsatz angeboten.

Paul Ahnert schreibt über die Leistungsfähigkeit eines Fernrohres von 63 mm Öffnung: »Ein kleines Fernrohr? Zugegeben. Aber seine Öffnung hat die 100fache Fläche wie die Augenpupille, sammelt also 100-mal so viel Licht, zeigt Objekte, die 100-mal lichtschwächer sind als die, die das bloße Auge wahrnehmen kann. Da die scheinbare Helligkeit eines Sterns mit dem Quadrat der Entfernung abnimmt, können wir einen Stern wie die Sonne noch aus der 10fachen Entfernung, über 550 Lichtjahre hinweg erkennen. Eine Vergrößerung der erreichbaren Distanz auf das Zehnfache bedeutet aber eine Erweiterung des überschaubaren Raums auf das 10^3 (= 1000)fache. Absolut helle Objekte sieht man natürlich aus noch weit größerer Entfernung. Viele der extragalaktischen Nebel in den Sternbildern Coma und Virgo, die für das bloße Auge völlig unsichtbar sind, sind gut zu sehen – aus einer Entfernung von rund 30 Millionen Lichtjahren. Das leistet das ›kleine‹ Fernrohr.«

Übrigens ist das kleine Fernrohr auch bei der Mond- und Planetenbeobachtung kein Versager. Typische Erscheinungen, beispielsweise die Phasen der Venus, die Polkappen auf dem Mars, die Streifung auf dem Jupiter und der Ring des Saturn, lassen sich bei guten Luft- und Sichtverhältnissen schön beobachten.

Der Amateurrefraktor von Astro-Physics mit 150 mm Öffnung, parallaktischer Montierung und Dreibein ist noch transportabel.

Selbstverständlich gibt es für den Sternfreund größere Fernrohre. Sie kosten in der Regel mehrere tausend Euro, sofern nicht ein begabter Bastler am Werk ist, der den mechanischen Teil und unter Umständen auch die Optik selbst macht. Doch ist es mit diesen Kosten nicht getan. Fernrohre über 150 mm Öffnung, besonders Linsenfernrohre (Refraktoren), werden zusammen mit der notwendigen Montierung immer schwerer und unhandlicher. Sie bedürfen für die optimale Nutzung der festen Aufstellung auf dem Balkon, Dachboden oder – besser – im Garten. Das hat aber nur Sinn, wenn das Fundament stabil (Betonboden!) und genügend Himmel überschaubar ist (freie Sicht nach Osten und Süden). Meistens wird ein Wetterschutz für das fest aufgestellte Fernrohr unumgänglich (Schutzhütte, Kuppel).

Den Wünschen nach mehr Mobilität kommen moderne Fernrohrkonstruktionen entgegen: kurzer Tubus, geringes Gewicht und kleines Transportvolumen. Montierungen mit computergesteuerten Schrittmotoren

165

erleichtern die Steuerung und Nachführung. Hier gibt es Instrumente, die auch mit 15–30 cm Öffnung als noch bequem transportabel angesehen werden können. Für größere Instrumente gibt es inzwischen sogar eigene Anhänger, die es dem Sternfreund ermöglichen, sein Teleskop an einen fern gelegenen Beobachtungsort zu bringen. Mit dem Komfort wächst auch der finanzielle Aufwand.

Aus gutem Grund empfehlen wir in diesem Buch den Feldstecher und das kleine Fernrohr. Wer damit seine Erfahrungen gesammelt hat, mag nach mehr Optik Ausschau halten. In sehr vielen Fällen aber wird das kleine Instrument seinen Zweck erfüllen, ganz nach dem Motto: »Jedes Fernrohr hat seinen Himmel!«

Die Bestandteile des Fernrohrs

Ein paar Grundlagen, die man über das astronomische Fernrohr wissen soll:
1. Das astronomische Fernrohr besteht aus einem Licht sammelnden Objektiv und einem Licht sammelnden Okular.
2. Es gibt Objektive aus Linsen und aus Spiegeln. Demzufolge spricht man vom Refraktor bzw. Reflektor.
3. Das Okular ist eine Lupe, die den Sehwinkel vergrößert, unter dem das vom Objektiv entworfene Bild im Auge wahrgenommen wird.

Die Computersteuerung bietet einfache Aufstellung und Justierung. Die Auswahl der Beobachtungsobjekte geschieht mit Hilfe der eingebauten Datenbank. Im Bild das Modell NexStar 5 von Celestron.

4. Das Bild im astronomischen Fernrohr ist seiten- und höhenverkehrt.
5. Die jeweilige Fernrohrvergrößerung ergibt sich aus dem Verhältnis von Objektiv- zu Okularbrennweite.

Gewöhnlich wird mit dem astronomischen Fernrohr monokular beobachtet, das heißt nur mit einem Auge. Ohne Zweifel bequemer ist das binokulare Sehen, das der Feldstecher bietet. Es gibt auch für astronomische Fernrohre binokulare Ansätze, die durchaus erschwinglich sind (binokularer Ansatz z. B. von Baader oder Pentax) und bei Fernrohren mit entsprechendem Öffnungsverhältnis (1:10 bis 1:5) genügend helle Bilder liefern.

Objektive

In Stichworten das Wichtigste über Linsenoptik:
1. Das 1-linsige Objektiv für kleine Öffnungen und lange Brennweiten (1:20). Störende Farbsäume. Billige Optik zum Experimentieren (Selbstbau!).
2. Das 2-linsige verkittete Objektiv (Achromat) für Öffnungen bis 80 mm (1:15). Sekundäres Spektrum merklich, aber kaum störend. Preiswerte Optik für Sternfreunde.
3. Das 2-linsige Objektiv mit Luftabstand zwischen den Linsen (Fraunhofer-Objektiv). Standardobjektiv für astronomische Zwecke (1:15).
4. Das 2-linsige Objektiv mit Luftabstand und vermindertem sekundärem Spektrum (Halbapochromat, AS-Objektiv von Zeiss, HA-Objektiv von Lichtenknecker).

Ein »Klassiker« unter den Fernrohren: das Newton-Teleskop. Dieses Modell von Meade hat 25 cm Öffnung und 1,5 m Brennweite.

Oben: Strahlengang im Refraktor (Linsenfernrohr). Achromatisches Objektiv (a), Okular (b), Beobachter (c). Mitte: Strahlengang im Spiegelfernrohr nach Newton. Hauptspiegel (a), Fangspiegel (b), Okulareinblick für den Beobachter (c). Unten: Strahlengang im Spiegelfernrohr nach Cassegrain. Durchbohrter Hauptspiegel – mit kreisrunder Zentralbohrung – (a), Fangspiegel (b), Okulareinblick für den Beobachter (c).

Erfüllt hohe Ansprüche an die Korrektur (1:15 bis 1:10).
5. Das 2-linsige Objektiv mit Luftabstand. Zweite Linse aus Flussspat oder einem Spezialglas. Bekannt unter den Markennamen Meade, Pentax, Takahashi, Vixen. Diese Objektive haben apochromatische Eigenschaften (1:9 bis 1:8).
6. Das 3-linsige Objektiv mit Luftabständen zwischen den Linsen aus Spezialgläsern (z. B. CA-Objektiv von Lichtenknecker) oder mit verbundenen Linsen aus Spezialgläsern (z. B. Flussspat). Hersteller z. B. Astro-Physics, Takahashi, Zeiss. Alle diese Objektive sind Apochromate und liefern praktisch farbfreie Bilder (1:9 bis 1:5). Einzelne Hersteller verwenden mehr als 3 Linsen für ihre Apochromate, z. B. Tele Vue. Alle Objektive sind gleichermaßen für die visuelle Beobachtung und die Fotografie geeignet.
7. Das mehrlinsige Objektiv für fotografische Zwecke (z. B. Astrovierlinser), im Aufbau ähnlich den bekannten Tessar-Foto-Objektiven (1:6 bis 1:2,8).

Tritt an die Stelle der Linsen ein Spiegel, so entfällt der Aufwand zur Beseitigung der Farbabweichung (Achromasie). Kugel- und Parabolspiegel liefern farbreine Bilder und kennen keinen Unterschied zwischen visuellem und fotografischem Brennpunkt. Die Kugelfläche ist jedoch nicht frei von Abbildungsfehlern. Den einfachen Kugelspiegel kann man deshalb nur mit einem Öffnungsverhältnis zwischen 1:10 und 1:20 verwenden. Beim aufwändigeren Parabolspiegel kann man zwischen 1:5 und 1:10 wählen. Die gebräuchlichen Spiegelsysteme sind:

1. Das Newton-Teleskop. Das von einem Kugel- oder Parabolspiegel erzeugte Bild wird von einem Planspiegel im Strahlengang aufgefangen und umgelenkt zum Okular. Einfache Optik, leichtes Bauen, geringe Kosten. Der Bildkontrast hängt von der Größe des Fangspiegels ab (Silhouettierung). Fangspiegel mit 15 % Durchmesser und weniger vom Hauptspiegel bringen hohen Bildkontrast. Drehbar gelagerter Tubus ermöglicht bequemen Okulareinblick.
2. Das Cassegrain-Teleskop. Vor dem Brennpunkt des durchbohrten parabolischen Hauptspiegels befindet sich ein hyperbolisch geformter kleiner Spiegel, der ebenfalls optisch korrigiert und die Brennweite streckt (Zweispiegelsystem). Kurze Baulänge auch bei längeren Brennweiten, sehr gute Definition in einem allerdings kleinen Sehfeld. Nachteile: Spiegel im Strahlengang, hohe Anforderung an die Qualität der Optik, Erfahrung beim Zentrieren des optischen Systems.

Ein weiteres von Sternfreunden verwendetes Spiegelsystem ist der Schiefspiegler. Abbildungsgüte und Bildkontrast sind hervorragend. Wie alle Spiegelsysteme ist er farbfehlerfrei, ist aber auch anfällig gegenüber thermischen Einflüssen der Umgebung (offener Tubus!). Bei Spiegelfernrohren empfiehlt es sich, den Hauptspiegel nie kleiner als 100 mm (4 Zoll) zu wählen. Einfacher zu handhaben und optisch leistungsstärker ist beim kleinen Fernrohr (Öffnung unter 100 mm) auf jeden Fall der Refraktor. Neuesten Entwicklungen zufolge werden Linsen und Spiegel zu Objektiven kombi-

niert (Spiegellinsen-Fernrohre, katadioptrische Systeme). 3 Typen verdienen die Aufmerksamkeit des Sternfreundes:

1. Das Schmidt-Cassegrain-System mit Korrektionsplatte und Kugel- oder Parabolspiegel. Fast farbfehlerfrei. Sehr kompakte Bauweise, geschlossenes optisches System, daher wenig anfällig gegenüber thermischen Einflüssen der Umgebung. Allerdings obstruierter Strahlengang und außeraxiale Bildfehler. Preiswertes Fernrohr. Bekannte Markennamen Celestron und Meade.
2. Maksutow mit Meniskuslinse und Kugelspiegel. Fast farbfehlerfrei. Sehr kompakte Bauweise, geschlossenes optisches System, daher wenig anfällig gegenüber thermischen Einflüssen der Umgebung. Obstruierter Strahlengang, aber bessere außeraxiale Bildkorrektur im Vergleich zum Schmidt-Cassegrain. Markennamen u.a. Intes, Questar, Zeiss.
3. Die Schmidt-Kamera mit gläserner Korrektionsplatte (plan und asphärisch geformt) und Kugelspiegel. Ein Gerät nur für astrofotografische Aufgaben. Gestochen scharfe Bilder und sehr lichtstark (1:2 bis 1:4). Aber sehr empfindlich gegen Streulicht. Die beste Modifikation ist die Flatfieldkamera.

Okulare

Die Güte des Bildes hängt in hohem Maß auch von der Qualität der Okulare ab. Die wichtigsten Okulartypen sind:

1. Huygens-Okular. Preiswerte 2-linsige Konstruktion. Brauchbar bis herab zu

Zwei computergesteuerte GoTo-Spiegelfernrohre von Meade und Celestron. Öffnung 114 mm, modifizierte Newton-Systeme mit 1000 mm Brennweite.

Brennweiten von 16 mm und einem Gesichtsfeld von ± 30 Grad.
2. Mittenzwey-Okular. 2-linsige Konstruktion mit großem Gesichtsfeld (ungefähr 50 Grad). Für mittlere Brennweiten.

Fest aufgestellte Fernrohre in einer Schutzhütte mit abfahrbarem Dach – der Wunschtraum vieler Sternfreunde.

3. Kellner-Okular. 3-linsige Konstruktion mit achromatischer Augenlinse. Gute Korrektur für lange und mittlere Brennweiten. Geeignet für ein Gesichtsfeld bis ± 40 Grad.
4. Monozentrisches Okular (achromatisch). 3-linsig verkittet. Für Brennweiten von 10 mm und kürzer. Praktisch frei von Reflexen. Gesichtsfeld ± 15 Grad.
5. Orthoskopisches Okular (achromatisch). 4-linsig. Für kurze und mittlere Brennweiten. Gesichtsfeld bis ± 45 Grad.

Neben diesen »klassischen« Okularen gibt es heute ein reichliches Angebot an so genannten Weitwinkelokularen (»Großfeld-Okularen«), die gute optische Zeichnung mit großem Gesichtsfeld vereinen und für fast alle Beobachtungen von Vorteil sind. Diese Okulare sind mindestens 4-linsig und abgeleitet von den Erfle- und Plössl-Okularen, z. T. werden sie auch als solche angeboten. Je nach Konstruktion und Brennweite ist das Einblickverhalten für den Beobachter angenehm oder gewöhnungsbedürftig. Anbieter sind u. a. Baader Planetarium, Celestron, Meade und Tele Vue.

Ein Satz von 3 Okularen erfüllt in der Regel alle Ansprüche des Sternfreundes. Brennweiten: 40 mm, 20 mm, 10 mm. Wer häufig Doppelsterne beobachtet, den Mond und

Binokularansatz und Sucher sind wichtiges Zubehör für jedes Fernrohr.

die Planeten, wird gelegentlich höhere Vergrößerungen brauchen und nach Okularen mit 5 mm und 7,5 mm Brennweite Ausschau halten. Der Vergrößerung sind natürliche Grenzen gesetzt. Nicht nur die Luft- und Sichtverhältnisse bremsen die Vergrößerung. Mit wachsender Vergrößerung werden die zu beobachtenden Einzelheiten auf eine immer größere Fläche verteilt und gleichzeitig leuchtschwächer und kontrastärmer. Es gilt die Faustregel: 2-mal Objektivdurchmesser in mm entspricht einer noch

brauchbaren maximalen Vergrößerung, z. B. für einen 80-mm-Refraktor ist das eine 160-fache Vergrößerung. Hat dieser Refraktor 800 mm Brennweite, erzielt man mit einem 5-mm-Okular die 160-fache Vergrößerung. Es kann sinnvoll sein, mit Hilfe einer Barlowlinse die Systembrennweite zu vergrößern, z. B. von 800 mm mit einer guten 2x-Barlowlinse auf 1600 mm. Dadurch wird es möglich, mit langbrennweitigeren Okularen zu beobachten. In unserem Beispiel mit einem 10-mm-Okular.

Das Gegenstück zu Barlowlinse ist die Shapleylinse, die die Systembrennweite verkürzt. Dadurch wird eine höhere Leuchtdichte pro Flächeneinheit erzielt, ein Vorteil, der speziell bei der Himmelsfotografie nützlich sein kann.

Zubehör

Üblicherweise werden die Fernrohre mit Sucherfernrohren geliefert (Standard 7 x 50). Sucher mit beleuchtbarem Gesichtsfeld erweisen sich als sehr praktisch. Als Sucher eignet sich auch ein monokularer Feldstecher. Sehr bewährt haben sich Peilsucher. Sie haben keine Linsen. Sie helfen dem Beobachter, die Blickrichtung zu fixieren. Der Peilsucher ist fest mit dem Fernrohr verbunden. Auf eine durchsichtige Glasplatte wird eine Zielmarkierung projiziert. Wohl der weitverbreitetste Peilsucher ist der Telrad-Sucher. Zielkreise mit Durchmessern von 4 Grad, 2 Grad und 0,5 Grad

Der Telrad-Sucher, einer der bekanntesten Peilsucher.

leuchten rot. Das bewirken eine Leuchtdiode und eine Zielkreisblende. Die roten Ringe werden durch eine unter 45 Grad gekippte Scheibe vor dem Himmelsgrund ins Beobachterauge projiziert.

Unerlässliches Zubehör für die Sonnenbeobachtung sind Sonnenfilter, entweder aus Folie (Spezialfolie) oder Glas. Folie oder Glas werden gefasst und vorne auf den Teleskoptubus aufgesteckt. Sonnenfilter aus Folie oder Glas werden gebrauchsfertig geliefert. Folienfilter lassen sich im Selbstbau herstellen (siehe Foto S. 91).

Ein besonderes Sonnenfilter ist das so genannte H-Alpha-Filter. Weltweit bekannt geworden ist das DayStar H-Alpha-Filter,

Die Abbildungen 1 und 2 zeigen das um 2 Achsen drehbar (eine Achse waagrecht, eine Achse senkrecht) montierte Fernrohr. Man spricht von der azimutalen oder horizontalen Montierung. Abbildung 3 veranschaulicht die parallaktische Aufstellung des Fernrohrs: a = Stundenachse, b = Deklinationsachse, c = Stundenkreis, d = Deklinationskreis, e = Rohr, f = Ausgleichs- oder Gegengewicht. In der Abbildung ist das Fernrohr auf den Himmelspol ausgerichtet. Neigt man die senkrechte Achse eines azimutal aufgestellten Fernrohrs so, dass sie zum Himmelspol weist, geht die Aufstellung in eine parallaktische über. Ein kleines Fernrohr mit azimutaler Montierung lässt sich auf diese Weise parallaktisch aufstellen (Abbildung 4). Der Winkel Alpha entspricht 90 Grad minus geografischer Breite. Das Gegengewicht f sorgt dafür, dass das Fernrohr nicht kippt.

mit dem gleichzeitig die Sonnenoberfläche und Protuberanzen beobachtet werden können. Auf der Oberfläche, besser in der Sonnenchromosphäre, die ja ein Teil der Sonnenatmosphäre ist, lassen sich so Flecken, Fackeln, Flares, Filamente, Granulen usw. beobachten. Die Sichtbarkeit der Objekte hängt, abgesehen vom Luftzustand und anderen äußeren Umständen, von der Halbwertsbreite des Filters ab.

Eine andere wichtige Sorte von Filtern sind die Nebel- und Kometenfilter, die einfach aufs Okular gesteckt oder geschraubt werden. Zweck dieser Filter ist es, den Kontrast insbesondere bei der visuellen und fotografischen Beobachtung von Gasnebeln und planetarischen Nebeln zu steigern. Aber auch bei der Planetenbeobachtung erweisen sich Farbfilter als sehr wirkungsvoll. Genaue Kenntnis der Durchlassbereiche, der Transmission, ist die Voraussetzung für die sinnvolle Verwendung von Filtern. Im Astro-Praxis-Buch »Planeten beobachten« werden unterschiedliche Filtereigenschaften erklärt.

Je höher Sterne und Planeten am Himmel stehen, umso ungemütlicher kann es für den Beobachter werden, dessen Einblick sich am Tubusende befindet, also beispielsweise Refraktoren, Schmidt-Cassegrain- und Maksutow-Teleskopen. Da helfen

Newton-Modell ICS mit Gitterrohrtubus und Dobson-Montierung; 25 cm Öffnung und 1,5 m Brennweite; leicht, zerlegbar und handlich.

Parallaktische Montierung mit Polsucherfernrohr, das die zuverlässige Ausrichtung nach Norden erleichtert.

fen Zenitspiegel oder Zenitprismen, die zwischen Tubus und Okular montiert werden und den Strahlengang um 60 Grad oder 90 Grad ablenken. Dieses unentbehrliche Zubehör erzeugt Glaswege und stellt Eingriffe in das optische System des Fernrohrs dar. Deshalb ist hier auf höchste Qualität zu achten, wie bei Filtern und Okularen auch.

Montierungen

Zum Fernrohr gehört die Montierung, entweder azimutal oder besser parallaktisch. Bei der parallaktischen Montierung ist das Nachführen des Fernrohrs einfacher. Ein Nachführen ist bei stärkerer Vergrößerung notwendig, da die Objekte zu schnell durch die Drehung der Erde aus dem Bildausschnitt verschwinden. Auf die solide Ausführung der Montierung sollte der Sternfreund größten Wert legen. Die Anforderungen an die Stabilität wachsen mit zunehmender Objektivöffnung rasch an. Viele Montierungen entstehen heute im Selbstbau. Dazu gibt es auch Bauanleitungen (siehe Literaturverzeichnis S. 187). Alle Anbieter von Fernrohren haben parallaktische Montierungen im Programm, in der Regel mit Feinbewegungen, elektrischer Nachführung und neuerdings auch mit computergestützter Einstellung.

Praktisch ist es, wenn die parallaktische Montierung mit einem beleuchteten Polsucher ausgestattet ist. Das nicht ganz einfache Einordnen der Montierung wird sehr erleichtert. Die erzielte Genauigkeit erfüllt auch astrofotografische Anforderungen.

Unter dem Namen Dobson werden Fernrohre angeboten, bei denen auf die parallaktische Montierung verzichtet wird. Diese Instrumente sind einfacher zu handhaben, leichter und billiger. Das verwendete optische System ist in der Regel ein Newton-Spiegel. Die Dobson-Montierung ist azimutal und ein gutes Beispiel für eine werkstoffgerechte Holzkonstruktion. Ihr Einsatzgebiet ist in erster Linie die visuelle Beobachtung.

Elektronische Motorsteuerungen und ein Datenbankspeicherchip sind die Grundlage des GoTo-Systems für computergesteuerte Teleskope. Es sind azimutale Montierungen, die auf beiden Achsen motorisiert sind. So aufgerüstet, kann der Sternfreund nach einer kurzen Abgleichphase sein Teleskop automatisch auf ein gewünschtes Himmelsobjekt hinsteuern. Die Abgleichphase dient der Ausrichtung der Montierung auf einige Referenzsterne. Danach sucht das Fernrohr selbstständig alle Himmelskörper, die die Objektdatenbank des Steuercomputers anbietet. Der Computer ermittelt den Unterschied zwischen der Position der beiden Fernrohrachsen und der Richtung des gewünschten Himmelskörpers. Beide Schrittmotoren werden so gesteuert, dass das Objekt im Gesichtsfeld des Okulars erscheint. Mit einem zusätzlichen Schrittmotor am Okularstutzen lässt sich die Bilddrehung ausgleichen. Jetzt können Himmelsobjekte ohne Ausrichtung der Polachse fotografiert werden. GoTo-Fernrohre für Einsteiger gibt es z. B. von Celestron und Meade komplett unter 1000 Euro. Was man beachten muss: Ohne Strom geht nichts bei GoTo. Und die Nachführung der Montierung von Hand ist nicht möglich, weil die Motoren mit der Montierung fest verbunden sind. Beim Kauf sollte darauf geachtet werden, dass außer dem Batteriebetrieb eine externe Stromversorgung vorhanden ist.

Der Anzeigenteil in astronomischen Zeitschriften, z. B. »Sterne und Weltraum«, informiert über den aktuellen Stand der Angebote für Fernrohre, Montierungen und Zubehör. Auch auf Volkssternwarten und in optischen Fachgeschäften gibt es einschlägige Auskunft.

Für den Anfänger ist es immer nützlich, wenn er sich vor dem Fernrohrkauf mit einem erfahrenen Sternfreund bespricht. Das gilt auch vor dem Kauf von Zubehör, das je nach Umfang recht teuer kommen kann. Für den Anfang genügt meistens eine preiswerte Grundausstattung.

N

Möglichkeiten der Astrofotografie mit einem parallaktisch montierten Fernrohr und einer Handkamera (Systemkamera mit Wechseloptik): 1 = Kamera wird parallel zur optischen Achse des Fernrohrs aufgeschraubt. Fernrohr ist Leitrohr für Langzeitbelichtungen. 2 = Kameragehäuse (ohne Optik) wird anstelle des Okulars am Fernrohr befestigt (Zwischenring mit Gewinde). So Aufnahmen im Fernrohr-Brennpunkt möglich. 3 = Kameragehäuse wird hinter dem Okular angesetzt (Okularprojektion).

WebCam für den Einstieg in die digitale Astrofotografie, im Bild am Okularstutzen eines Refraktors.

Fotografie der Gestirne

Es ist ohne weiteres möglich, mit kleinen Fernrohren wirkungsvolle Fotos von der Sonne, dem Mond und anderen Himmelskörpern zu machen. Obwohl die Refraktorobjektive in der Regel für die visuelle Beobachtung korrigiert sind (ausgenommen moderne Apochromate, bei denen visuelle und fotografische Bildebene identisch sind!), eignen sie sich genauso für Astroaufnahmen wie Spiegel. Dabei bestehen die Möglichkeiten,

1. im Brennpunkt des Fernrohrs (ohne Okular) oder
2. das vom Okular projizierte Bild zu fotografieren.

Ganz einfach geschieht das mit Hilfe des Gehäuses einer einäugigen Spiegelreflexkamera nach Entfernen der Kameraoptik. Bezüglich Aufnahmetechnik, Filmmaterial usw. sei auf einige im Literaturverzeichnis (S. 187) angegebene Spezialveröffentlichungen verwiesen. Zum Experimentieren genügt ein handelsüblicher ISO-100/21-Film. Schnappschüsse vom Mond bekommt man bei stehendem Fernrohr mit Belichtungszeiten zwischen $1/5$ und $1/25$ Sekunde.

Handelsübliche Kameras aller Formate eignen sich auch als Mini-Astrokameras für Sternfeldaufnahmen. Sie werden auf dem parallaktisch montierten Fernrohr parallel zur optischen Achse des Fernrohrs befestigt und entsprechend der Belichtungszeit den Sternen nachgeführt. Lichtstarke Kleinbildobjektive (etwa um 1:2) bringen in Verbindung mit hochempfindlichem Filmmaterial (ISO 400/27) schon nach relativ kurzen Belichtungszeiten (1–10 Minuten) hübsche Bilder. Die kurze Brennweite der Kleinbildobjektive (50–75 mm) ist gegenüber Nachführungsfehlern noch verhältnismäßig unempfindlich, vor allem bei den kurzen Belichtungszeiten. Mit einem 50-mm-Objektiv und Filmempfindlichkeiten zwischen ISO 400/27 und ISO 1600/33 erzielt man punktförmige Sterne bei einer Belichtungszeit von 20 Sekunden (Sterne Nähe Himmelsäquator) und 60 Sekunden (Zenitnähe). Das genügt für einfache Sternbildaufnahmen und Aufnahmen von Mond- und Planetenkonstellationen. Auch Aufnahmen von Strichspuren bei etwas längeren Belichtungen können reizvoll sein. Immer wieder attraktiv sind lange belichtete Polaufnahmen (ab 30 Minuten) bei stehender Kamera (siehe S. 18). Bei der Nachführung dient das Fernrohr als Leitrohr. Man stellt im Okular einen hellen Stern auf Bildmitte ein und sorgt entweder von Hand oder mittels Elektromotor dafür, dass der Stern während der Belichtungszeit immer in der Gesichtsfeldmitte bleibt.

Teleskopadapter für Okularprojektion und fokale Fotografie.

10×50B-Feldstecher auf Stativ (der Zusatz B kennzeichnet die Eignung für Brillenträger).

Die perfekte motorische Steuerung bei modernen Montierungen löst die Nachführung per Hand ab. Exakte Korrekturen während langer Belichtungszeiten erfolgen mit Knopfdruck.

Der Sternfreund hat heute eine Reihe von technischen Möglichkeiten, um zu guten Astrofotos zu kommen. Sie beginnen bei der bewährten Kleinbild-Spiegelreflexkamera, Bildausschnitt und Schärfe lassen sich einfach überprüfen. Die Kombination Kameragehäuse und Fernrohr ist problemlos. Den technischen Fortschritt vertreten die digitalen Spiegelreflexkameras. Hier verbinden sich die Vorteile der digitalen Fotografie mit denjenigen der Kleinbild-Spiegelreflexkamera. Deep-Sky-Fotografie mit extrem kurzen Belichtungszeiten ist einer dieser Vorteile. Es ist verblüffend was bereits ganz einfache digitale Sucherkameras, hinter ein Fernrohr-Okular montiert, leisten! Bewährt haben sich WebCams speziell für die Plantenfotografie. Das sind sehr preiswerte Digitalkameras mit kleinem Chip und ohne Bildspeicher. Fotografiert wird ohne das Objektiv der WebCam durchs Fernrohr. So gewinnt man einen großen Strom von

Bildern, aus dem mit der speziellen Software die besten Bilder ausgewählt werden. Die Planetendetails sind erstaunlich. Für die WebCam braucht man aber auf jeden Fall einen PC oder Laptop.

Als sehr lichtempfindliche elektronische Bildaufzeichner sind die gekühlten CCD-Kameras (CCD = Charge-Coupled Device) seit Jahren für die perfekte Deep-Sky-Fotografie im Gebrauch. Zentrales Teil ist der Bildsensor mit den Bildpunkten (Pixel). Beispiel für die Empfindlichkeit: Sterne mit der Grenzgröße 16^m in 30 Sekunden, mit 19^m in 5 Minuten – und das mit einem Teleskop von 20 cm Öffnung 1:10. Die handelsüblichen CCD-Kameras eignen sich sowohl als Kamera mit anschließender Bildverarbeitung als auch für die automatische Nachführung.

Eine verständliche Einführung in die vielseitige Fotografie der Gestirne bietet die Broschüre »Astrofotografie« in der Reihe »Sterne und Weltraum Basics Nr. 1/2004« (siehe Literaturverzeichnis S. 187).

Radioteleskope

Die Radiowellen belegen das langweilige Ende des elektromagnetischen Spektrums oberhalb von 1 mm Wellenlänge (siehe Abb. S. 141). Auch der Amateurastronom hat hier die Chance, einfache Beobachtungen zu machen. Radiostrahlen von der Sonne und vom Mond können unabhängig vom Wetter bereits mit einer Satellitenantenne nachgewiesen werden. Die Sonne ist für den Beobachter die nächste und stärkste Radioquelle im Universum. Besonders beim Auftreten großer Eruptionen auf der Sonne treten deutliche Rauschimpulse (Radiobursts) auf, die fast in allen Radiofrequenzen registriert werden können. So genannte Rauschstürme dauern Minuten, oft aber auch Tage. Besonders als Störquellen des Funkverkehrs sind sie bekannt geworden.

Es bedarf aber nicht der Radiobursts, um die Radiostrahlung der Sonne nachzuweisen. Das Rauschen der »ruhigen Sonne« ist im Bereich der Zentimeter- und Dezimeterwellen feststellbar, also im Frequenzband der Fernsehsatelliten. In diesem Bereich ist auch der Nachweis der geringen Radiostrahlung des Mondes wahrnehmbar. Im Gegensatz zur Sonne ist die Radiostrahlung des Mondes temperaturabhängig. Die geringe Stärke der thermischen Radiowellen des Mondes macht ihren Nachweis nicht eben einfach. Das gilt übrigens auch für die

fernen Radioquellen der Radiogalaxien, die entsprechende Antennen voraussetzen.

Für Versuche mit dem Empfang der Radiostrahlung der Sonne und des Mondes genügen 60-cm- und 90-cm-Parabolantennen. Der Empfang erfolgt im 10-GHz- bis 12-GHz-Frequenzbereich. Der Aufbau eines einfachen Radioteleskops wird in der Broschüre »Astronomie für alle«, SuW-Basics 1, beschrieben. Weitere technische Einzelheiten findet man im »Handbuch für Sternfreunde«, Band 1 (siehe Literaturhinweise S. 187).

Das Fernglas

Der Feldstecher oder das Fernglas ist kein Fernrohr für kleine Details und hohe Vergrößerungen. Man nehme ihn dort, wo er seine besten Eigenschaften konkurrenzlos zeigen kann: bei der Beobachtung der Fixsternwelt mit ihren zahlreichen Sternfeldern, Sternhaufen, Nebelflecken, veränderlichen und doppelten Sternen. Dass eine gute Feldstecheroptik auch Mondkrater zeigt und Sonnenflecken, die Jupitermonde und die Phasen der Venus, ist eine selbstverständliche, willkommene Zugabe.

4 spezifische Pluspunkte vereint der Feldstecher:
1. Handlichkeit auch in großer Ausführung (im Vergleich zum Fernrohr);
2. beträchtliche Licht sammelnde Leistung;
3. binokulare Beobachtung;
4. aufrechte Bilder, Verwendbarkeit auch für Erdbeobachtungen.

Das Angebot an Feldstechern ist heute überreichlich. Hinsichtlich eines möglichen astronomischen Einsatzes sollte man bei der Neuanschaffung einiges beachten. Feldstecher werden in verschiedenen Leistungsstufen hergestellt. Benennungen wie Jagd-, Nacht- oder Marineglas deuten nicht nur auf bestimmte Einsatzbereiche hin, sondern auch schon auf die optische Leistung.

Die auf jedem Feldstecher eingravierten Zahlen 11 × 80 oder 10 × 40 bezeichnen die Vergrößerung (1. Zahl) und den Objektivdurchmesser (2. Zahl). Vergrößerung und Objektivdurchmesser sind die Kriterien für die optische Leistungsfähigkeit eines Feldstechers. Je größer der Objektivdurchmesser ist, umso mehr Licht von den zu beobachtenden Objekten gelangt in das Auge des Beobachters. Die Objekte sollen möglichst hell und klar erscheinen, dazu braucht man einen möglichst großen Objektivdurchmesser. Für astronomische Zwecke ist auf

Auch mit dem Feldstecher kann man die Sonne beobachten. Als Lichtschutz eignet sich z. B. eine Baader-Filterfolie, die mit Gummibändern auf den beiden Feldstecher-Objektiven festgespannt wird.

25 x 150 Großfeldstecher von Fujinon.

verliert an Brillanz. Die Austrittspupille wird kleiner; sie ist nichts anderes als die durch das Okular abgebildete Eintrittspupille. Jeder erkennt sofort die Austrittspupille im Okular als helle Scheibe, wenn der Feldstecher gegen ein Fenster gehalten und das Okular aus 20–30 cm betrachtet wird.

Es gilt die Beziehung:

Objektivdurchmesser: Vergrößerung = Austrittspupille in mm.

In der Tabelle unten findet der Leser die Austrittspupillen von 4 Feldstechern. Dazu die Spalte »Geometrische Lichtstärke«, was nichts anderes ist als die Quadratzahl der jeweiligen Austrittspupille. Dadurch wird der Unterschied an Lichtstärke zwischen den einzelnen Konstruktionen noch deutlicher. Es ist zu beachten, dass zwar das menschliche Auge maximal einen Pupillendurchmesser von 8 mm erreichen kann, dieser Wert jedoch selten tatsächlich erreicht wird. Mit zunehmendem Alter verkleinert sich der Pupillendurchmesser. Der für die Praxis brauchbare Wert liegt im Mittel 5 mm. Da nun die Pupille nicht mehr Licht hereinlässt, als es der Durchmesser erlaubt, sind Feldstecher mit Austrittspupillen von 4–6 mm für astronomische Beobachtungen optimal.

Es wäre jedoch falsch, den Feldstecher ausschließlich nach seiner Lichtstärke zu beurteilen. Es ist bekannt, dass eine zu große Lichtstärke einen zu hellen Himmelsgrund bringt, der feine Lichteindrücke undeutlich macht oder schluckt. Eine Erfahrung, die der Beobachter auch mit dem astronomischen Fernrohr macht, wenn eine sehr kleine Vergrößerung gewählt wird. Das gilt nicht nur für die Beobachtung in der Dämmerung, sondern auch während der Nacht, da der Himmelsgrund immer etwas aufgehellt ist. Den Ausgleich bringt die Vergrößerung. Die Gesamtleistung des Feldstechers hängt also von einem ausgewogenen Verhältnis zwischen Lichtstärke und Vergrößerung ab. Dafür ist eine weitere Messzahl eingeführt worden, die Dämmerungszahl (DZ):

$$DZ = \sqrt{\text{Objektivdurchmesser} \cdot \text{Vergrößerung}}$$

jeden Fall Feldstechern mit Objektivöffnungen zwischen 50 und 100 mm der Vorzug zu geben. Neben dem Objektivdurchmesser (der Optiker spricht von Eintrittspupille) spielt die Vergrößerung eine Rolle. Bleibt der Objektivdurchmesser gleich und wächst die Vergrößerung, nimmt die Lichtstärke des Feldstechers ab. Zwar wird der Winkel, unter dem der Beobachter das Objekt sieht, größer, aber das Bild ist blasser,

Bei der Anschaffung eines Feldstechers wird man noch an anderes denken müssen, beispielsweise an die Handlichkeit, die unter Umständen wichtiger sein kann als extreme optische Werte. Beispiele für bequeme Handhabung und gute optische Leistung sind Ferngläser zwischen 10 x 40 und 10 x 50.

Einfache Universalgläser 8 x 30 sollte man nicht gering schätzen. Auch sie sind für astronomische Beobachtungen durchaus brauchbar. Sie haben überdies den Vorzug, dass man mit ihnen in der Regel freihändig beobachten kann. Die viel schwereren Feldstecher mit 11 x 80, 15 x 60 und 14 x 100 brauchen auf jeden Fall ein Stativ, wenn der Beobachter eine wirklich genussreiche Sternstunde erleben will.

Etwas Besonderes sind Ferngläser mit Bildstabilisierung, z. B. das Glas von Canon 15 x 50 IS. Das Fernglas hat eine 15-fache Vergrößerung, 50 mm Öffnung und besticht durch sein stabiles Bild. Einzelheiten können viel besser wahrgenommen werden, und der Beobachter ermüdet nicht so schnell. Ein Stativ ist trotz 15-facher Vergrößerung nicht nötig!

Es gibt auch monokulare Feldstecher oder so genannte Spektive. Letztere sind vielfach mit einem Zoom-Okular ausgerüstet, das in einem bestimmten Bereich stufenlos Vergrößerungen ermöglicht, z. B. von Minolta das FV-63-Spektiv mit 63 mm Öffnung und Vergrößerungen zwischen 20- und 50-fach. Mehr noch als Feldstecher sind Spektive mit diesen Vergrößerungen stativabhängig.

Optische Daten von Ferngläsern

Marke	Vergrößerung	Objektivöffnung	Austrittspupille	Geom. Lichtstärke	Dämmerungszahl	Gesichtsfeld in Winkelmaß
Leica 10 x 42 BA	10x	42 mm	4,2 mm	17	20,0	7,0°
Zeiss 15 x 60	15x	60 mm	4 mm	16	30,0	4,6°
Fujinon FMT-SX 16 x 70	16x	70 mm	4,4 mm	19	33,5	4,0°
Vixen Deluxe 14 x 80	14x	80 mm	5,7 mm	32	33,5	3,5°

Aus der Geschichte der Himmelskunde

Altertum und Mittelalter

Die Himmelskunde ist die älteste aller Naturwissenschaften. Seit es Menschen auf dem Planeten Erde gibt, ist der gestirnte Himmel ein bevorzugtes Objekt ihrer Wissbegier. Die systematische Beobachtung der Gestirne setzt in dem Augenblick ein, da die Sterne im Bereich des Kultischen und Religiösen einen bevorzugten Platz zugewiesen bekommen und gleichzeitig die Notwendigkeit der Zeitbestimmung und Orientierung als Lebenshilfe notwendig wird. Von der täglichen Zeitmessung führt der Weg direkt zum jährlichen Kalender.

Die ältesten astronomischen Beobachtungen werden überliefert durch Schriften und Kulturdokumentationen der alten Kulturvölker des Nahen und des Fernen Ostens. Es gibt chinesische Aufzeichnungen über Sonnenfinsternisse aus dem 3. Jahrtausend v. Chr. Der indische und der babylonische Kulturkreis steht mit ähnlich weit zurückliegenden Belegen astronomischen Interesses nicht nach. Und es ist berechtigt anzunehmen, dass die Mayavölker Mittelamerikas sogar schon im 4. Jahrtausend v. Chr. regelmäßige Himmelsbeobachtungen gemacht haben. Die Auslegung einer alten Maya-Handschrift, des so genannten Dresdener Kodex, weist auf die Beobachtung einer totalen Mondfinsternis am 15. Februar des Jahres 3379 v. Chr. hin!

Die Gestirne spielen im Altertum die Rolle von Göttern. So ist jede himmelskundliche Beobachtung Hilfsmittel für Religion und Mythos. Hier liegt auch die Wurzel für die Astrologie, der Glaube an den Einfluss der Sterne auf das menschliche Schicksal. Erst allmählich gelingt es der Menschheit, die physikalische Wirklichkeit des Kosmos zu erkennen. Unbeschadet der religiösen Bindung astronomischer Beobachtungen im Altertum verblüffen die mathematisch-astronomischen Kentnisse der Menschen jener Zeit. Die Orientierung nach der Sonne führt sogar zurück zu den Menschen der Steinzeit, z. B. zum Kultbau von Stonehenge in England und zu den Steinreihen von Carnac in Frankreich. Alte Zeitmarken im Alpenraum sind die so genannten Uhrenberge, deren Namen, wie Neuner-, Zehner-, Elfer-, Zwölfer- und Einserspitze, noch heute

an den einstigen Zweck erinnern, gigantische natürliche Zeitmarken zu sein.

Seit über 5000 Jahren wird von der Erde aus das Geschehen im Weltraum verfolgt, nur 390 Jahre davon mit dem Fernrohr. Die Astronomen des Altertums und des Mittelalters sind allein auf ihre Augen angewiesen. Einfache Mess- und Visiergeräte sind ihre einzigen Hilfsmittel. Doch die Grundlagen der sphärischen Astronomie werden bereits von den Ägyptern und Babyloniern erkannt. Die Bestimmung der Jahreslänge steht im Mittelpunkt des Interesses. Die scheinbare Bewegung der Sonne durch die Sternbilder des Tierkreises ist die nahe liegende natürliche Grundlage für Zeitmessungen. Im Gegensatz zu den Bahnen der Planeten – Merkur, Venus, Mars, Jupiter und Saturn sind in der Antike bekannt – ist die Bahn der Sonne nicht kompliziert. Die Himmelskundigen nennen sie Ekliptik, die »Linie der Finsternis«, weil sich dort so auffällige Erscheinungen wie die Sonnen- und Mondfinsternisse abspielen. Man weiß bereits, dass Sonnenfinsternisse nur bei Neumond und Mondfinsternisse nur bei Vollmond auftreten. Die Wiederkehrperiode der Finsternisse, der so genannte Saros-Zyklus (18 Jahre und 11 Tage) ist Babyloniern und Chaldäern 1000 Jahre v. Chr. wohlbekannt. Mit Hilfe dieses Zyklus sagt Thales von Milet eine Sonnenfinsternis voraus, die dann auch prompt am 22. Mai 585 v. Chr. stattfindet.

Alle wichtigen Punkte auf der Ekliptik sind im Altertum bekannt: Frühlings- und Herbstpunkt (Äquinoktien) und Sommer- und Wintersonnenwende (Solstitien). Aus der Wiederbeobachtung der Sonnenwenden folgt die Definition des tropischen Jahres (die Bezeichnung hat mit den Tropen nichts zu tun, sondern kommt von dem griechischen Wort »tropos« = Wende). Die Wiederbeobachtung eines bestimmten hellen Fixsterns in der Morgendämmerung dient den antiken Sternkundigen als Kriterium für das siderische Jahr. Den tatsächlichen Wert dieses Jahres mit 365,256 mittleren Sonnentagen verfehlen die Babylonier nur um viereinhalb Minuten, und die Dauer des Sterntages, also einer Umdrehung der Fixsternsphäre als Folge der Erdrotation, rechnen sie um $3/100$ länger.

Auch mit der Gestalt der Erde beschäftigen

So hat die Sternkunde bei allen Völkern angefangen. Das Gnomon der Sonnenwarte in Machu Picchu (Peru), geschätztes Alter 1500 Jahre, ist ein Beispiel für die Beobachtung des Schattenwurfs der Sonne zur Bestimmung der Sonnenwende.

sich die antiken Astronomen recht ausführlich. Viele Vorstellungen stehen zur Diskussion, angefangen von der Erde als einer flachen, auf dem Wasser des Ozeans schwimmenden Scheibe bis zur zylindrischen Säule. Der Sokratesschüler Platon (427–347 v. Chr.) lehrt die Kugelgestalt der Erde; wahrscheinlich vor ihm schon die Gelehrten Pythagoras (580–500 v. Chr.) und Xenophanes (565–480 v. Chr.). Bei Aristoteles (389–322 v. Chr.) ist die Kugelgestalt bereits eine Selbstverständlichkeit. Als Beweismittel dient die Erdkrümmung, die Tatsache, dass auf hoher See zuerst die Mastspitze des Schiffes zu sehen ist und dass die Höhe des Himmelspols nach Norden steigt, nach Süden fällt. Die nordsüdliche Krümmung beweist das letzte Argument eindeutig. Und Aristoteles macht darauf aufmerksam, dass der Rand des Erdschattens bei der Mondfinsternis immer die Form des Kreisbogens mit gleicher Krümmung hat. Die Kugel ist der einzige geometrische Körper, dessen Schatten immer kreisförmig auf einer Projektionsfläche begrenzt ist.

Kopfzerbrechen machen die Bahnen der Planeten. Sie passen nicht in das Dogma von der gleichförmigen Kreisbewegung aller Gestirne – ein Dogma, das eng verknüpft ist mit religiösen Vostellungen jener Epoche, mit dem Glauben an die Harmonie auf Erden und natürlich erst recht im Weltraum. Ptolemäus (85–100 n. Chr.), der berühmte Astronom der Spätantike, versucht die Ungleichförmigkeit der Planetenbewegungen unter Zuhilfenahme des Epizykels und der Exzentrizität zu erklären. Ein Epizykel ist ein Kreis, auf dem sich der Planet mit gleich bleibender Geschwindigkeit fortbewegt. Der Mittelpunkt dieses Kreises wandert seinerseits auf einem anderen Kreis, in dessen Mittelpunkt bzw. exzentrisch davon die Erde gedacht ist. Mit viel Scharfsinn hat Ptolemäus sein System entwickelt, das der Gelehrtenwelt immerhin erst 1300 Jahre später verbesserungsbedürftig erschien.

Die Zeit zwischen Ptolemäus und Kopernikus wird oft als Ruhepause, ja als Epoche des Niedergangs der Astronomie bezeichnet. Zwar hat sich in Bezug auf das Weltbild in der Tat nichts geändert, dafür sind aber zahlreiche Neuerungen und Verfeinerungen der mathematischen Methoden und instrumentellen Hilfsmittel geschaffen worden. Es sind in erster Linie die Araber, die Mathematik und Beobachtungstechnik konsequent weiterentwickeln – denken wir nur an den Kosinussatz der sphärischen Trigonometrie, den Al Battani (gest. 929 n. Chr.) formuliert, und an die Tafeln der Funktionen Sinus und Tangens, die von seinem Landsmann Abul Wefa (940–998) stammen. Die Araber sind es auch, die das antike astronomische Wissen an das Abendland überliefern. Dort wird die Beschäftigung mit der Himmelskunde Bestandteil jeder akademischen Bildung. Die Übernahme der arabischen Astronomie ist nur möglich, weil man sich für Naturwissenschaften interessiert. Dem Hinweis auf die mittelalterliche Theologie als dem großen Hindernis für die Entfaltung der Naturwissenschaften stehen die Zeugnisse berühmter Theologen entgegen: Thierry von Chartres, Hugo von Sankt Viktor, Albertus Magnus, Thomas von Aquin und andere mehr. Sie rühmen die Astronomie als Hilfe des Menschen bei der wahren Gottes- und Welterkenntnis.

Zusammenfassung: Die antike Astronomie bemüht sich, die mit bloßem Auge am Himmel erkennbaren Erscheinungen der Sternenwelt zu deuten und in das rechte Verhältnis zu einem Weltbild zu bringen, dessen Mitte die Erde ist.

Neuzeit

Das wichtigste Ereignis zu Beginn der Neuzeit ist der Übergang vom geozentrischen zum heliozentrischen Weltbild. Er wird be-

Nikolaus Kopernikus, Astronom, 1473–1543.

reits im ausgehenden Mittelalter vorbereitet. Antikes Wissen und geistige Methodik werden in die Scholastik übernommen, die mit ihrer Systematik und geistigen Disziplin ein nicht zu unterschätzender Faktor für den kritischen Geist modernen wissenschaftlichen Denkens ist.

Das neue Weltbild und die endgültige Erklärung der Bewegungen von Sonne, Mond und Planeten sind untrennbar verbunden mit den Namen Nikolaus Kopernikus (1473–1543), Galileo Galilei (1564–1642), Johannes Kepler (1571–1630) und Isaac Newton (1643–1727).

Kopernikus bringt das geozentrische Welt-

Johannes Kepler, Astronom, 1571–1630.

bild zu Fall, und zwar nicht durch Fakten astronomischer Beobachtungen, sondern auf dem Weg des Überdenkens des nicht gerade einfachen ptolemäischen Systems. Erst die Astronomen Tycho Brahe (1546–1601) und Kepler sowie der Paduaer Universitätsprofessor Galilei schaffen durch neue und genauere Beobachtungen die empirische Grundlage für die neue Lehre. Der Kosmos des Ptolemäus war nicht nur für runde eineinhalb Jahrtausende die Lehrmeinung der Wissenschaft – er war zugleich das feste weltanschauliche Fundament für die europäische Gesellschaft des Mittelalters. Diese Sozialwelt wird beherrscht von der »ordinatio ad finem«, dem religiös untermauerten Ordnungsdenken in allen Lebensbereichen, einschließlich Politik, Wirtschaft und Wissenschaft. In dieses scheinbar so unerschütterliche Gefüge stößt Kopernikus mit seiner Idee von der Sonne als dem Mittelpunkt der Welt. Die Erde wird zum Trabanten degradiert. Es sind Behauptungen, deren ungeheuer revolutionärer Inhalt uns heute gar nicht mehr so gefährlich erscheint. Die Idee des Kopernikus reift in einer Zeit, da die Erde selbst größer wird und die Seewege nach Indien und Amerika entdeckt werden. Doch bleibt Kopernikus mit seinem Weltbild zu Lebzeiten sozusagen unter den Intellektuellen. Es ist ein anregender Gesprächsstoff im Kreis gelehrter Humanisten.

Der dramatische Augenblick für die neue Lehrmeinung, ihr Zeitpunkt der Bewährung, aber auch der Publicity, wie wir heute sagen würden, kommen erst fast 100 Jahre später. Das Fernrohr wird entdeckt. So wird es möglich, die Gestirne genauer in Augenschein zu nehmen. Dabei werden gleich zu Beginn erstaunliche Entdeckungen gemacht. Es ist Galilei, der als erster Naturwissenschaftler im Teleskop die raue Oberfläche des Mondes sieht, 1610 die 4 hellen Jupitermonde entdeckt und mit der Beobachtung der Phasen der Venus einen praktischen Beitrag für die Bestätigung des heliozentrischen Weltbildes liefert. Im Jahr 1609 veröffentlicht Kepler die ersten 2 seiner Planetengesetze, die auf Beobachtungen des Planeten Mars von Tycho Brahe – noch ohne Fernrohr gemacht – fußen. 1619 folgt das dritte Gesetz (siehe S. 110). Kepler hat den persönlichen Vorteil, dass im konfessionell zerstrittenen Deutschland keine obrigkeitliche Instanz gegen ihn vorgeht. Denn welche Erschütterung die astronomischen Erkenntnisse für die Sozialwelt bedeuten, beweist allein die Tatsache, dass erst im Jahre 1616, 73 Jahre nach dem Erscheinen, das Buch von Kopernikus, das die neue

Galileo Galilei, Physiker und Astronom,
1564–1642.

sieht es so aus, als ob der Zweck der Astronomie allein darin bestehe, »Regeln für die Bewegung jedes Gestirns zu finden, aus welchen sein Ort für jede beliebige Zeit folgt«. Diese Meinung vertritt F. W. Bessel (1784–1846), der einer der namhaftesten Astronomen seiner Zeit ist. Aber die Weichen in eine neue Richtung sind bereits gestellt. Schon 1814 zerlegt Joseph von Fraunhofer das Sonnenlicht im Prisma und gewinnt so das Spektrum der Sonne. Und 1859 erklären Kirchhoff und Bunsen die Grundlagen der Spektralanalyse. Fortan ist die Erforschung des physikalischen Zu-

Joseph von Fraunhofer, Physiker und Astronom,
1787–1826.

Lehre beschreibt (»De Revolutionibus Orbium Coelestium«), auf den Index der römischen Kirche gesetzt wird, wo es bis zum Jahre 1757 verzeichnet bleibt. Und Galilei gar wird der Prozess gemacht und er wird für den Rest des Lebens an seinem Wohnsitz in Haft gehalten.

Der Durchbruch des heliozentrischen Weltbildes ist von nun an jedoch nur noch eine Frage der Zeit. Das Fernrohr eröffnet den Astronomen die Möglichkeit der physischen Erforschung der einzelnen Himmelskörper, nachdem die Arbeit bislang auf die Bewegungslehre beschränkt war. Noch einmal ein Höhepunkt im Bemühen, die Bewegungen der Gestirne zu erklären, ist die Formulierung des Gravitationsgesetzes durch Isaac Newton (siehe S. 160). Er gibt die Lösung des Zweikörperproblems (Bewegung eines Planeten um die Sonne) und damit den Anstoß für die weitere Verfeinerung der Himmelsmechanik. Immer genauere Vorausberechnungen der Bahnen der Himmelskörper des Sonnensystems kennzeichnen die Astronomie an der Wende vom 18. zum 19. Jahrhundert.

Daneben schreitet die Bestandsaufnahme des Weltraums fort. Die Erforschung der Fixsternwelt bekommt mit der Konstruktion leistungsfähiger Spiegelfernrohre in der zweiten Hälfte des 18. Jahrhunderts neuen Auftrieb. Die Katalogisierung und Vermessung der Fixsterne ist mit dem Namen William Herschel (1738–1822) eng verknüpft. Der gelernte Militärmusiker kommt in England als Astronom zu höchsten Ehren. Bis in die Mitte des 19. Jahrhunderts hinein

Isaac Newton, Physiker, Mathematiker und Astronom, 1643–1727.

stands und der stofflichen Zusammensetzung der Gestirne genauso wichtig wie die Kenntnis von den Bewegungen der Himmelskörper und ihrer räumlichen Anordnung. Es ist der Beginn der Astrophysik.

Das 19. Jahrhundert bringt auch entscheidende Fortschritte für die Beobachtungstechnik. Die Qualität der astronomischen Fernrohre und Hilfsgeräte (Spektroskope, Fotometer) wird ständig verbessert. Von ganz umwälzender Bedeutung ist aber die Einführung der Fotografie in die astronomische Beobachtung. Die fotografische Platte macht es möglich, Lichteindrücke zu summieren und so mit Hilfe langer Belichtungszeiten Himmelskörper sichtbar zu machen, die der visuellen Beobachtung für immer unzugänglich sind. Auch ist die fotografische Platte ein verhältnismäßig dauerhaftes Dokument, das immer wieder zur Kontrolle herangezogen werden kann. Die Fotografie

fördert besonders die Erforschung der Milchstraße mit ihren Sternhaufen und Gasnebeln und der Spiralnebel. In Verbindung damit kommt die Zeit der großen Spiegelteleskope, die in den ersten Jahrzehnten unseres Jahrhunderts vor allem in den USA aufgestellt werden und der amerikanischen Astronomie internationale Geltung verschaffen.

Zusammenfassung: Das 16. und 17. Jahrhundert bringt die vielleicht wichtigste Standortverschiebung der Erde. An die Stelle des geozentrischen tritt das heliozentrische Weltbild. Die nächsten beiden Jahrhunderte bringen auf der einen Seite die mathematische Verfeinerung der Bewegungslehre von den Gestirnen, auf der anderen die theoretischen und technischen Grundlagen für die astrophysikalische Erforschung des Weltraums.

Das 20. Jahrhundert

Die Ereignisse in diesem Jahrhundert überstürzen sich. Wie in allen Wissenschaften wächst die Menge des Erkenntnisstoffes im Bereich der Astronomie rapid an. Neben der optischen Astronomie, die mit Hilfe des menschlichen Auges, der fotografischen Platte und der lichtelektrischen Zellen den sichtbaren Spektralbereich und das anschließende Ultraviolett und Infrarot überwacht, entfaltet seit einigen Jahrzehnten die Radioastronomie eine verblüffende Leistungsfähigkeit. Große Spiegel und Antennensysteme mit sehr empfindlichen Überlagerungsempfängern sind hier das technische Rüstzeug.

Mit der Landung von Menschen auf dem Mond (erstmals die Amerikaner Neil Armstrong und Edwin Aldrin von Apollo 11 am 20. Juli 1969) geht nicht nur ein alter Wunschtraum der Menschheit in Erfüllung, sondern es wird auch die Gelegenheit geschaffen, einen Himmelskörper unmittelbar zu studieren und Proben seiner Substanz zur Erde zu bringen.

Die Viking-Missionen mit weicher Landung von 2 Gerätekapseln am 20. Juli 1976 und 3. September 1976 auf Mars und die Vorbeiflüge der Voyager-Sonden an den Planeten Jupiter und Saturn 1979, 1980 und 1981 sowie der Voyager-2-Sonde an den Planeten Uranus (1986) und Neptun (1989) lieferten Astrophysikern und Geologen weiteres Anschauungsmaterial zum besseren Verständnis unseres Sonnensystems.

2 Schwerpunkte kennzeichnen die Astronomie in diesem Jahrhundert: Da ist einmal die Physik des einzelnen Sterns, von der man Auskunft über die Sternentwicklung erwartet. Zum anderen ist es die Erforschung der Milchstraße und der Galaxien.

Bereits im 19. Jahrhundert entstehen umfangreiche Kataloge, die neben den Sternpositionen auch die Sternhelligkeiten enthalten, z. B. die Bonner Durchmusterung und für den Südhimmel die Cordoba-Durchmusterung. Gründer der fotografischen Sternfotometrie ist 1904 Karl Schwarzschild in Göttingen. Fotozelle und Fotomultiplier führen zu immer exakteren Helligkeitsmessungen. Die Messungen erfolgen in genau ausgewählten Wellenlängenbereichen, und für die einzelnen Sterne werden die Farbindices abgeleitet. Parallel dazu erfolgen die Fortschritte auf dem Gebiet der Spektroskopie der Sterne. Fotografie der Spektren, Ausmessung und Klassifikation sind Aufgaben grundsätzlicher Natur. Ein wichtiges Zustandsdiagramm ist das auf die beiden Astronomen Hertzsprung (1873–1967) und Russell (1877–1957) zurückgehende Hertzsprung-Russell-Diagramm, das den Zusammenhang zwischen der Leuchtkraft und dem Spektraltyp der Sterne darstellt (entdeckt im Jahr 1913). Damit bekommt man einen Überblick von den im Weltraum verwirklichten Zuständen der einzelnen Sterne. Ein weiteres Ergebnis ist die Masse-Leuchtkraft-Beziehung, die aussagt, dass die Leuchtkraft eines Sterns umso höher ist, je massereicher er ist. Mit Hilfe der Spektralanalyse wird auch das bestätigt, was die Theorie vermutet hat: Wasserstoff ist das weitaus wichtigste Element eines jeden Fixsterns. Ist noch der Heliumanteil bekannt, so lässt sich aus diesem Mischungsverhältnis die Entwicklung des Sterns in Verbindung mit der Energieerzeugung durch Kernprozesse studieren und eine Aussage über das Alter machen.

Der Weltraum ist in seinem räumlichen Aufbau und in seiner zeitlichen Entwicklung insgesamt Objekt der astronomischen Forschung geworden. Ein Schritt vorwärts in diese Richtung ist 1918 die fotometrische Entfernungsmessung mit veränderlichen Sternen vom Typ Delta Cephei, die H. Shapley entwickelt (siehe auch S. 51). Es kommt in den 20er- und 30er-Jahren zu sehr konkreten Vorstellungen über den Bau unseres Milchstraßensystems. E. Hubble löst 1924 mit dem 100-zölligen Spiegelteleskop des Mt.-Wilson-Observatoriums die Randpartien des Andromeda-Nebels in Einzelsterne auf. Die Gleichartigkeit von Milchstraße und Andromeda-Nebel wird festgestellt. 1929 entdeckt Hubble in den Spektren der Galaxien eine Rotverschiebung proportional zu ihrer Entfernung. Das wird als Expansion des Weltalls gedeutet.

K. G. Jansky entdeckt im Jahr 1932 in der Milchstraße einen weiteren Frequenzbereich der elektromagnetischen Strahlung: die nichtthermische Komponente der Radiofrequenzstrahlung. Mittlerweile sind viele Radioquellen innerhalb und außerhalb der Milchstraße bekannt. Neue Erkenntnisse über den Energiehaushalt des Weltraums macht die Radioastronomie zugänglich. Wir haben es hier mit besonders energiereicher Strahlung zu tun, der maßgebliche Beteiligung beim Materiebildungsprozess im Kosmos zugeschrieben werden kann.

Die Entwicklung der Raketentechnik hat den Transport wissenschaftlicher Messgeräte außerhalb der die Erde umgebenden Atmosphäre möglich gemacht. 1946 wurde so erstmals das Ultraviolettspektrum der Sonne fotografiert (V2-Rakete als Träger). Ohne deutliche Absorption erreichen nur sichtbares Licht und Radiostrahlung zwischen 1 cm und 20 m Wellenlänge den Erdboden (siehe Grafik S. 141). Die Untersuchung aller übrigen Arten der elektromagnetischen Strahlung sind nur in größeren Höhen oder vom Weltraum aus möglich. Mit Messungen im Ultraviolett-, Röntgen- und Infrarotlicht hat sich in den letzten Jahrzehnten eine Fülle neuer astrophysikalischer Einsichten ergeben (siehe S. 139).

Zusammenfassung: Die Astronomie des 20. Jahrhunderts erbrachte im Wesentlichen den Nachweis, dass der Weltraum einem ständigen Umwandlungsprozess unterworfen ist, bei dem Strahlungen verschiedener Energiequalität mitwirken.

Edwin Powell Hubble, Astronom und Kosmologe, 1889–1953.

Karl Schwarzschild, Astronom und Physiker, 1873–1916.

Aktuelle Himmels-ereignisse

Ein Blick in die Zukunft. Die folgenden Seiten geben einen knappen Überblick über die Sichtbarkeit der großen Planeten in mittleren nördlichen Breiten für die kommenden Jahre. Dazu Hinweise auf einige besondere Himmelsereignisse, z. B. Begegnungen von hellen Planeten oder Bedeckungen von Planeten durch den Mond. Auch die Finsternisse werden aufgelistet. Für die wichtigsten totalen Sonnenfinsternisse sind auf der rückwärtigen Klappe Übersichtskarten mit Beobachtungsdaten. Die genauen und umfassenden Informationen über alle Ereignisse eines Jahres vermitteln Jahrbücher und Kalender (siehe Literaturverzeichnis S. 187).

2005

Merkur: Je 3 Abend- und Morgensichtbarkeiten (siehe Tabelle). Günstig erscheint die Abendsichtbarkeit Mitte März.

Venus: Zum Jahresbeginn ist der Planet Morgenstern. Im Frühjahr erscheint Venus wieder als Abendstern. Größte östliche Elongation am 3. November (47° 06′).

Mars: Die erste Jahreshälfte dominiert Mars nach Mitternacht. Am 7. November ist Opposition, und er erreicht erstmals seit Jahren wieder eine positive Deklination (Sternbild Widder). Für den Rest des Jahres ein auffälliges Objekt am Abendhimmel.

Jupiter: Zum Jahresanfang beherrscht er die 2. Nachthälfte. Er wird dann bei seiner Opposition am 3. April die ganze Nacht über im Sternbild Jungfrau sichtbar. Am Abend bis weit in den Sommer sichtbar.

Saturn: Am 13. Januar gelangt der Planet in Opposition zur Sonne und ist die ganze Nacht über im Sternbild Zwillinge zu beobachten. Am Abendhimmel ist Saturn bis in den Sommer sichtbar. Am Morgenhimmel erscheint er wieder im Herbst.

Uranus: Opposition am 1. September im Sternbild Wassermann.

Neptun: Opposition am 8. August im Sternbild Steinbock.

Pluto: Opposition am 14. Juni im Sternbild Schlange.

Besondere Konstellationen: Am Abendhimmel kommt es am 25. Juni zu einer Konjunktion zwischen Venus und Saturn und am 2. September zu einer Konjunktion zwischen Venus und Jupiter.

Finsternisse: Am 8. April findet eine ringförmig-totale Sonnenfinsternis statt (in Europa nicht mehr beobachtbar). Die ringförmige Sonnenfinsternis am 3. Oktober dagegen ist in Europa (Spanien) sichtbar (in Deutschland partiell).

2006

Merkur: 3 Abend- und Morgensichtbarkeiten (siehe Tabelle). Die Abendsichtbarkeit Ende Februar und die Morgensichtbarkeit Ende November sind für die Beobachtung günstig.

Venus: Der Planet ist Morgenstern im Frühjahr und Sommer und erreicht die größte westliche Elongation am 25. März (46° 32′). Zum Jahresende wechselt Venus wieder an den Abendhimmel.

Mars: Im Frühjahr und Sommer ist Mars noch am Abendhimmel zu sehen. Eine Opposition findet in diesem Jahr nicht statt.

Jupiter: Zum Jahresanfang erscheint der Planet am Morgenhimmel. Bei seiner Opposition am 4. Mai ist er dann die ganze Nacht über im Sternbild Waage sichtbar. Am Abendhimmel ist Jupiter bis in den Herbst hinein zu beobachten.

Saturn: Am 27. Januar kommt Saturn in Opposition zur Sonne und ist die ganze Nacht über im Sternbild Krebs zu sehen. Im Frühjahr bleibt der Planet auffällig am Abendhimmel. Im Hochsommer wechselt er wieder an den Morgenhimmel.

Uranus: Opposition am 5. September im Sternbild Wassermann.

Neptun: Opposition am 11. August im Sternbild Steinbock.

Pluto: Opposition am 16. Juni im Sternbild Schlange.

Besondere Konstellationen: Am Abendhimmel des 8. Januar Mond bei Mars. Am 10. März abends Mond bei Saturn. 24. April Mond bei Venus (Tagbeobachtung 14h36 MEZ). 13. November Mond bei Saturn (2 Stunden nach Mitternacht).

Finsternisse: Am 29. März findet eine totale Sonnenfinsternis statt (siehe Karte hintere Umschlagklappe). Die ringförmige Sonnenfinsternis am 22. September ist in Venezuela und über dem äquatornahen Südatlantik zu sehen. Am 7. September

Die Planetenbegegnung vom Juni 1991: Mars, Jupiter und Venus zusammen mit der Sichel des zunehmenden Mondes am Abendhimmel.

partielle Mondfinsternis, die am frühen Abend in Mitteleuropa beobachtet werden kann.

2007

Merkur: Es gibt je 3 Abend- und Morgensichtbarkeiten (siehe Tabelle). Günstig erscheinen die Abendsichtbarkeit Anfang Februar und die Morgensichtbarkeit Anfang November.

Venus: Am Abendhimmel ist der Planet im Frühjahr und Sommer zu beobachten. Er erreicht seine größte östliche Elongation am 9. Juni (45° 23′). Im Spätsommer wechselt Venus an den Morgenhimmel und erreicht am 28. Oktober ihre größte westliche Elongation (46° 28′).

Mars: Zum Jahresbeginn erscheint der Planet am Morgenhimmel. Die Beobachtungsmöglichkeiten verbessern sich von Monat zu Monat, bis Mars am 24. Dezember seine Oppositionsstellung erreicht und die ganze Nacht über sichtbar bleibt.

Jupiter: Zum Jahresbeginn steht der Planet am Morgenhimmel. Bei seiner Opposition am 5. Juni ist Jupiter die ganze Nacht über im Sternbild Skorpion zu sehen. Noch bis Spätsommer ist er ein Beobachtungsobjekt am Abendhimmel.

Saturn: Am 10. Februar erreicht der Planet seine Oppositionsstellung und ist die ganze Nacht im Sternbild Löwe zu sehen. Im Frühjahr und Sommer bleibt Saturn Beobachtungsobjekt am Abendhimmel.

Uranus: Opposition am 9. September im Sternbild Wassermann.

Neptun: Opposition am 13. August im Sternbild Steinbock.

Pluto: Opposition am 19. Juni im Sternbild Schlange.

Besondere Konstellationen: Am Morgenhimmel des 14. Oktober Venus bei Saturn. Am Abendhimmel des 6. Januar und 2. Februar Mond nahe bei Saturn. Am 14. April nach Mitternacht Mond nahe Mars. 18. Juni Mond bei Venus (Tagbeobachtung 15h47 MEZ). 24. Dezember Mond bei Mars am Morgenhimmel.

Finsternisse: Am 4. März findet eine totale Mondfinsternis statt, die um Mitternacht in Mitteleuropa zu beobachten ist.

2008

Merkur: 3 Abend- und Morgensichtbarkeiten (siehe Tabelle). Die Abendsichtbarkeit Ende Januar und die Morgensichtbarkeit Ende Oktober sind günstig für die Beobachtung.

Venus: Zum Jahresanfang steht der Planet (noch) am Morgenhimmel. Zur Jahresmitte gelangt Venus in untere Konjunktion zur Sonne und wechselt (danach) an den Abendhimmel. Ihre größte östliche Elongation erreicht sie erst am 14. Januar 2009 (47°07′).

Mars: Im Januar und Februar ist der Planet noch bis nach Mitternacht zu sehen. Im Verlauf des Jahres zieht er sich auf den Abendhimmel zurück. Nach seiner Konjunktion mit der Sonne im Dezember erscheint Mars erst wieder im nächsten Jahr am Morgenhimmel und bereitet sich auf seine nächste Opposition 2010 vor (siehe Tabelle S. 179).

Jupiter: In den ersten Monaten ist der Planet am Morgenhimmel zu beobachten. Die Opposition findet am 9. Juli statt und Jupiter ist die ganze Nacht über im Sternbild Schütze zu sehen. Die Kulminationshöhe ist mit 18° gering.

Saturn: Am 24. Februar befindet sich der Planet in Opposition zur Sonne und ist die ganze Nacht über im Sternbild Löwe zu beobachten. Saturn bleibt im Frühjahr und Sommer am Abendhimmel ein auffälliges Objekt. Im Herbst erscheint Saturn wieder am Morgenhimmel.

Uranus: Opposition am 13. September im Grenzbereich Wassermann/Fische.

Neptun: Opposition am 15. August im Sternbild Steinbock.

Pluto: Opposition am 20. Juni im Sternbild Schütze.

Besondere Konstellationen: Am Abendhimmel des 10. Juli Mars nahe Saturn. 20. Januar Mond bei Mars (Mitternacht). Am Abendhimmel des 1. Dezember Mond bei Venus.

Finsternisse: Am 21. Februar findet eine totale und am 16. August eine partielle Mondfinsternis statt, die beide in Mitteleuropa zu beobachten sind (siehe Tabelle in der Umschlagklappe). Die ringförmige Sonnenfinsternis am 7. Februar hat eine kurze zentrale Zone über dem Rand von Antarktika. Die totale Sonnenfinsternis vom 1. August ist in Westsibirien zu sehen.

2009

Merkur: 4 Abend- und 3 Morgensichtbarkeiten (siehe Tabelle). Die Abendsichtbarkeiten Anfang Januar und Mitte Dezember sowie die Morgensichtbarkeit Mitte Februar sind günstig für die Beobachtung.

Venus: Im Januar leuchtet Venus hell am Abendhimmel und erreicht ihre größte östliche Elongation am 14. Januar (47°07′). Nach der unteren Konjunktion wechselt der Planet an den Morgenhimmel, wo er bereits im Mai gut zu sehen ist. Seine größte westliche Elongation erreicht Venus am 5. Juni (45°51′).

Mars: Im Frühjahr ist der Planet am Morgenhimmel gut zu sehen. Seine Aufgangszeit verschiebt sich zum Jahresende an den Abendhimmel. Mars steht zum Jahreswechsel hoch am nördlichen Himmel.

Jupiter: Der Planet steigt wieder auf der Ekliptik und erreicht bei seiner Opposition am 14. August −15° Deklination. Er ist dann die ganze Nacht über im Sternbild Steinbock zu beobachten.

Saturn: Schon zum Jahresbeginn erscheint der Planet am Abendhimmel und gelangt am 8. März in Opposition. Dann ist er die ganze Nacht über im Sternbild Löwe zu beobachten. Im Frühjahr und Sommer bleibt Saturn Beobachtungsobjekt am Abendhimmel. Im Herbst wechselt der Planet an den Morgenhimmel.

Uranus: Opposition am 17. September im Grenzbereich der Sternbilder Wassermann – Fische.

Neptun: Opposition am 17. August im Sternbild Steinbock.

Pluto: Opposition am 23. Juni im Sternbild Schütze.

Elongationen der Venus 2005–2015

E = Größte östliche Elongation (Abendhimmel)
W = Größte westliche Elongation (Morgenhimmel)

Jahr	Datum	Elongation
2005	3. Nov.	47° 06′ E
2006	25. März	46° 32′ W
2007	9. Juni	45° 23′ E
	28. Okt.	46° 28′ W
2009	14. Jan.	47° 07′ E
	5. Juni	45° 51′ W
2010	20. Aug.	45° 58′ E
2011	8. Jan.	46° 57′ W
2012	27. März	46° 02′ W
	16. Aug.	45° 48′ W
2013	1. Nov.	47° 04′ E
2014	22. März	46° 33′ W
2015	6. Juni	45° 24′ E
	26. Okt.	46° 24′ W

Besondere Konstellationen: Gut sichtbare Vorübergänge des Mondes am Saturn (31. Mai, Abendhimmel), an der Venus (19. Juni, früher Abend), am Jupiter (6. August, 1 Stunde vor Mitternacht, und 2. September, 1½ Stunden vor Mitternacht), am Mars (7. Dezember, Morgenhimmel).

Finsternisse: Am 31. Dezember findet eine partielle Mondfinsternis statt, die in Mitteleuropa zu sehen ist (siehe Tabelle in der Umschlagklappe). Am 26. Januar ereignet sich eine ringförmige Sonnenfinsternis im südlichen Indischen Ozean. Die totale Sonnenfinsternis am 22. Juli im westlichen Pazifik erreicht über 6 Minuten Totalitätsdauer (siehe hintere Umschlagklappe).

2010

Merkur: 3 Abend- und Morgensichtbarkeiten (siehe Tabelle S. 179). Die Morgensichtbarkeit Ende Januar und die Abendsichtbarkeit Anfang Dezember sind besonders günstig für den Beobachter.

Venus: Im Frühjahr erscheint Venus am Abendhimmel. Ihre größte östliche Elongation erreicht sie am 20. August (45°58′). Im Herbst verschwindet der Planet vom Abendhimmel, kommt in untere Konjunktion zur Sonne und wird im November wieder zum Morgenstern.

Mars: Bereits am 29. Januar steht der Planet in Opposition zur Sonne und ist die ganze Nacht über im Sternbild Krebs zu sehen. Bis in den Sommer hinein ist der Planet am Abendhimmel zu beobachten.

Jupiter: Im Frühjahr beginnt die Sichtbarkeit am Morgenhimmel. Am 21. September steht der Planet in Opposition zur Sonne und ist die ganze Nacht über im Sternbild Fische zu beobachten. Der Planet wandert weiter in Richtung nördliche Deklination. Die Beobachtungsbedingungen am nördlichen Himmel werden wieder günstiger. Am Abendhimmel ist Jupiter über den Jahreswechsel hinaus zu sehen.

Saturn: Bereits im Januar verlagert sich die Sichtbarkeit des Planeten vom Morgenhimmel auch auf die vormitternächtliche Stunde. Die ganze Nacht über ist Saturn dann zur Zeit seiner Opposition am 22. März im Sternbild Jungfrau zu beobachten. Die nördliche Deklination nimmt im Vergleich zum Vorjahr weiter ab. Bis in den Sommer hinein bleibt der Planet am Abendhimmel sichtbar. Zum Jahresende hin erscheint Saturn wieder am Morgenhimmel.

Uranus: Opposition am 21. September im Sternbild Fische.

Neptun: Opposition am 20. August im Sternbild Wassermann.

Pluto: Opposition am 23. Juni im Sternbild Schütze.

Besondere Konstellationen: Gut sichtbare Vorübergänge des Mondes am Saturn (29. März, Abendhimmel), am Jupiter (16. November, früher Abend).

Finsternisse: Am 21. Dezember gibt es eine totale Mondfinsternis, die in Mitteleuropa beobachtet werden kann (siehe Tabelle in der Umschlagklappe). Im Indischen Ozean südlich der Malediven findet am 15. Januar eine ringförmige Sonnenfinsternis statt. Die totale Sonnenfinsternis am 11. Juli ist im südlichen Pazifik zu sehen.

2011

Merkur: 3 Abend- und 4 Morgensichtbarkeiten (siehe Tabelle). Günstig die Abend-sichtbarkeit Ende März und die Morgensichtbarkeit um die Weihnachtszeit.

Venus: Der Planet erreicht am 8. Januar seine größte westliche Elongation (46° 57′) und leuchtet in den folgenden Wochen am Morgenhimmel.

Mars: Erst in der 2. Jahreshälfte erscheint der Planet wieder als auffälligeres Objekt am Morgenhimmel. Zum Jahresende verschiebt sich die Sichtbarkeit auf Mitternacht hin.

Jupiter: Am Morgenhimmel erscheint der Planet im späten Frühjahr. Am 29. Oktober steht er in Opposition zur Sonne und ist die ganze Nacht über zu beobachten. Jupiter bewegt sich im Sternbild Widder mit steigender Deklination. Am Abendhimmel ist der Planet über den Jahreswechsel hinaus sehr gut zu sehen.

Saturn: Am 3. April steht der Planet in Opposition zur Sonne und ist die ganze Nacht über zu beobachten. Er bewegt sich im Sternbild Jungfrau mit weiter abnehmender Deklination. Die nördliche Seite der Ringöffnung vergrößert sich. Bis in den Sommer hinein bleibt Saturn am Abendhimmel sichtbar.

Uranus: Opposition am 25. September im Sternbild Fische.

Neptun: Opposition am 22. August im Sternbild Wassermann.

Pluto: Opposition am 28. Juni im Sternbild Schütze.

Finsternisse: Am 4. Januar vormittags ist in Mitteleuropa eine partielle Sonnenfinsternis zu sehen. Die Sonne geht bereits verfinstert auf. Auch die totale Mondfinsternis am 15. Juni ist in Mitteleuropa erst zu Beginn der Totalität zu beobachten. Von der totalen Mondfinsternis am 10. Dezember kann man in Mitteleuropa nur die partielle Phase und die Halbschatten nach der Totalität beobachten. Die partielle Sonnenfinsternis vom 1. Juni kann nur von Grönland, Island, Nordkanada und Sibirien beobachtet werden. Die Sichtbarkeit der partiellen Sonnenfinsternis vom 25. November ist auf Südafrika, Neuseeland, Tasmanien und die Antarktis beschränkt.

Marsoppositionen 2005–2014

Jahr	Opposition	Helligkeit	Durchmesser	Deklination	Max. Höhe über dem Horizont (für 50°N)
2005	7. November	−2,3^m	20,2″	+15,9°	56°
2007	24. Dezember	−1,7^m	15,9″	+26,8°	67°
2010	29. Januar	−1,3^m	14,1″	+22,2°	62°
2012	3. März	−1,2^m	13,9″	+10,3°	52°
2014	8. April	−1,5^m	15,2″	− 5,1°	37°

Elongationen des Planeten Merkur 2005–2015 (von J. Meeus)

E = östliche Elongation (Abendhimmel)
W = westliche Elongation (Morgenhimmel)

2005		2011	
12. März	18° 20′ E	9. Jan.	23° 17′ W
26. Apr.	27° 10′ W	23. März	18° 37′ E
9. Juli	26° 15′ E	7. Mai	26° 33′ W
23. Aug.	18° 24′ W	20. Juli	26° 49′ E
3. Nov.	23° 31′ E	3. Sept.	18° 07′ W
12. Dez.	21° 05′ W	14. Nov.	22° 45′ E
		23. Dez.	21° 51′ W

2006		2012	
24. Febr.	18° 08′ E	5. März	18° 13′ E
8. Apr.	27° 46′ W	18. April	27° 30′ W
20. Juni	24° 56′ E	1. Juli	25° 45′ W
7. Aug.	19° 11′ W	16. Aug.	18° 42′ W
17. Okt.	24° 49′ E	26. Okt.	24° 05′ W
25. Nov.	19° 54′ W	4. Dez.	20° 33′ W

2007		2013	
7. Febr.	18° 14′ E	16. Febr.	18° 08′ E
22. März	27° 44′ W	31. März	27° 50′ W
2. Juni	23° 22′ E	12. Juni	24° 17′ E
20. Juli	20° 19′ W	30. Juli	19° 38′ W
29. Sept.	25° 59′ E	9. Okt.	25° 20′ E
8. Nov.	18° 59′ W	18. Nov.	19° 29′ W

2008		2014	
22. Jan.	18° 39′ E	31. Jan.	18° 24′ E
3. März	27° 09′ W	14. März	27° 36′ W
14. Mai	21° 48′ E	25. Mai	22° 42′ E
1. Juli	21° 47′ W	12. Juli	20° 54′ W
11. Sept.	26° 52′ E	21. Sept.	26° 24′ E
22. Okt.	18° 19′ W	1. Nov.	18° 42′ W

2009		2015	
4. Jan.	19° 21′ E	14. Jan.	18° 54′ W
13. Febr.	26° 06′ W	24. Febr.	26° 48′ W
26. Apr.	20° 25′ E	7. Mai	21° 12′ E
13. Juli	23° 27′ W	24. Juni	22° 30′ W
24. Aug.	27° 22′ E	4. Sept.	27° 06′ W
6. Okt.	17° 57′ W	16. Okt.	18° 06′ W
18. Dez.	20° 18′ E	29. Dez.	19° 42′ E

2010	
27. Jan.	24° 45′ W
8. Apr.	19° 21′ E
26. Mai	25° 08′ W
7. Aug.	27° 22′ E
19. Sept.	17° 52′ W
1. Dez.	21° 27′ E

Günstige Beobachtungsbedingungen: Für mittlere Nordbreiten im Frühjahr am Abend, im Herbst am Morgen (für mittlere Südbreiten umgekehrt!). Immer günstig: ein äquatornaher Beobachtungsort.

Die Beobachtung einer totalen Sonnenfinsternis gehört zu den großen Erlebnissen eines jeden Sternfreunds. Mit Serienaufnahmen kann man den Verlauf einer Finsternis eindrucksvoll festhalten.

2012

Merkur: 3 Abend- und 3 Morgensichtbarkeiten (siehe Tabelle). Für Beobachter auf der Nordhemisphäre ist der Planet günstig im Frühjahr am Abendhimmel und im Herbst am Morgenhimmel. Die Abendsichtbarkeit Anfang März und die Morgensichtbarkeit Anfang Dezember sind besonders empfehlenswert.

Venus: Am 27. März erreicht der Planet eine größte östliche Elongation (46°02′) und am 16. August eine größte westliche Elongation (45°48′). Am Abendhimmel im Frühjahr und am Morgenhimmel im Spätsommer ist Venus ein auffälliges Objekt.

Mars: Bereits zu Jahresbeginn ist der Rote Planet am nächtlichen Himmel zu sehen. Am 3. März steht Mars im Sternbild Löwe in Opposition zur Sonne. Es ist eine sonnenferne Opposition (Apheloposition) und der scheinbare Durchmesser des Planeten mit 13,89′′ nur mäßig. Die maximale Höhe über dem Horizont beträgt immerhin noch 52°. Bis in den Spätsommer hinein ist Mars am Abendhimmel zu sehen.

Jupiter: Am Morgenhimmel erscheint der Planet im Sommer. Am 3. Dezember steht er zur Sonne in Opposition und ist die ganze Nacht über zu beobachten. Jupiter bewegt sich im Sternbild Stier mit steigender Deklination.

Saturn: Am 15. April steht der Planet in Opposition zur Sonne und ist die ganze Nacht über zu sehen. Er bewegt sich im Sternbild Jungfrau mit abnehmender nördlicher Deklination. Am Abendhimmel ist Saturn bis in den Sommer hinein sichtbar.

Uranus: Opposition am 29. September im Sternbild Fische.

Neptun: Opposition am 24. August im Sternbild Wassermann.

Pluto: Opposition am 29. Juni im Sternbild Schütze.

<u>Besondere Konstellationen:</u> Naher Vorübergang des Mondes an Jupiter am 15. Juli 3 Stunden nach Mitternacht. Am 5. Oktober um 20h52m MEZ, am 2. November um 1h54m MEZ, am 29. November um 2h27m MEZ, am 26. Dezember um 2h06m MEZ. Venusdurchgang in der Nacht vom 5. zum 6. Juni. In Mitteleuropa ist nur das Ende beobachtbar. In voller Länge beobachtbar ist dieser letzte Venusdurchgang des 21. Jahrhunderts in Ostasien, über dem Nordpazifik und generell nördlich 67,5° nördlicher Breite, also z. B. in Nordskandinavien.

<u>Finsternisse:</u> Ringförmige Sonnenfinsternis am 21. Mai in Südchina, Taiwan, Japan und Kalifornien. Partielle Mondfinsternis am 4. Juni über dem Pazifik, in Australien und Südostasien. Totale Sonnenfinsternis am 13. November in Nordaustralien und über dem Südpazifik. Halbschattenmondfinsternis am 28. November in Mitteleuropa am Ende sichtbar.

2013

Merkur: 3 Abend- und 3 Morgensichtbarkeiten (siehe Tabelle). Die Morgensichtbarkeit Ende März und die Abendsichtbarkeit Mitte Oktober sind günstig für die Beobachtung.

Venus: Am 1. November erreicht der Planet eine größte östliche Elongation (47°04′). Nach Sonnenuntergang wird Venus über dem Westhorizont sichtbar und in den folgenden Wochen ein auffälliges Objekt am Abendhimmel.

Mars: Der Planet erscheint in der 2. Jahreshälfte wieder am Morgenhimmel, nach der Konjunktion mit der Sonne am 18.

April. Zur Jahreswende erscheint Mars schon nach Mitternacht.

Jupiter: Zur Jahresbeginn steht der Planet am Abendhimmel und ist dort bis weit in das Frühjahr hinein gut zu sehen. Nach der Konjunktion mit der Sonne am 19. Juni wechselt Jupiter wieder an den Morgenhimmel und ist im Herbst in der 2. Nachthälfte ein lohnendes Beobachtungsobjekt.

Saturn: Die Opposition erreicht der Planet am 28. April. Er ist die ganze Nacht über im Sternbild Waage zu beobachten. Die Sichtbarkeit reicht bis in die Sommermonate am Abendhimmel. Der sich weiter öffnende Ring (Nordseite) ist trotz der südlichen Deklination schön zu sehen.

Uranus: Opposition am 3. Oktober im Sternbild Fische.

Neptun: Opposition am 27. August im Sternbild Wassermann.

Pluto: Opposition am 2. Juli im Sternbild Schütze.

<u>Besondere Konstellationen:</u> Naher Vorübergang des Mondes an Jupiter am 22. Januar um 5h MEZ.

<u>Finsternisse:</u> Partielle Mondfinsternis am 25. April in Mitteleuropa sichtbar. Finsternismitte 21h07m MEZ. Ringförmige Sonnenfinsternis am 10. Mai in Nordaustralien. Ringförmigtotale Sonnenfinsternis am 3. November in Zentralafrika. Halbschattenmondfinsternis am 18./19. Oktober in Mitteleuropa sichtbar. Finsternismitte 0h50m MEZ.

2014

Merkur: 3 Abend- und 3 Morgensichtbarkeiten (siehe Tabelle). Die Abendsichtbarkeit Ende Januar bietet Möglichkeiten für die Beobachtung.

Venus: Eine größte westliche Elongation erreicht der Planet am 22. März (46°36′). Venus erscheint noch vor der astronomischen Dämmerung am Morgenhimmel.

Mars: Der Planet steht am 8. April im Sternbild Jungfrau in Opposition zur Sonne. Dabei erreicht er nur noch maximal 37° über dem Horizont. Die Sichtbarkeit verschiebt sich in der 2. Jahreshälfte auf die Zeit vor Mitternacht.

Jupiter: Gleich zum Jahresanfang beobachten wir Jupiter hoch am Himmel im Sternbild Zwillinge. Am 5. Januar steht der Planet in Opposition zur Sonne und ist die ganze Nacht über sichtbar. Die ganze erste Jahreshälfte über kann Jupiter beobachtet werden und verschwindet erst im Juli vom Abendhimmel.

Saturn: Am 10. Mai steht der Planet im Sternbild Waage in Opposition zur Sonne. Die Sichtbarkeit am Abendhimmel reicht bis in die Herbstmonate.

Uranus: Opposition am 7. Oktober im Sternbild Fische.

Neptun: Opposition am 29. August im Sternbild Wassermann.

Pluto: Opposition am 4. Juli im Sternbild Schütze.

Besondere Konstellationen: Begegnung von Venus und Jupiter am 18. August 5^h MEZ. Naher Vorübergang des Mondes an Venus am 26. Februar 5^{h}23^m MEZ und Saturn am 21. März 4^{h}27^m MEZ.

Finsternisse: Totale Mondfinsternis am 15. April über dem Pazifik, in Nord- und Südamerika. Partielle Sonnenfinsternis am 29. April in Australien und über dem südlichen indischen Ozean. Totale Mondfinsternis am 8. Oktober in Nordamerika, Australien und Ostasien. Partielle Sonnenfinsternis am 23. Oktober in Ostsibirien und Nordamerika.

2015

Merkur: 4 Abend- und 3 Morgensichtbarkeiten (siehe Tabelle). Die Abendsichtbarkeit Mitte Januar und die Morgensichtbarkeit Mitte Oktober eignen sich für den Versuch, den schwierigen Planeten zu finden.

Venus: Eine größte östliche Elongation erreicht der Planet am 6. Juni (45°24′) und eine größte westliche am 26. Oktober (46°24′). Also Beobachtungsmöglichkeiten am Abendhimmel im Sommer und am Morgenhimmel im Herbst.

Mars: In den Winter- und Frühjahrsmonaten ist der Planet noch am Abendhimmel zu sehen, bevor er am 14. Juni in Konjunktion zur Sonne gelangt. Am Morgenhimmel erscheint Mars wieder im Herbst.

Jupiter: Auch in diesem Jahr steht der Planet zum Jahresanfang noch hoch am Himmel im Sternbild Krebs. Oppositionsdatum 6. Februar. Erst im Sommer verschwindet Jupiter vom Abendhimmel und erscheint für eine neue Sichtbarkeitsperiode am Morgenhimmel im Herbst.

Saturn: Am 23. Mai gelangt der Planet im Sternbild Skorpion in Opposition zur Sonne. Die Sichtbarkeit am Abendhimmel reicht bis in die Sommermonate.

Uranus: Opposition am 12. Oktober im Sternbild Fische.

Neptun: Opposition am 1. September im Sternbild Wassermann.

Pluto: Opposition am 6. Juli im Sternbild Schütze.

Besondere Konstellationen: Begegnung von Venus und Jupiter am 1. Juli 16^h MEZ und 31. Juli 10^h MEZ. Nahe Vorübergänge des Mondes am Saturn am 12. Februar 23^{h}45^m MEZ, am Mars am 21. März 23^{h}40^m MEZ, am Saturn am 1. Juni 19^{h}39^m MEZ, am Mars am 6. Dezember 2^{h}25^m MEZ.

Finsternisse: Totale Sonnenfinsternis am 20. März auf den Färöer-Inseln und Spitzbergen (siehe Umschlag innen). Totale Mondfinsternis am 4. April in Süd- und Nordamerika, Australien und Ostasien. Partielle Sonnenfinsternis am 13. September in Südafrika und der Antarktis. Totale Mondfinsternis am 28. September in Mitteleuropa; Finsternismitte 3^{h}47^m MEZ.

Sonden

Ariane Raketen der ESA für den Transport von Raumsonden in den Weltraum.

Cassini/Huygens Raumsondengespann zur Erforschung des Planeten Saturn. Start am 15. Oktober 1997. Flug durch das innere Sonnensystem. Huygens landete am 14. Januar 2005 auf dem Saturnmond Titan. Cassini ist bis 2008 unterwegs im Saturnsystem.

Chandra Röntgensatellit der NASA. Start 1999.

Cobe Cosmic Background Explorer. US-Satellit zur Messung der kosmischen Hintergrundstrahlung. Start 1989.

Corot Satellit mit einem 30-cm-Teleskop zur Entdeckung von Exoplaneten. Start 2005.

Darwin Geplant sind 8 Einzelsatelliten zur Erforschung von Planeten außerhalb des Sonnensystems. Missionsbeginn 2015.

Double Star 2 chinesische Satelliten unter Beteiligung der ESA zur Erforschung des Sonnenwindes in der Umgebung der Erde. Start 2003/2004.

Envisat Satellit zur Beobachtung der Erdoberfläche. Start 2002.

Ers-1 und Ers-2 2 Satelliten zur ständigen Beobachtung der Erdoberfläche. Start 1991 und 1995.

Giotto Erste europäische Mission über die Erdbahn hinaus zur Beobachtung von Kometen (1986 Halley). Start 1985.

Herschel ESA-Satellit für infrarotes Licht. Start geplant für 2007.

Hipparcos ESA-Satellit für die Positionsastronomie. Start 1989 (bis 1993).

Integral Satellit für die Gamma-Astronomie. Start 2002.

Iso Infrared Space Observatory. Satellit für die Infrarot-Astronomie. Start 1995 (bis 1998).

James Webb Space Telescope (JWST) Geplanter Nachfolger für das Weltraumteleskop Hubble. Voraussichtlicher Start 2010.

KAO Fliegende Sternwarte der NASA von 1974 bis 1996: »Kuiper Airborne Observatory«. 91-cm-Spiegelteleskop für Spektraluntersuchungen. Nachfolgerin SOFIA ab 2006.

Lisa Laser Interferometer Space Antenna. Sonde zur Erforschung der Gravitationswellen. Geplanter Start 2011.

Mars Express Erste europäische Marsmission mit Orbiter und dem Landegerät Beagle-2. Start 2003.

Planck ESA-Satellit zur Erforschung des kosmischen Mikrowellenhintergrunds. Start geplant für 2007.

Rosetta Erste Sonde zur Landung auf einem Kometen. Start 2004.

Smart-1 Sonde mit Ionenantrieb zum Mond. Start 2003.

SOFIA Stratosphären-Observatorium für Infrarot-Astronomie, gemeinsam von NASA und DLR gebaut. Flugzeug Boing 747. Teleskop 2,7 m Durchmesser. Betriebshöhe 13 bis 14 km. Beginn der Beobachtungen 2006.

Soho Sonnenforschungssatellit Solar and Heliospheric Observatory der NASA und ESA. Überwacht seit Ende 1995 ununterbrochen die Sonnenaktivität.

Weltraumteleskop Hubble 1990 gestarteter Satellit für sichtbares, infrarotes und UV-Licht (Hubble Space Telescope von NASA und ESA).

Venus Express Sonde zur Erforschung der Atmosphäre des Planeten Venus. Start 2005.

XMM-Newton Europäischer Satellit zur Erforschung des Röntgenhimmels. Start 1999.

WMAP Wilkinson Microwave Anisotropy Probe. NASA-Satellit zur Erforschung des Universums im Wellenbereich zwischen 3 und 13 mm. Start 2001.

Glossar

Abendstern Bezeichnung für den hellen Planeten Venus während seiner größten östlichen Elongation (siehe S. 103).

Abendweite Der Abstand der untergehenden Sonne vom Westpunkt.

Aberration Eine sehr kleine, scheinbare Verschiebung eines Sterns gegenüber seiner tatsächlichen Position am Himmel. Verursacht durch die Bewegung der Erde um die Sonne.

Abplattung Abweichung von der Kugelgestalt, z. B. beim Planeten Jupiter. Der Anblick im Fernrohr ist leicht elliptisch.

Absolute Helligkeit Scheinbare Helligkeit eines Sterns in 10 Parsec (ca. 33 Lichtjahre) Entfernung. Symbol: hochgestelltes großes M, z. B. +4,8^M (absolute Helligkeit unserer Sonne in 33 Lichtjahren Entfernung).

Absoluter Nullpunkt Temperatur, bei der sich die Materie in vollkommener Ruhe befindet: −273 °C oder 0 Kelvin.

Absorptionsspektrum Gasatome absorbieren die Strahlung eines heißen Körpers (z. B. Sonne) bei bestimmten Wellenlängen, wenn sie durch ein kälteres Gas hindurchgeht. Im Spektrum beobachtet man dunkle Linien, die typisch für die absorbierenden Gase sind.

Achromat Linsenobjektiv aus 2 Gliedern unterschiedlicher Glassorten, die den Farbfehler (chromatische Aberration) verkleinern.

AG Astronomische Gesellschaft.

Akkretionsscheibe Die mehrere Millionen Grad heiße Gasscheibe um ein so genanntes Schwarzes Loch. Beobachtbar im Röntgenlicht.

Albedo Maß für das Reflexionsvermögen der Oberflächen von Planeten und Monden.

Amplitude Unterschied in Größenklassen zwischen maximaler und minimaler Helligkeit, z. B. eines veränderlichen Sterns.

Anastigmat Vom Astigmatismus freies optisches System.

Anomalistisches Jahr Zeitraum zwischen 2 Durchgängen der Erde durch ihr Perihel. Jahreslänge 365,25962 Tage. Vgl. Tropisches Jahr.

Apastron Der größte Abstand der Sterne eines Doppelsternsystems vom gemeinsamen Schwerpunkt.

Aphel Der sonnenfernste Punkt auf der Bahn eines Planeten.

Aplanat Komafreies Objektiv.

Apochromatisch Bezeichnung für Linsenfernrohre mit fast völliger Korrektur der chromatischen Aberration.

Apogäum Größte Erdferne des Mondes.

Apsidenlinie Die Verbindungslinie zwischen Perigäum (siehe S. 185) und Apogäum.

Äquatorsystem Astronomisches Koordinatensystem mit Grundkreis Himmelsäquator und Himmelsnord- und -südpol. Siehe auch bewegtes Äquatorsystem.

Äquinoktium Präzession und Nutation ändern die Koordinaten der Gestirne ständig. Deshalb wird angegeben, für welchen Äquinoktialpunkt (Frühlingspunkt) Koordinaten gelten, z. B. 1950.0 oder 2000.0.

Aspekt Winkelabstand zweier Planeten auf der Ekliptik:

    0° = Konjunktion,
  90° = Quadratur,
180° = Opposition.

Astigmatismus Bildfehler optischer Systeme. Außerhalb der optischen Achse werden Lichtpunkte nicht als Punkte, sondern als kleine Striche abgebildet. Fehlerhafte Optik zeigt diese Striche auch in der optischen Achse.

Astrometrie Ausdruck für Positionsastronomie. Bestimmung der Einfallsrichtung des Lichtes eines Himmelskörpers. Richtungsveränderungen in der Zeit ermöglichen die Ableitung der Bewegungen.

Astronomische Einheit Die mittlere Entfernung Sonne–Erde = 149 565 800 km. Abgekürzt: AE.

Astronomische Refraktion Durch die Strahlenbrechung in der Erdatmosphäre wird ein Gestirn über seinen tatsächlichen Ort am Himmel gehoben. Um den tatsächlichen Ort zu bekommen, muss an die beobachtete Zenitdistanz eine Korrektur angebracht werden (= astronomische Refraktion).

Astronomisches Dreieck Ein Gestirn, das sich nicht im Meridian befindet, bildet mit dem Zenit und dem Himmelsnord- oder -südpol ein sphärisches Dreieck, das astronomische oder nautische Dreieck. Navigationshilfe auf See.

Auflösungsvermögen Fähigkeit eines Fernrohrs, 2 nahe beieinander stehende Objekte zu trennen. Die kleinste mögliche Winkelauflösung im sichtbaren Licht ist 11,7 Bogensekunden geteilt durch den Objektivdurchmesser des Fernrohrs in cm.

Äußere Planeten Bezeichnung für die Planeten außerhalb der Erdbahn: Mars, Jupiter, Saturn, Uranus, Neptun, Pluto.

Azimut Zweite Koordinate im Horizontalsystem. Wird in der Ebene des Horizonts gemessen: Südrichtung Azimut 0°, Westrichtung 90°, Nordrichtung 180°, Ostrichtung 270°. Siehe Zenitdistanz.

Bahnelemente Größen, die die Bahn eines Planeten, Mondes oder Kometen bestimmen. Sie werden abgeleitet aus Beobachtungen der Position eines Gestirns am Himmel (z. B. Rektaszension und Deklination). Bahnelemente sind: die Perihelzeit, die große halbe Bahnachse, die numerische Exzentrizität, die Bahnneigung, der Abstand des aufsteigenden Knotens vom Frühlingspunkt, Abstand des Perihels vom aufsteigenden Knoten.

Bahnneigung Bahnelement, das die Neigung zur Ekliptik (Erdbahnebene) angibt.

Balkenspiralen Erscheinungsform extragalaktischer Sternsysteme (Spiralnebel).

Baryonen Elementarteilchen, die den starken Wechselwirkungen unterliegen. Langlebige Baryonen sind nur Protonen und Neutronen.

Beugungsgitter Dispergierendes (Licht zerstreuendes) Bauelement im Spektrografen (Gitterspektrograf).

Bewegtes Äquatorsystem Astronomisches Koordinatensystem mit Grundkreis Himmelsäquator und Himmelsnord- und -südpol. Der Frühlingspunkt, Nullpunkt der Koordinatenzählung, nimmt an der täglichen Himmelsdrehung teil (vgl. S. 20).

Big bang Auch »Urknall«. Die frühe Entwicklungsphase des Universums.

Bildfeldwölbung Bildfehler optischer Systeme. Das vom Objektiv entworfene Bild ist nicht auf einer ebenen Bildfläche scharf. Vielmehr ist diese Bildfläche gewölbt.

Blauverschiebung Verschiebung der Linien in einem Sternspektrum zum blauen Ende hin. Der Stern nähert sich.

Bogenminute Der 60. Teil eines Grads. Der Vollmonddurchmesser am Himmel entspricht ca. 30 Bogenminuten.

Bogensekunde Winkelmaß. 60 Bogensekunden = 1 Bogenminute.

Bolometrische Helligkeit Messung der scheinbaren Helligkeit (siehe S. 186) mit einem auf alle Wellenlängen gleichermaßen empfindlichen Strahlungsempfänger, z. B. Bolometer und Thermoelemente.

Brauner Zwerg Sterne mit weniger als 0,08 Sonnenmassen. Thermonukleare Reaktionen sind bei ihnen wegen zu geringer Temperatur im Zentrum nicht möglich. Sie leuchten, weil sie langsam schrumpfen und freiwerdende Gravitationsenergie in Strahlung verwandeln.

Brechung Die Richtungsänderung eines Lichtstrahls bei Eintritt in ein Medium anderer Dichte.

Brennpunkt Das von einem Fernrohrobjektiv gesammelte Licht wird im Brennpunkt gebündelt. Hier entsteht das Bild des Objekts.

Brennweite Der Abstand zwischen dem Fernrohrobjektiv und dem Brennpunkt.

Bulge Zentrale Verdickung einer scheibenförmigen Galaxie.

CCD Charge-Coupled Device. Photonenempfänger auf Halbleiterbasis, z. B. Bestandteil einer CCD-Kamera.

Chromatische Aberration Beim Durchgang durch eine Linse oder ein Prisma wird das Licht entsprechend seiner Wellenlänge abgelenkt. Eine einfache Linse liefert deshalb ein Bild mit Farbsäumen. Diesen Vorgang nennt man chromatische Aberration.

Coelostat Spiegelsystem, das das Licht eines Himmelskörpers auf ein fest montiertes Fernrohr lenkt. Die tägliche Drehung der Erde und die Bildfelddrehung werden dabei kompensiert.

Coudé-Fernrohr Ein Fernrohr, in dem mit Hilfe von Planspiegeln das Bild an eine Stelle projiziert wird, wo es unabhängig von der Stellung des Fernrohrs immer am gleichen Ort beobachtet werden kann.

Dämmerung Übergang vom Tag zur Nacht bzw. von der Nacht zum Tag. In mittleren Breiten (40°–50°) dauert die »bürgerliche Dämmerung« im Mittel eine halbe Stunde (Sonne 6–7° unter dem Horizont). Die »astronomische Dämmerung« dauert im Mittel 2 Stunden (Sonne 17–18° unter dem Horizont). Ab etwa eine Stunde nach Sonnenuntergang bzw. bis vor Sonnenaufgang sind die Sterne bis zur 5. Größenklasse zu sehen.

Dämmerungsbögen Sie entstehen durch Strahlen der noch unter dem Horizont befindlichen Sonne an Schichten der Erdatmosphäre. Der erste Dämmerungsbogen verschwindet bei Sonnenuntergang am Ende der bürgerlichen Dämmerung bzw. taucht bei Sonnenaufgang am Anfang der bürgerlichen Dämmerung auf.

Deklination Koordinate im bewegten Äquatorsystem (siehe S. 20), die die Entfernung eines Gestirns vom Himmelsäquator 0° bis zum Himmelspol ±90° angibt. Deklinationsachse der parallaktischen Montierung.

Dichtewellentheorie Zur Erklärung der Spiralstruktur extragalaktischer Sternsysteme geht man von Dichtewellen aus, die interstellares Gas in bestimmten Regionen komprimieren. Die Sternentstehungsrate ist dort am größten, wo sich Dichtemaxima der interstellaren Materie befinden.

DLR Deutsche Forschungsanstalt für Luft- und Raumfahrt.

Doppler-Effekt Änderung der Wellenlänge von Schall- oder Lichtwellen, wenn sich die Strahlungsquelle und der Beobachter relativ zueinander bewegen. Die Wellenlänge wird zu kürzeren Wellenlängen hin verschoben, wenn sich die Lichtquelle auf den Beobachter zu bewegt (Blauverschiebung) und umgekehrt (Rotverschiebung).

Dreifachsysteme 3 Sterne bilden ein Mehrfachsternsystem. Rund 80 % aller Sterne sind Mitglieder von Doppel- und Mehrfachsternsystemen. Vermutlich entstanden die meisten Sterne in Doppel- und Mehrfachsystemen, weil hier die einfachsten Voraussetzungen für Energie- und Drehimpulserhaltung gegeben sind.

Dunkle Energie Expansionsenergie des Weltraums. Die Dichte ist doppelt so groß wie die Dichte aus sichtbarer und Dunkler Materie zusammen.

Dunkle Materie Über 80 % der Materie im Kosmos ist dunkel. Ihre Teilchen sind noch unbekannt.

Durchgang Auch Vorübergang. Scheinbare Bewegung eines Gestirns über ein anderes hinweg, z. B. Merkurvorübergang vor der Sonne.

Eigenbewegung Fixsterne bewegen sich mit großen Geschwindigkeiten im Weltraum. Die Vorstellung von der Unbeweglichkeit (Fixstern!) ist falsch. Der Winkel der jährlichen Eigenbewegung ist klein (etwa $1/10$ Bogensekunde und darunter).

Ekliptikales System Astronomisches Koordinatensystem mit dem Grundkreis Ekliptik und dem ekliptikalen Nord- und Südpol.

Elektron Negativ geladenes, leichtes Elementarteilchen. Die Hülle der Atome bilden Elektronen.

Element Elementarer Bestandteil der Materie. Besteht aus einer bestimmten Art von Atomen.

Emission Lichtabstrahlung durch Quantenübergänge in der Elektronenhülle von Atomen, in Atomkernen oder in Molekülen.

Emissionsspektrum Hoch erhitzte dünne Gase senden Strahlung in ganz bestimmten Wellenlängen aus. Im Spektrum zeigen sich helle Linien.

Entweichgeschwindigkeit Auch Fluchtgeschwindigkeit. Notwendige Energie zur Beförderung einer Masse, z. B. Raumsonde, weg vom Gravitationsfeld der Erde (Sonne) in den Weltraum.

Ephemeriden Koordinaten eines Himmelskörpers für einen bestimmten Zeitpunkt, z. B. täglich 0 Uhr.

Ephemeridenzeit (ET) Die Gleichförmigkeit der Uhr Erde ist nicht gegeben. Um die Unterschiede zwischen beobachteten und berechneten Werten zu berücksichtigen, wurde die Ephemeridenzeit geschaffen. Die Ephemeridensekunde ist definiert als der 31 556 925,9747te Teil des tropischen Jahres für die Epoche 1900 Jan.0d12h ET. Verknüpfung mit der Internationalen Atomzeit (siehe S. 184).

Erdschatten Bei Mondfinsternissen beobachtbarer Schatten der Erde. Am Schatten ist auch die Erdatmosphäre beteiligt.

ESA European Space Agency.

ESO European Southern Observatory.

ESOC European Space Operation Centre.

Extinktion Schwächung des Lichts eines Gestirns abhängig von seiner Höhe über dem Horizont und der Wellenlänge. In Horizontnähe leuchten Sterne, Sonne und Mond rötlich, weil das blaue Licht stärker als das rote gestreut wird.

Exzentrizität Bahnelement, das die Größe der Bahn z. B. eines Planeten und ihre Abweichung von der Kreisbahn angibt.

Farben-Helligkeits-Diagramm Ein Diagramm mit den scheinbaren Sternhelligkeiten auf der Ordinate und den Farbindices auf der Abszisse. Dient zur Alters- und Entfernungsbestimmung besonders von Sternhaufen. Abgekürzt FHD.

Farbindex Maßzahl zur Bestimmung der Farbe eines Sterns.

Finsternis-Jahr Zeitraum zwischen 2 Durchgängen der Sonne durch einen bestimmten Mondknoten (siehe Knoten, S. 184).

Flare Plötzlicher Helligkeitsausbruch in der Atmosphäre der Sonne.

Flash-Spektrum Das optische Spektrum der Chromosphäre kurz vor oder nach einer totalen Sonnenfinsternis.

Fluchtbewegung Die Rotverschiebung im Spektrum der meisten Galaxien täuscht eine Fluchtbewegung vor. Aber nicht die Galaxien bewegen sich, sondern der Raum zwischen ihnen expandiert.

Fotosphäre Siehe Photosphäre.

Frühlingspunkt Schnittpunkt des Äquatorkreises und der Ekliptik. Ausgangspunkt der Koordinatenzählung.

Galaktische Koordinaten Sie beziehen sich auf die Hauptebene des Milchstraßensystems und werden bevorzugt für galaktische und extragalaktische Objekte verwendet. Die galaktische Breite gibt den Abstand eines Objekts vom galaktischen Äquator an. Die galaktische Länge wird in der Ebene des galaktischen Äquators gezählt. Im Sternbild Schütze bei Rektaszension 17h24,4m und Deklination 28°55′ (Äquinoktium 1950.0) befindet sich der Nullpunkt des galaktischen Koordinatensystems.

Galaxis Griechisch für Milchstraße, die Galaxie. Unser Sonnensystem gehört dazu.

Geoid Bezeichnung für die Erdfigur, weil die Erdoberfläche gebirgig geformt und von Tiefseebecken strukturiert ist. Das Geoid weicht von der Form des Rotationsellipsoides ab.

Geozentrisch Betrachtungsweise des Weltbildes mit der Erde als Mittelpunkt.

Gesichtsfeld (Bildfeld) Ausschnitt des Himmels, der durch ein Fernrohr gesehen oder fotografiert werden kann.

Gezeiten Unterschiedliche Gravitations- und Zentrifugalkräfte, die Mond und Sonne auf die Erde ausüben, bewirken die Gezeiten, in erster Linie Ebbe und Flut der Meere. Gezeiten sind auch in der Atmosphäre und im Erdkörper zu beobachten. Die Gezeiten verursachen die Gezeitenreibung (Verlangsamung der Erdrotation).

Globulen Turbulente Strukturen an Schockfronten zwischen massereichen, heißen Sternen und kühlerer, interstellarer Materie. Die erhöhte Dichte fördert die Bildung neuer Sterne.

Gran Telescopio Canarias (GTC) In Bau befindliche Sternwarte auf La Palma mit 10-m-Teleskop.

Gravitationskollaps Zusammenbruch eines Neutronensterns, wenn seine Masse größere als 3,2 Sonnenmassen wird. Führt zur Verstärkung des Schwerkraftfeldes und zur Bildung eines »Schwarzen Lochs«.

Gravitationszentrum Der größte und massereichste Körper eines Sonnensystems bildet das Gravitationszentrum, z. B. unsere Sonne.

Größenklassen (magnitudo, abgekürzt mag oder m) Die Helligkeitsstufen der Gestirne. Die Skala ist ein logarithmisches Maß: ein Stern 2. Größe ist 2,512-mal weniger hell als ein Stern 1. Größe, der wiederum 100-mal heller ist als ein Stern 6. Größe. Die Schreibweise ist für die Helligkeit ein ^{m} (magnitudo), z. B. 6^m für einen Stern 6. Größe.

Große halbe Bahnachse Bahnelement, das zusammen mit der numerischen Exzentrizität Größe und Form der Bahnellipse, z. B. eines Planeten, beschreibt.

Große Mauer Ansammlung von Galaxienhaufen im Weltall. Zwischen diesen Ansammlungen ist die Galaxiendichte gering. Die Galaxienhaufenansammlungen werden mit »Mauern« oder »Wänden« im Universum verglichen.

Halo Hof um eine Lichtquelle. Speziell Galaxienhalo: Hülle aus Sternen und Kugelsternhaufen um eine Galaxie. Ein dunkler Halo besteht aus dunkler Materie.

Hauptreihenstern Stern innerhalb der Hauptreihe im Hertzsprung-Russell-Diagramm, die von den blauen, hellen bis zu den roten, lichtschwachen Sternen reicht. Die meisten Sterne der Milchstraße haben auf dieser Reihe ihren Platz.

Heliozentrisch Betrachtungsweise des Weltbildes mit der Sonne als Mittelpunkt.

Herbig-Haro-Objekte Kleine Emissionsnebel, 10-mal größer als unser Planetensystem, als Form ausströmender Materie aus unregelmäßigen, veränderlichen Sternen. Möglicherweise ein Stadium bei der Entwicklung eines Planetensystems.

Hertzsprung-Russell-Diagramm Diagramm, auf dem die absoluten Helligkeiten von Sternen in Abhängigkeit von ihrer Spektralklasse aufgezeichnet sind. Dient z. B. zur Darstellung der Sternentwicklung. Abgekürzt HRD.

Himmelsblau Erscheinung, die hervorgerufen wird dadurch, dass das kurzwellige blaue Licht zu allen Tageszeiten am stärksten absorbiert und zerstreut wird.

Hintergrundstrahlung Diffus über den Himmel verteilte elektromagnetische oder Teilchenbestrahlung. Ein Rest aus der Frühzeit des Universums.

Horizontsystem Astronomisches Koordinatensystem mit dem Grundkreis Horizont und den Polen Zenit und Nadir.

Hubble-Parameter Maß für die Ausdehnung des Universums.

Hubble-Sequenz Klassifikation der Galaxien nach ihrem Aussehen in irreguläre, elliptische und Spiralgalaxien.

Hyperboloidspiegel Korrekturspiegel hinter einem Paraboloidspiegel zur Beobachtung der Röntgenstrahlung.

IAU International Astronomical Union.

Infrarot Strahlung, deren Wellenlänge direkt an das sichtbare Licht anschließt. Entsteht durch Eigentemperatur der strahlenden Quelle (Wärmestrahlung).

Innere Planeten Bezeichnung für die Planeten innerhalb der Erdbahn: Merkur, Venus.

Interferometer Die Strahlung eines Sterns wird von 2 voneinander entfernten Empfängern (z. B. Radioteleskope) empfangen und überlagert. Es entsteht ein Muster, das zur Bestimmung von Sternentfernungen und -durchmessern verwendet werden kann. Je größer die Entfernung der Empfänger voneinander ist, umso höher ist die Auflösung.

Internationale Atomzeit (TAI) Zur weiteren Verbesserung der Genauigkeit bei der Zeitbestimmung bedient man sich der Atomskunde. Die Atomzeit wird mit Cäsium-Atomuhren gemessen. Die Atomzeit ist jetzt auch üblich für die alltäglichen Zeitangaben. Rundfunk und Fernsehen senden die Koordinierte Weltzeit (UTC), die nicht mehr als 0,9 Sekunden von der UT1 (siehe Weltzeit, S. 186) abweichen darf.

Interstellare Materie Gas- und Staubpartikel im Raum zwischen den Sternen (leuchtende Gasnebel, Reflexionsnebel, Dunkelwolken).

Ionisation Eines oder mehrere Elektronen werden aus der Hülle eines Atoms oder Moleküls herausgelöst.

Jet Plasmastrahl/Plasmaströme, die bei jungen Sternen und aktiven Galaxienkernen auftreten.

Julianisches Datum Fortlaufende Tageszählung. In Verbindung mit der gregorianischen Kalenderreform 1582 eingeführt. Nullpunkt der Tageszählung 4713 **vor** Chr., um einen langen Zeitraum ohne negatives Vorzeichen zu haben; z. B. für Ephemeridenrechnungen. Abgekürzt JD.

Kalender Erfassung und Einteilung von Zeitabschnitten nach Tagen, Monaten und Jahren. Unser Kalender beruht auf dem Sonnenjahr. Die Kalender der Juden und Muslime haben das Mondjahr zur Grundlage.

Katadioptrisch Bezeichnung für Fernrohrsysteme, die aus Linsen und Spiegeln bestehen, z. B. Schmidt-Cassegrain-Teleskope und Maksutow-Teleskope.

Kataklysmische Veränderliche Halbgetrennte Doppelsterne, deren Abstand dem Radius des größeren Sterns entspricht. Starke Gravitationswirkung setzt Gezeitenkräfte frei und führt zu Materieaustausch zwischen den beiden Sternen. Ursache für den Lichtwechsel.

Kelvin Einheit der Temperaturmessung. 1 Kelvin ist der 100. Teil des Temperaturunterschieds zwischen Gefrier- und Siedepunkt des Wassers. Nullpunkt auf der Kelvin-Skala ist der absolute Nullpunkt. Entsprechend liegt der Gefrierpunkt des Wassers bei 273,15 Kelvin.

Knoten Bezeichnung für die Schnittpunkte einer Planetenbahn (auch Mondbahn) mit der Ekliptik. Wechselt der Planet von der Südseite zur Nordseite der Ekliptik, spricht man vom aufsteigenden Knoten. Der Abstand des aufsteigenden Knotens vom Frühlingspunkt in Bogenmaß ist ein Bahnelement. Ebenso der Abstand des Perihels vom aufsteigenden Knoten.

Koma Ein Bildfehler optischer Systeme, wenn gegen die optische Achse geneigte Strahlen in verschiedenen Entfernungen zu einem Bildpunkt vereinigt werden. Die Sterne bekommen ein kometenschweifähnliches Aussehen.

Konvektion Form des Energietransports in Sternen, z. B. unserer Sonne, bei Störung des thermodynamischen Gleichgewichts in bestimmten Schichten. Heißere Materie steigt auf, kühlere sinkt ab. Die Sonnengranulation ist ein beobachtbares Zeichen von Konvektion.

Korona Zone heißen, dünnen Gases jenseits der sichtbaren Sonnenatmosphäre (Photosphäre). Die Sonnenkorona reicht in große Höhen. Ihre Temperatur beträgt etwa 2 Millionen °C.

Kugelspiegel Reflektierender Hohlspiegel mit Kugelgestalt.

Kuiper-Gürtel Zone jenseits der Bahn des Planeten Pluto mit vielen Kleinkörpern. Eis- und Gesteinsbrocken kleiner als 100 km.

Kulmination Während einer ganzen, 24-stündigen, scheinbaren Umdrehung der Himmelskugel geht jedes Gestirn 2-mal durch den Meridian: beim Übergang von der östlichen auf die westliche Himmelshalbkugel und umgekehrt. Der erste Meridiandurchgang ist die obere Kulmination, der zweite die untere Kulmination.

Lagrange-Punkte 5 kräftefreie Punkte im System Erde-Sonne, an denen sich ein Körper kleiner Masse mit den Bahnen zweier Körper großer Masse im Gleichgewicht befinden kann. Spielt eine Rolle für die Raumfahrt. Entdecker war der französische Astronom Joseph L. de Lagrange (1736–1813).

Libration Bei gleichmäßiger Rotation bewegt sich der Mond in seiner elliptischen Bahn ungleichmäßig. So sieht man im Perigäum (siehe S. 185) mehr von der rechten Mondseite, im Apogäum (siehe S. 182) mehr von der linken Seite. Das wird mit Libration in Länge bezeichnet. Außerdem gibt es die Libration in Breite: Im Verlauf einer Lunation schaut der Beobachter mehr über den Nordpol oder über den Südpol des Mondes hinweg. Ursache ist die nicht senkrechte Mondachse auf der Mondbahnebene. Schließlich die parallaktische Libration als Folge unterschiedlicher Blickwinkel der Beobachter auf der Erdoberfläche. Die Librationen machen es möglich, dass von der Erde aus rund 59 % der Mondoberfläche sichtbar sind.

Lichtjahr Längenmaß. Entfernung, die das Licht in 1 Jahr zurücklegt. Das sind 9 500 000 000 000 km bei einer Geschwindigkeit von 299 792 km/s. Abgekürzt: Lj. 1 Lj = 0,3 Parsec (siehe S. 185).

Linienspektrum Linien im Spektrum von Licht, wenn es von Gas ausgestrahlt wird oder durch ein Gas hindurchgeht.

Mikrowellen Elektromagnetische Strahlung mit Wellenlängen im Mikrometerbereich.

Molekül Materieteilchen aus 2 oder mehr Atomen. Kleinste Einheiten einer chemischen Verbindung, die noch deren hauptsächliche stoffliche Eigenschaften besitzen.

Morgenstern Bezeichnung für den hellen Planeten Venus während seiner größten westlichen Elongation (siehe S. 103).

Morgenweite Der Abstand der aufgehenden Sonne vom Ostpunkt.

MPI Max-Planck-Institut (z. B. für Astronomie).

Nadir Fußpunkt der Himmelskugel. Höhe −90°. Sterne unter dem Horizont haben negative Höhenwinkel! Die Zenitdistanz (siehe S. 186) des Nadir beträgt −180°.

Nanometer Milliardster Teil eines Meters. 1000 Nanometer = 1 Mikrometer.

NASA National Aeronautics and Space Administration (USA).

Nautisches Dreieck Siehe Astronomisches Dreieck.

Neutron Elementarteilchen ohne elektrische Ladung. Zusammen mit Protonen bilden Neutronen die Atomkerne.

Neutronensterne Sterne im Endstadium mit Radien zwischen 5 und 10 km.

NGC New General Catalogue. Rund 10 000 diffuse, nebelartige Himmelsobjekte enthaltender Katalog.

Numerische Exzentrizität Bahnelement, das zusammen mit der großen halben Bahnachse Größe und Form der Bahnellipse, z. B. eines Planeten, beschreibt.

Nutation Neben der Präzession (siehe S. 185) Bewegung der Erdachse, die durch Gravitationskräfte des Mondes, der Sonne und der Planeten verursacht wird. In erster Linie die unterschiedliche Stellung des Mondes gegenüber der Ebene der Erdbahn. Periode 19 Jahre.

Objektiv Licht sammelnde Optik eines Fernrohrs. Der Objektivdurchmesser bestimmt die Leistung des Fernrohrs. Er wird in Millimeter, Zentimeter oder Zoll (engl. inches; 1 Zoll = 2,54 cm) angegeben.

Orientierung Schaut man durch einen Refraktor ohne Umlenkspiegel oder -prisma, ist im Okular Norden unten, Süden oben, Westen links, Osten rechts. Mit bloßen Augen ist Norden oben, Süden unten, Westen rechts, Osten links.

Oort'sche Wolke Wolke aus Kometenkernen, die unser Sonnensystem in einer Entfernung von 10 000 bis 70 000 Astronomischen Einheiten umgeben soll.

Owl Geplantes Teleskop der ESO mit 100-m-Spiegel. Standort noch unbekannt. Planziel 2015.

Parabolspiegel Ein reflektierender Hohlspiegel mit der Gestalt eines Rotationsparaboloids.

Parallaxenbestimmung Methode der Entfernungsmessung für nicht zu weit entfernte Sterne. Das Verfahren beruht auf der trigonometrischen Bestimmung der Sternparallaxe. Dabei nutzt man den Effekt, dass dem Sonnensystem nähere Sterne ihre Position relativ zu den Sternen des Hintergrunds verändern, wenn die Erde die Sonne umkreist. Als Basislinie wird der Erdbahnhalbmesser = 1 AE (siehe S. 182) benützt. Auch für die nächsten Sterne ist die Parallaxe kleiner als 1 Bogensekunde (1″).

Parsec Längenmaß. Abkürzung für Parallaxensekunde. Entspricht der Entfernung, aus der eine Astronomische Einheit (siehe S. 182) unter einem Winkel von 1 Bogensekunde (1″) erscheint. 206 265 AE oder 30,8 Billionen km entsprechen einem Parsec, abgekürzt pc. In

der Astronomie üblich sind ebenfalls das Kiloparsec (1000 pc), abgekürzt kpc, und das Megaparsec (1 000 000 pc), abgekürzt Mpc.

Pekuliar-Sterne Sterne, deren Spektren sich nicht ohne weiteres in die üblichen Spektralklassen bzw. Leuchtkraftklassen einordnen lassen (Pekuliar-Spektrum).

Periastron Der geringste Abstand der Sterne eines Doppelsternsystems vom gemeinsamen Schwerpunkt.

Perigäum Größte Erdnähe des Mondes.

Perihelzeit Bahnelement, das die Zeit beschreibt, zu der ein Himmelskörper (z. B. Planet oder Komet) durch sein Perihel läuft.

Phasenwinkel Winkel zwischen Sonne, Planet (oder Mond) und Erde. Er gibt das Maß für den unbeleuchteten Teil der Planeten- oder Mondscheibe an. Zum Beispiel 0° = Vollmerkur oder -mond, 180° = Neumerkur oder -mond.

Photonen Die Elementarteilchen, aus denen die elektromagnetische Strahlung besteht.

Photosphäre Sichtbare Atmosphäre der Sonne. Diese Schicht ist 200 km dick und aus ihr kommt das Sonnenlicht.

Plasma Gas, dessen Atome und Moleküle ganz oder teilweise ionisiert sind.

Platonisches Jahr Periode der Präzession mit 25 800 tropischen Jahren Dauer.

Präzession Ungleichmäßige Anziehungskräfte von Mond und Sonne bewirken eine langsame Bewegung der Erdachse mit einer Periode von 25 800 Jahren um den Ekliptiknordpol. Die Periode heißt auch platonisches Jahr. Die Präzession verursacht die Wanderung der Himmelspole um die Ekliptikpole und die rückläufige Wanderung der Äquinoktialpunkte (siehe S. 182). In die Präzession geht die Nutation ein.

Proton Elementarteilchen mit positiver elektrischer Ladung. Zusammen mit den Neutronen bilden Protonen die Atomkerne.

Pulsar Radioquelle, die in sehr regelmäßiger Folge Strahlungsimpulse aussendet. Bei den Pulsaren handelt es sich um Neutronensterne (siehe S. 186).

Quasar Quasistellares Objekt (QSR). Außergalaktische Energiequelle von großer Intensität und dabei klein, »sternartig«. Es handelt sich um sehr weit entfernte Milchstraßensysteme. Starke Quellen im Röntgenbereich.

Radialgeschwindigkeit Bewegung eines Sterns auf den Beobachter zu oder von ihm weg. Die Radialgeschwindigkeit wird in km/s gemessen. Abgekürzt RG.

Reflektor Fernrohr mit Spiegelobjektiv.

Refraktor Fernrohr mit Linsenobjektiv.

Rektaszension Koordinate im bewegten Äquatorsystem (siehe S. 20) in der Äquatorebene vom Frühlingspunkt nach Ost in Zeitmaß gezählt: 24h = 360°. Rektaszensions(stunden)achse der parallaktischen Montierung.

Resonanz 2 Himmelskörper üben periodisch aufeinander gravitative Störungen aus, wenn ihre Umlaufzeiten in einem ganzzahligen Verhältnis (z. B. 1:2, 3:2) zueinander stehen. Die Teilungen in den Planetenringen und im Planetoidengürtel sind so entstanden.

Rotverschiebung Verschiebung der Linien in einem Sternspektrum zum roten Ende hin. Der Stern entfernt sind. Deutung als Fluchtbewegung der Galaxien und Ausdehnung des Weltalls.

Saros-Zyklus Zeitraum von 18 Jahren und 11,3 Tagen, in dem sich Sonnen- und Mondfinsternisse wiederholen.

Scheinbare Helligkeit Die unterschiedlichen Helligkeiten der Sterne, wie sie der Beobachter sieht (visuell) oder fotografisch festhält. Eingeteilt in Größenklassen (siehe S. 184). Um die absolute Helligkeit (siehe S. 182) zu bestimmen, muss die Entfernung des Sterns bekannt sein.

Schwarzes Loch Stellare Objekte, deren Schwerkraft so stark ist, dass weder Licht noch Materie aus ihnen entkommen können. Endstadium der Sternentwicklung.

Sekundärspiegel Der kleinere, zweite Spiegel in Spiegelfernrohren (z. B. Cassegrain- und Newton-Teleskop). Seine Aufgabe ist es, Strahlen zu bündeln und auf geeignete Weise zum Okular zu bringen. Planspiegel dienen nicht der Systemkorrektur, sondern ausschließlich der Umlenkung.

Siderisches Jahr Zeitraum zwischen 2 Vorübergängen der mittleren Sonne an einem bestimmten Fixstern. Jahreslänge 365,25636 Tage.

Sloan Digitized Sky Survey (SDSS) Projekt zur Katalogisierung von 100 Millionen Himmelsobjekten. Dazu gehört auch die Messung der Rotverschiebung von 1 Million Galaxien und Quasaren.

Solarkonstante Die auf der Erdoberfläche eintreffende Strahlungsleistung der Sonne. Messgröße pro Flächeneinheit: 1367 Watt/m^2.

Sonnentag Die Zeit zwischen 2 aufeinander folgenden unteren Kulminationen der Sonne durch den Meridian (wahrer Sonnentag). Der Mittelwert aller Sonnentage eines Jahres wird als mittlerer Sonnentag bezeichnet. Er ist 3^{m}56,55^s länger als ein Sterntag.

Sonnenwind Das aus der Sonnenkorona in den interplanetaren Raum abströmende Gas.

Speckle-Interferometrie Mit kurzer Belichtungszeit (unter $1/10$ s) werden mehrere Fotos eines Sterns gemacht. Sie werden überlagert und das »wahre Bild« des Sterns rekonstruiert. Verfahren dient u. a. zur Bestimmung von Sterndurchmessern.

Spektrum Die Strahlung in der Natur setzt sich aus Wellen unterschiedlicher Frequenzen zusammen. Ein nach Frequenzen (Wellenlängen) zerlegtes Strahlungsgemisch ist ein Spektrum. Die Zerlegung erfolgt z. B. mit Hilfe eines Glasprismas oder eines Beugungsgitters. Die Untersuchung der Spektren, z. B. Sternspektren, erlaubt wichtige Aussagen über Physik und Chemie im Universum (Spektroskopie).

Sphärische Aberration Bildfehler optischer Systeme. Dabei haben die Bildpunkte, die zentrale und randnahen Strahlen nach Durchgang durch die Linse bilden, unterschiedliche Abstände von der Objektivlinse.

Starburst Massenhafte Entstehung neuer Sterne in einer Galaxie.

Sterntag Die Zeit zwischen 2 oberen Kulminationen des Frühlingspunktes durch den Meridian.

Sterntypen Mit der fortgeschrittenen Erforschung der Helligkeitsschwankungen und besonderen spektralen Merkmale von Sternen sind besondere Sterntypen entdeckt worden, z. B. Weiße Zwerge, Neutronensterne, kataklysmische Veränderliche, Pekuliar-Sterne u. a. Siehe auch die Seiten 135 und 141.

Stundenwinkel Koordinate im festen Äquatorsystem (siehe S. 182). Gezählt wird der Winkel von Westen im Zeitmaß.

Supernova Explosion eines massereichen Sterns (mehr als 10-fache Sonnenmasse), nachdem sein Zentrum ausgebrannt ist. Reste: Netronenstern oder Schwarzes Loch.

Szintillation Luftunruhe, ausgelöst von Luftschlieren. Sie entsteht z. B. als Folge von Temperaturunterschieden am Beobachtungsort.

Tropisches Jahr Zeitraum zwischen 2 Durchgängen der mittleren Sonne durch den Frühlingspunkt (siehe S. 183). Jahreslänge 365,24219 Tage.

Ursubstrat Zusammensetzung der Teilchen (»Urbrei«) zum Zeitpunkt des Urknalls: X-Partikel, Photonen, Neutrinos, Elektronen, Gluonen und Quarks.

Very Large Array (VLA) Radioastronomische Anlage bestehend aus 27 Antennen mit jeweils 25 m Durchmesser in Neu-Mexiko.

Very Large Telescope (VLT) Teleskop der ESO in den Anden (Chile). Kombiniert sind 4 Spiegel mit jeweils 8,2 m Durchmesser.

Weltzeit Auch Universal Time (UT). Das ist die Ortszeit des durch die Sternwarte Greenwich gehenden Null-Meridians.
UT1 = Weltzeit korrigiert um Polbewegung.
UT2 = die um jahreszeitliche Schwankungen (Veränderung der Drehgeschwindigkeit der Erde) korrigierte Weltzeit.

Weißer Zwerg Die Endphase in der Entwicklung sonnenähnlicher Sterne. Haben nur noch Erdgröße, aber extreme Dichte. Ein cm^3 ihrer Masse würde auf der Erde 1 Tonne wiegen.

Winkelgröße 1 Grad (°) = 60 Bogenminuten (′) = 3600 Bogensekunden (″).

Zenit Scheitelpunkt der Himmelskugel. Höhe 90°.

Zeeman-Effekt Aufspaltung von Spektrallinien als Folge der Wirkung eines Magnetfelds auf die Strahlungsquelle.

Zenitdistanz Erste Koordinate im Horizontalsystem. 90° minus Höhe eines Sterns über dem Horizont ergibt die Zenitdistanz. Zenitdistanzen größer als 90° zeigen an, dass der Stern unterhalb des Horizonts steht und unsichtbar ist.

Zonenzeit Zeitzonen, meist von 15 Längengraden Breite, sollen die Ortszeiten dem Alltag besser anpassen. Die Mitteleuropäische Zeit (MEZ) ist die Ortszeit des Meridians 15° östlicher Länge. Die einzelnen Zonenzeiten unterscheiden sich um volle Stunden.

Literaturhinweise und Anschriften

Gesamtdarstellungen, Astronomiegeschichte

H. Elsässer: Weltall im Wandel. Die neue Astronomie. Deutsche Verlags-Anstalt, Stuttgart, 1986.

J. V. Feitzinger: Die Milchstraße. Spektrum Akademischer Verlag, Heidelberg, 2002.

M. A. Garlick: Wissen neu erleben – Astronomie. BLV Verlagsgesellschaft mbH, München, 2005.

J. Gürtler und J. Dorschner: Das Sonnensystem. Johann Ambrosius Barth Verlag, Leipzig, Berlin, Heidelberg, 1993.

J. Hamel: Geschichte der Astronomie. 2. Aufl., Franckh-Kosmos Verlags-GmbH & Co., Stuttgart, 2002.

H. Heuseler, R. Jaumann und G. Neukum: Zwischen Sonne und Pluto. BLV Verlagsgesellschaft, München, 1999.

L. Kühn: Das Milchstraßensystem. S. Hirzel Verlag, Stuttgart, Leipzig, 2003.

H. Lesch: Alpha Centauri. Videokassetten zur gleichnamigen Astronomie-Serie im Bildungsfernsehen des Bayerischen Rundfunks Bayern Alpha. Bayerischer Rundfunk, München, 2000.

H. Mucke: Himmelskunde im Freilichtplanetarium Wien. Österreichischer Astronomischer Verein, A-1230 Wien, Hasenwartgasse 32, 2002.

G. D. Roth: Kosmos – Astronomiegeschichte. Astronomen, Instrumente, Entdeckungen. Franckh'sche Verlagshandlung, Stuttgart, 1987.

A. Unsöld und B. Baschek: Der neue Kosmos. 7. Aufl., Springer-Verlag, Berlin, Heidelberg, New York, 2002.

H. Zimmermann und A. Weigert: ABC – Lexikon Astronomie. 8. Aufl., Spektrum Akademischer Verlag, Heidelberg, 1995.

Anleitungen für Beobachtungen

Astrofotografie. Sterne und Weltraum Basics 3. Spektrum der Wissenschaft Verlagsgesellschaft mbH, Heidelberg, 2004.

Astronomie für Alle. Einführung in die Himmelsbeobachtung. Sterne und Weltraum Basics 1. Spektrum der Wissenschaft Verlagsgesellschaft mbH, Heidelberg, 2002.

P. S. Harrington: Sonnen- und Mondfinsternisse beobachten. Reihe Astro-Praxis. Spektrum Akademischer Verlag, Heidelberg, 2002.

A. Kammerer und M. Kretlow (Herausgeber): Kometen beobachten. Reihe Astro Praxis. Spektrum Akademischer Verlag, Heidelberg, 1998.

B. Koch (Herausgeber): Handbuch der Astrofotografie. Springer-Verlag, Berlin, Heidelberg, New York, 1995.

H. Lutz: Mondfinsternisse, Sonnenfinsternisse, Planetendurchgänge bis zum Jahr 2020. BLV Buchverlag GmbH & Co. KG, München, 2005.

O. Montenbruck, T. Pfleger: Astronomie mit dem Personal-Computer. 4., überarbeitete und stark erweiterte Auflage – mit Diskette. Springer-Verlag, Berlin, Heidelberg, 2004.

G. North: Den Mond beobachten. Reihe Astro-Praxis. Spektrum Akademischer Verlag, Heidelberg, 2003.

K. Reinsch, R. Beck, H. Hilbrecht und P. Völker (Herausgeber): Die Sonne beobachten. Reihe Astro Praxis. Spektrum Akademischer Verlag, Heidelberg, 1999.

G. D. Roth (Herausgeber): Handbuch für Sternfreunde – Wegweiser für die praktische astronomische Arbeit. 2 Bände. 4. Aufl., Springer-Verlag, Berlin, Heidelberg, New York, 1989.

G. D. Roth (Herausgeber): Planeten beobachten. Reihe Astro Praxis. 5. Auflage, Spektrum Akademischer Verlag, Heidelberg, 2002.

K.-P. Schröder: Praxishandbuch Astrofotografie. Franckh-Kosmos-Verlag, Stuttgart, 2003.

E. Slawik und U. Reichert: Atlas der Sternbilder. Ein astronomischer Wegweiser in Photographien. Spektrum Akademischer Verlag. Heidelberg–Berlin, 1998.

W. Steinicke (Herausgeber): Praxishandbuch Deep Sky. Franckh-Kosmos-Verlag, Stuttgart, 2004.

H. Vehrenberg: Mein Messier-Buch. Treugesell-Verlag, Düsseldorf, 1966.

O. Zimmermann: Astronomisches Praktikum. 6. Auflage, Reihe Astro-Praxis. Spektrum Akademischer Verlag, Heidelberg, 2003

Fernrohre und Montierungen

U. Laux: Astrooptik. Optiksysteme für die Astronomie. Reihe Astro Praxis. 2. Auflage, Spektrum Akademischer Verlag, Heidelberg, 1999.

W. Paech und Th. Baader: Tipps und Tricks für Sternfreunde. Reihe Astro-Praxis. 2. Auflage, Spektrum Akademischer Verlag, Heidelberg, 2000.

Mein Teleskop. Fernrohre und Zubehör für Einsteiger. Sterne und Weltraum Basics 2. Spektrum der Wissenschaft Verlagsgesellschaft mbH, Heidelberg, 2003.

M. Trittelvitz, Spiegelfernrohre – selbst gebaut. Reihe Astro-Praxis. Spektrum Akademischer Verlag, Heidelberg, 2000.

Instrumentehersteller, PC-Software und Bildverarbeitungsprogramme

Alle namhaften Anbieter von Teleskopen, z. B. Meade Advanced Products Division, Siemensstr. 6, D-46325 Borken; Baader Planetarium GmbH, Zur Sternwarte, 82291 Mammendorf; Intercon Spacetec, Gablinger Weg 9a, 86154 Augsburg, führen astronomische Software für den PC und Bildverarbeitungsprogramme zur Umsetzung von CCD-Aufnahmen im Computer. In Zeitschriften, z. B. »Sterne und Weltraum«, werden laufend Angebote verschiedener Hersteller, Neuentwicklungen und Erfahrungsberichte veröffentlicht.

Distant Suns: www.distantsuns.com (weltweit), www.distantsuns.dk (Europa).

EasySky: Windows 95/98 und NT. Matthias Busch, Niemöllerstr. 9, D-64646 Heppenheim. www.easysky.de

Guide 8.0 CD-ROM: astro-shop, Eiffestr. 426, D-20537 Hamburg. www.astro-shop.com/suw

Redshift 4: Das virtuelle Planetarium. CD-ROM für Windows 95, 98, ME, 2000 und XP. United Soft Media, Thomas-Wimmer-Ring 11, D-80539 München.

StarMap: Spektrum Akademischer Verlag, Slevogtstr. 3-5, D-69126 Heidelberg. www.spektrum-verlag.de

Zeitschriften

»Astronomie heute«. Das populäre Magazin für Astronomie und Raumfahrt. Spektrum der Wissenschaft Verlagsgesellschaft mbH, Slevogtstr. 3-5, D-69126 Heidelberg.

»Astronomie und Raumfahrt im Unterricht«. Friedrich Verlag, Postfach 10 01 50, D-30917 Seelze (6 Hefte pro Jahr).

»Der Sternenbote«. Österreichische astronomische Monatsschrift. Astronomisches Büro, H. Mucke, Hasenwartgasse 32, A-1238 Wien (monatlich).

»Orion«. Zeitschrift für Amateur-Astronomie. Schweizerische Astronomische Gesellschaft, Zentralsekretariat, Sue Kernen, Gristenbühl 13, CH-9315 Neukirch (Egnach) (6 Hefte pro Jahr).

»Star Observer«. Linzer Str. 63, A-3002 Purkersdorf. Star Observer Verlag (monatlich).

»Sterne und Weltraum«. Zeitschrift für Astronomie. Gegründet 1962. Seit 1997 vereinigt mit »Die Sterne«, Zeitschrift für alle Bereiche der Himmelskunde. Spektrum der Wissenschaft Verlagsgesellschaft mbH, Slevogtstr. 3-5, D-69126 Heidelberg.

Astronomische Jahrbücher für Sternfreunde

H.-U. Keller (Herausgeber): Kosmos Himmelsjahr. Sonne, Mond und Sterne im Jahreslauf. Franckh-Kosmos Verlags-GmbH & Co., Stuttgart.

R. Luthardt: Sonneberger Jahrbuch für Sternfreunde, im Verlag Harri Deutsch, Frankfurt a. M./Thun.

Th. Neckel und O. Montenbruck (Herausgeber): Ahnerts Astronomisches Jahrbuch. Verlag Sterne und Weltraum, Spektrum der Wissenschaft Verlagsges. mbH., Heidelberg.

H. Roth: Der Sternenhimmel – Astronomisches Jahrbuch für Sternfreunde. Franckh-Kosmos Verlags-GmbH & Co. KG, Stuttgart.

Anschriften von Organisationen zur Förderung und Pflege der volkstümlichen Himmelskunde

Vereinigung der Sternfreunde e.V. (VdS) mit »VdS-Journal für Astronomie«. Geschäftsstelle, Am Tonwerk 6, D-64646 Heppenheim. Internet: www.vds-astro.de

Zentralsekretariat der Schweizerischen Astronomischen Gesellschaft, Zentralsekretariat, Sue Kernen, Gristenbühl 13, CH-9315 Neukirch (Egnach) (6 Hefte pro Jahr).

Österreichischer Astronomischer Verein, Hermann Mucke, Hasenwartgasse 32, A-1230 Wien.

European Radio Astronomy Club, c/o Peter Wright, Ziethenstr. 97, D-68259 Mannheim, Tel. +49-(0)-621-794597. E-Mail: erac@wegalink.com, www.erac.wegalink.de

Planetarien und Sternwarten

ś-Planetarium, Im Thäle 3, 86152 **Augsburg**

Wilhelm-Foerster-Sternwarte und Planetarium, Munsterdamm 90, 12169 **Berlin**

ZEISS-Großplanetarium, Prenzlauer Allee 80, 10405 **Berlin**

Archenhold-Sternwarte, Alt-Treptow 1, 12435 **Berlin-Treptow**

Planetarium und Sternwarte, Castroper Straße 67, 44777 **Bochum**

Sternwarte der Olbers-Gesellschaft, Olbers-Planetarium der Hochschule Bremen, FB Nautik, Werderstraße 73, 28199 **Bremen**

Raumflugplanetarium, Peißnitzinsel 4 a, 06108 **Halle**

Planetarium, Hindenburgstraße 1b, 22303 **Hamburg**

Planetarium, Am Planetarium 5, 07743 **Jena**

Planetarium im Museum für Astronomie und Technikgeschichte, Orangerie, An der Karlsaue 20 c, 34121 **Kassel**

Planetarium, Knooper Weg 62, 24103 **Kiel**

Volkssternwarte und Planetarium, Parkweg 44, 88471 **Laupheim**

Planetarium im Verkehrshaus der Schweiz, Lidostraße 5, CH-6006 **Luzern**

Planetarium, W.-Varnholt-Allee 1, 68165 **Mannheim**

Planetarium und Bayerische Volkssternwarte, Anzinger Straße 1, 81671 **München**

Planetarium, Forum der Technik, Museumsinsel 1, 80538 **München**

Planetarium im Naturkundemuseum, Sentruper Straße 285, 48161 **Münster**

Planetarium, Am Plärrer 41, 90429 **Nürnberg**

Naturwissenschaftliches Museum/Planetarium, Am Schölerberg 8, 49082 **Osnabrück**

Westf. Volkssternwarte/Planetarium, Stadtgarten Cäcilienhöhe, 45657 **Recklinghausen**

Carl-Zeiss-Planetarium mit Sternwarte Welzheim, Mittlerer Schloßgarten, 70173 **Stuttgart**

Kuffner-Sternwarte, Johann-Staud-Str. 10, A-1160 **Wien**

Planetarium, Oswald-Thomas-Platz 1, A-1020 **Wien**

URANIA-Sternwarte, Uraniastraße 1, A-1010 **Wien**

Planetarium, Uhlandweg 2, 38440 **Wolfsburg**

URANIA-Sternwarte, Uraniastraße 9, CH-8000 **Zürich**

Internet

Astronomische Datenbasis für Sonne, Mond, Planeten und ihrer Monde mit aktuellen Positionen sowie Finsternisverläufen: http://aa.usno.navy.mil/data

Großes Portal zur Amateurastronomie: www.astronomie.de

Max-Planck-Institut für Aeronomie, Filmanimationen und Bilder der Sonde Soho von der Sonne: http://star.mpae.gwdg.de/

Minor Planet Center (MPC): Aktuelle Informationen für Beobachter Kleiner Planeten (Planetoiden): http://cfa-www.harvard.edu/cfa/ps/mpc.html

Produktbeschreibungen: www.astronomie.de/bibliothek/software/index.htm

Produktübersicht über Astronomieprogramme: www.seds.org/billa/astrosoftware.html

Umfangreiche Sammlung von Planetenbildern der NASA-Sonden: http://photojournal.jpl.nasa.gov/

Verzeichnis Astronomischer Vereine, Volkssternwarten und Planetarien: www.astronomie.de/gad

Website für Mondbeobachter: www.space.edu/moon

Stichwortverzeichnis

Bibliographische Information der Deutschen Bibliothek

Die Deutsche Bibliothek verzeichnet diese Publikation in der Deutschen Nationalbibliographie; detaillierte bibliographische Daten sind im Internet über http://dnb.ddb.de abrufbar.

BLV Buchverlag GmbH & Co. KG
80797 München

Neunte überarbeitete und erweiterte Auflage

© 2005 BLV Verlagsgesellschaft mbH, München

Umschlaggestaltung: Anja Masuch, Puchheim bei München

Umschlagfotos: Tony Hallas & Daphne Mount/Baader Planetarium (Foto Vorderseite),
Barbara v. Damnitz (Zeichnungen);
H. Vehrenberg (Fotos Rückseite)

Lektorat: Dr. Friedrich Kögel
Herstellung: Hermann Maxant

DTP: Uhl und Massopust, Aalen

Gedruckt auf chlorfrei gebleichtem Papier

Printed in Germany · ISBN 3-405-16037-5